YUEGANG'AO QUYU
BIAOZHUN WENTI ANLI JI

粤港澳区域
标准问题案例集

刘圆圆　金晓石　胡　葳　王　娟　主编

中山大学出版社
SUN YAT-SEN UNIVERSITY PRESS
·广州·

图书在版编目（CIP）数据

粤港澳区域标准问题案例集 / 刘圆圆等主编 . —广州：中山大学出版社，2023.5
ISBN 978-7-306-07771-4

Ⅰ. ①粤…　Ⅱ. ①刘…　Ⅲ. ①标准化—工作—案例—广东、香港、澳门　Ⅳ. ① G307.3

中国国家版本馆 CIP 数据核字（2023）第 067964 号

出 版 人：王天琪
策划编辑：廖丽玲
责任编辑：廖丽玲
封面设计：曾　斌
责任校对：刘　丽
责任技编：靳晓虹
出版发行：中山大学出版社
电　　话：编辑部　020-84110283，84111996，84111997，84113349
　　　　　发行部　020-84111998，84111981，84111160
地　　址：广州市新港西路 135 号
邮　　编：510275　　　　　传　真：020-84036565
网　　址：http://www.zsup.com.cn　　E-mail：zdcbs@mail.sysu.edu.cn
印 刷 者：广东虎彩云印刷有限公司
规　　格：787mm × 1092mm　1/16　　19.75 印张　　480 千字
版次印次：2023 年 5 月第 1 版　　2023 年 5 月第 1 次印刷
定　　价：58.00 元

如发现本书因印装质量影响阅读，请与出版社发行部联系调换

目录

CONTENTS

1 第一章 工程技术领域

第一节 民用工程 …… 2

【案例1】高层建筑抗风能力标准 …… 2

【案例2】公共空间设计 …… 4

第二节 工业工程 …… 9

【案例3】斜坡防护工程 …… 9

【案例4】城市供水工程 …… 21

【案例5】电力工程 …… 39

第三节 道路交通工程 …… 82

【案例6】港珠澳大桥 …… 82

【案例7】皇岗—落马洲第二公路桥 …… 83

【案例8】道路标识 …… 85

2 第二章 产品制造

第一节 新兴产业 …… 110

【案例9】电动汽车 …… 110

【案例10】新一代信息技术5G标准 …… 125

【案例 11】生物技术 …………………………………… 126
【案例 12】石墨烯产业 …………………………………… 138
【案例 13】无人智能飞行器 …………………………………… 147

第二节　传统产业 ……………………………………156

3 第三章　服务业

第一节　公共行政服务 ……………………………………158

【案例 14】工伤保险 …………………………………… 158
【案例 15】食品标签管理制度 …………………………………… 160
【案例 16】食品添加剂监管标准 …………………………………… 168
【案例 17】土地规划 …………………………………… 171
【案例 18】证券行业监管 …………………………………… 175

第二节　社会服务 ……………………………………178

【案例 19】社会工作服务业 …………………………………… 178
【案例 20】早教服务 …………………………………… 179

第三节　现代服务业 …………………………………… 180

【案例 21】金融设备运营服务 …………………………………… 180
【案例 22】食品冷链运输服务业 …………………………………… 182

4 第四章　生态环境

第一节　海洋生态 …………………………………… 186

【案例 23】中华白海豚保护 …………………………………… 186
【案例 24】渔港管理 …………………………………… 186
【案例 25】海洋水资源监测 …………………………………… 187

第二节 气象灾害应急管理 …… 188
【案例 26】气象灾害预警 …… 188

5 第五章 农业

【案例 27】生猪 …… 192
【案例 28】禽类 …… 221
【案例 29】水产品养殖 …… 235
【案例 30】蔬菜种植 …… 280

参考文献 …… 306

表目录

TABLE OF CONTENTS

表 1　粤港澳三地风压标准指标对比 …………………………………… 3

表 2　粤港澳三地公共空间设计管理制度对比 ………………………… 5

表 3　公共空间设计国家标准 ………………………………………… 7

表 4　中国内地滑坡防治标准 ………………………………………… 11

表 5　粤港澳三地斜坡防护标准对比 ………………………………… 13

表 6　中国内地饮用水标准 …………………………………………… 23

表 7　饮用水水质标准对比 …………………………………………… 34

表 8　粤港澳三地电力供应数量（2020 年）…………………………… 39

表 9　粤港澳三地电价对比（2020 年）………………………………… 40

表 10　中国内地电力供应系统相关标准 ……………………………… 42

表 11　粤港澳电力供应相关标准指标对比 …………………………… 79

表 12　皇岗—落马洲第二公路桥拟采用标准指标对比 ……………… 83

表 13　粤港澳三地交通标识对比……………………………………… 86

表 14　电动汽车相关标准数量统计（截至 2021 年年底）…… 110

表 15　中国内地的电动汽车现行标准 ……………………………… 111

表 16　国外重要的电动汽车相关标准 …………………………… 120

表 17　与生物技术相关的法律法规 ………………………………… 127

表 18　生物技术 ISO 标准 ……………………………………… 128

表 19　中国内地生物技术相关标准 ………………………………… 132

表 20　石墨烯相关标准 ……………………………………………… 139

表 21　中国内地无人机标准 ………………………………………… 148

表 22　无人机 ISO 标准 ………………………………………… 155

表 23　粤港澳三地的食品标签标准对比 …………………………… 161

表 24　食品添加剂相关法律法规和标准 …………………………… 168

表 25　食品添加剂标准指标对比 …………………………………… 169

表 26　中国内地和港澳地区城市规划目的和原则对比 ………… 172

表 27　中国内地和港澳地区土地分类标准对比 ………………… 173

表 28　证券监管制度对比 …………………………………………… 176

表 29　中国内地金融设备运营服务标准 …………………………… 181

表 30　海水水质监测标准对比 ……………………………………… 187

表 31　粤港澳三地气象预警差异 …………………………………… 189

表 32　香港畜牧业相关法律法规和标准 …………………………… 193

表 33　澳门畜牧业产品相关法律法规和标准 …………………… 195

表 34　中国内地畜牧业及其产品相关法律法规和强制性标准
………………………………………………………………… 196

表 35 猪肉中兽药残留限量对比 …… 197
表 36 中国内地猪肉产品相关标准 …… 200
表 37 禽肉蛋中兽药残留限量对比 …… 222
表 38 中国内地家禽产业上下游相关标准 …… 225
表 39 香港水产品管理相关法律法规和标准 …… 236
表 40 澳门水产品管理相关法律法规和标准 …… 237
表 41 中国水产品相关法律法规和强制性标准 …… 237
表 42 水产品中兽药残留限量对比 …… 237
表 43 中国内地水产行业标准 …… 240
表 44 中国内地鱼类养殖标准（未包含地方标准）…… 253
表 45 中国内地虾类养殖标准 …… 266
表 46 香港蔬菜管理相关法律法规和标准 …… 281
表 47 澳门蔬菜管理相关法律法规和标准 …… 281
表 48 中国内地蔬菜管理相关标准 …… 281

第一章

工程技术领域

工程技术特别是工程安全与民生息息相关，该领域的标准涉及工程设计、技术指标、测试方法、安全性等方面，特别是在建设项目合作开发过程中，标准指标的确定是开展所有工作的首要任务。项目开展初期缺乏统一的标准且双方对于可以采纳使用的各自标准的认可度不高，是阻碍工程项目开发进程的首要因素。特别是当需要研究和制定新的标准项目或指标、新的测试方法或新的标准件时，要花费比较长的时间进行验证试验，标准不一致会导致投入的成本更大。

第一节　民用工程

【案例 1】高层建筑抗风能力标准

风荷载和风致振动是超高层建筑抗风能力设计中的重要指标，是限制超高层建筑高度发展的重要因素之一。随着人口的膨胀和土地资源的紧缺，超高层建筑不断出现，特别是在经济相对发达的国家和地区，超高层建筑的高度不断被刷新。1931 年修建的纽约帝国大厦高为 381 m，而目前最高的迪拜的哈利法塔高度已达 828 m，沙特阿拉伯正在推动建设的“国王塔”预计要超过 1000 m。世界高层建筑所在位置，大多位于沙漠或沿海地区，均属于风力较大的区域。

截至 2021 年年底，香港的最高建筑是位于香港西九龙的环球贸易广场，其实际高度为 484 m，位于维多利亚港沿岸。该港口每年 10 月到第二年 3 月为东北季风期，平均风速达到 6 ～ 7 m/s；每年平均有 30 个热带气旋形成，其中半数达到台风强度，最高风速可达到 54 m/s；风速大于 6 级的天数，每年可达 31.5 天。澳门的最高建筑是 338 m 的澳门观光塔。该建筑紧邻南湾湖和西湾湖，距离外海不超过 1.5 km，距离西侧河道和南侧海面均不足 1 km。澳门岛上的全年风速保持在 12.1 m/s 以上，冬季平均可达 15.4 m/s；2020 年最大风速达到 127.7 m/s，阵风最大风速达到 215.6 m/s。澳门的高层建筑设计，需要有长期、持续地接受大风负载和振动的考虑，也需要有迎接高强度台风的能力。广东地区的最高建筑为广州塔，塔身主体高 454 m，天线桅杆高 146 m，总高度为 600 m。与香港和澳门相比，广州相对处于内陆，平均风速稍小。但广州塔的长细比达到 7.5，对抗风能力的要求更高。

作为沿海地区的粤港澳三地，不断在当地气候条件与高层建筑长细比之间寻找最佳解决方案。对于风荷载和风致振动这两个重要的设计指标，粤港澳三地的计算方式是不同的。广东地区参考国家标准 GB 50009—2012 编制了本地标准 DBJ 15—101—2014《建筑结构荷载规范》，2021 年 12 月发布了修订版的征求意见稿，2022 年 6 月正式发布修订版的广东省标准《建筑结构荷载规范》，编号为 DBJ/T 15—101—2022。香港和澳门因历史原因，其计算理论依据欧洲、英国或澳大利亚等国家或区域的规范。《香港风荷载规范》2019 年版与 2004 年版相比，指标更加国际化，参考了澳大利亚、新西兰、美国和欧洲的规范。澳门地区使用的是 1996 年颁布的《屋宇结构及桥梁结构之安全及荷载规章》，该规章主要参考了欧洲的早期规范。

表 1 给出了粤港澳三地风压标准部分指标的对比。仇建磊等[1]、孙凌志等[2]、陈学伟等[3]将不同指标进行换算并计算后均认为，在基本考虑了香港和澳门都考虑到的因素后，虽然在不同情况下三地计算结果各有高低，但基于广东标准的计算方法更为便捷。在实际应用过程中，将三地标准融合使用的难度较大，需要在三地标准或其指标间进行有选择性或竞争性的讨论。如果能够制定粤港澳三地均能适用的区域标准，无疑更有利于三方合作项目的开展。

表 1　粤港澳三地风压标准指标对比

<table>
<tr><th>序号</th><th colspan="2">对比内容</th><th>广东</th><th>香港</th><th>澳门</th><th>对比结果</th></tr>
<tr><td>1</td><td colspan="2">标准来源</td><td>DBJ 15—101—2014《建筑结构荷载规范》</td><td>香港屋宇署《香港风力效应作业守则2019》</td><td>法令第56/96/M号《屋宇结构及桥梁结构之安全及荷载规章》</td><td>规范的发布形式和法律效力均有差异。广东省发布的地方标准部分强制执行；香港的指标来自部门守则，推荐使用；澳门的指标来自已发布的法令，全部指标为强制执行。
在指标拟定时间方面，粤港澳三地的指标发布时间分别为2014年、2019年和1996年，反映了指标拟定时间的工程技术水平</td></tr>
<tr><td>2</td><td colspan="2">地面粗糙度</td><td>分A、B、C、D四种粗糙度，按照建筑物密集程度来划分</td><td>使用一种粗糙度，根据地形和高度折减考虑周边建筑和建筑群的影响</td><td>分为两类粗糙度，风力由海面直接吹到的考虑第一类粗糙面，其余的考虑第二类粗糙面</td><td>规定方式不同，但基本按照可能的风力大小等级进行划分</td></tr>
<tr><td>3</td><td colspan="2">体型系数或风力系数</td><td>体型系数列表，考虑来流风压和作用在建筑物上的平均压力</td><td>通过解析式计算获得结构风力系数，考虑建筑宽厚比和高深比。局限是只能用在标准截面，其他截面需要修正</td><td>有风力系数和风压系数两种标识方法。两个因素均有列表可查，考虑了开孔式建筑和闭孔式建筑。缺点是只能查到标准形状的数据，其他形状的数据需要校正或测量</td><td>考虑因素基本相似，但取值方法和标准使用方式不同</td></tr>
<tr><td>4</td><td rowspan="2">基本风压</td><td>数值给出方式</td><td>省内各地市风压数值表</td><td>按公式计算</td><td>八个层级的标准风荷载速和标准风速</td><td>广东和澳门直接给出了计算好的参考值，香港需要根据公式计算，广东标准使用最便捷</td></tr>
<tr><td>5</td><td>标准地貌</td><td>空旷平坦（B类）</td><td>开阔海面</td><td>分为两类粗糙度</td><td>要求相似，澳门分两类地貌给出数据</td></tr>
</table>

续表 1

序号	对比内容		广东	香港	澳门	对比结果
6	基本风压	标准高度	10 m	90 m	10 m	基本相似，香港较高
7		平均风速时距	10 min	3 s	3 s	广东取平均值，香港和澳门取阵风值
8		重现期	50 年	50 年	200 年	广东和香港一致，澳门参考时间较长
9	风压高度系数		给出 27 个高度的系数列表以及山区、盆地谷口、远海海面和海岛的修正系数	给出 15 个高度的参考风压	无	广东给出的数值更具体，香港偏重具体实施过程中的计算，澳门没有相关指标
10	风负荷载体型系数		42 个建筑物类型的系数列表	按风剖面和设计风压计算	无	广东给出的数值更具体，香港偏重具体实施过程中的计算，澳门没有相关指标
11	围护结构风荷载		给出多种围护结构风荷载系数	给出 5 种参考结构的系数	无	广东给出的数值更具体，香港偏重具体实施过程中的计算，澳门没有相关指标
12	高层风振		考虑顺风向风振、横风向风振和扭转风振，使用风振系数来计算和表达	采用尺寸和动力合并系数	无	广东和香港的计算因素不同，澳门没有相关指标

【案例 2】公共空间设计

在《粤港澳大湾区发展规划纲要》中，“建设宜居宜业宜游的优质生活圈”占据了一章的内容，是大湾区建设的七个核心建设主题之一。具有新时代特征的公共空间设计要求，是优质生活圈中最能明显体现国际湾区建设水平的指标之一。新时代特征包含技术、文化、人类发展等先进理念，是思想、科技水平要素的综合体现。粤港澳三地在研究公共空间设计要素，且将研究成果融入公共管理体制中的脚步始终没有停歇，均经历了从追求数量到追求品质的转变，目前主要集中在建筑细节、可持续发展和人性化设计的时代要求方面。但粤港澳三地在发展方向和进度方面有所差异，这种差异不仅体现在科学研究的选题和方向上，也体现在三地公共空间设计的管理制度中（见表 2）。

表 2　粤港澳三地公共空间设计管理制度对比

序号	对比内容	广东	香港	澳门	对比结果
1	文件名称	《城市设计管理办法》； 国家标准和行业标准中关于具体项目的设计标准	《香港规划标准与准则》	无	广东、香港、澳门均是在各自“规划法”的法律框架下拟定规划内容；广东、香港均有设计标准或管理办法，澳门有依据一定流程颁布的规划结果
2	结果概述	从城市设计的宏观角度拟定设计原则，具体项目的设计标准中，主要是技术类指标； 除了各具体标准中涉及的与公共空间相关的要求外，没有专门针对公共空间设计的标准	规划内容细致，涉及各类城市设计项目，其中公共空间设计原则包含在城市规划原则中，其他具体要求包括街道、绿地、康乐休憩场所等具体规划项目要求； 目前还没有将公共空间要求作为独立的标准规范	没有与规划标准相关的文件； 《城市规划法》指出了规划设计目的和原则，但其主要内容是规划流程相关的要求，没有具体的规划要求； 《澳门特别行政区城市总体规划（2020—2040）》是规划结果，没有规划制定的目标、原则、依据等内容	—
3	文件主要内容	从整体平面和立体空间上统筹城市建筑布局、协调城市景观风貌，体现地域特征、民族特色和时代风貌	美观和功能兼备的设计原则，需要考虑宏观都市面貌、中观建筑与空间、微观人文环境等因素	《城市规划法》规定了 5 条规划目的和 10 条规划原则，涉及利益平衡、合法性、法律安定、可持续发展、保护环境、透明公开等内容； 已颁布的规划方案以快乐、智慧、可持续及具韧性为规划目标，包含 6 条规划定位	均从城市设计的宏观角度规定了设计目标或原则

续表 2

<table>
<tr><th>序号</th><th>对比内容</th><th>广东</th><th>香港</th><th>澳门</th><th>对比结果</th></tr>
<tr><td rowspan="5">3</td><td rowspan="5">文件主要内容</td><td>应当符合总体规划和相关标准；尊重城市发展规律，坚持以人为本，保护自然环境，传承历史文化，塑造城市特色，优化城市形态，节约集约用地，创造宜居公共空间；根据经济社会发展水平、资源条件和管理需要，因地制宜，逐步推进</td><td>规定了各类城市规划具体项目的设计要求，其中与公共空间设计相关的内容包括康乐休憩用地和设施设计要求、环境保护设计要求、自然资源保护设计要求、历史文物保护设计要求等内容</td><td>已有文件规定的是规划流程和规划结果；
规划结果文件中包含“策略性指引”章节，列出了 13 条规划要求</td><td>香港的设计要求详细列出了每类项目的设计考虑因素，澳门列出了部分类别的简要设计方向，广东执行的要求较为宏观</td></tr>
<tr><td>重点地区城市设计应“组织城市公共空间功能，注重建筑空间尺度，提出建筑高度、体量、风格、色彩等控制要求”</td><td rowspan="3">提出 27 条一般城市设计的考虑因素</td><td rowspan="3">无</td><td rowspan="3">香港有较为详细的设计考虑因素；澳门没有可参考的设计标准；广东执行的《城市设计管理办法》有较为宏观的要求，具体的设计要求在各类标准中，包括广东省地方研制的《传承岭南建筑文化的绿色建筑设计》标准等</td></tr>
<tr><td>“城市设计重点地区范围以外地区”应“明确建筑特色、公共空间和景观风貌等方面的要求”</td></tr>
<tr><td>各类项目的具体标准补充</td></tr>
<tr><td>广泛征求专家和公众意见</td><td>鼓励创新，以提升质素、融合灵活、提升活力、保持弹性为规范的使用范围</td><td>《城市规划法》第十九条规定了行政部门推动公众参与规划编制的要求</td><td>均提出了广泛征求意见的要求，香港强调了在征求意见基础上的设计创新</td></tr>
</table>

广东地区公共空间设计的行政主管部门为广东省住房与城乡建设厅，其执行国务院和住建部发布的、与公共空间设计相关的规章制度，参考采用国家标准和行业标准，以及制定地方标准和地方规章来规范广东的地方公共空间建设和管理。2016年发布的《中共中央 国务院关于进一步加强城市规划建设管理工作的若干意见》提出了“塑造城市特色风貌”“推进节能城市建设”“完善城市公共服务职能”“营造城市宜居环境”“创新城市治理方式”等若干意见；2017年3月14日，中华人民共和国住房和城乡建设部（简称“住建部”）令第35号发布了《城市设计管理办法》，与作为指定类型公共空间设计的规章制度《城市湿地公园设计导则》（2017年）、《绿道规划设计导则》（2016年）、《城市步行和自行车交通系统规划设计导则》（2013年）等，共同指导全国的公共空间设计与管理。另外，相关国家标准和行业标准中也包含了公共空间设计的推荐性或指导性要求。国家标准包括GB 37489《公共场所设计卫生规范》系列标准和公共场所扩声、安全、信息导向、照明设计等领域的专业设计标准，以及专业场馆设计规范如GB/T 23863—2009《博物馆照明设计规范》、GB/T 31171—2014《城市公共休闲空间分类与要求》等，各领域标准均由不同的专业技术委员会归口（见表3）。行业标准主要是由住建部发布的CJJ/T 294—2019《居住绿地设计标准》和CJJ 14—2016《城市公共厕所设计标准》。广东省住房和城乡建设厅依据广东省地方的特点制定并通过了建筑标准设计通用图纸粤21J/013《传承岭南建筑文化的绿色建筑设计》（2021年）以及没有标准编号的《南粤古驿道标识系统设计指引》（2016年）和《广东省城市绿道规划设计指引》（2011年）。由以上分析可知，广东省可执行的公共空间设计管理制度层次多、类型分散，且标准指标以工程技术指标为主，人文设计的要素较少。

表3　公共空间设计国家标准

序号	标准号	标准名称	归口单位
1	GB/T 16571—1996	文物系统博物馆安全防范工程设计规范	全国安全防范报警系统标准化技术委员会
2	GB/T 16676—1996	银行营业场所安全防范工程设计规范	全国安全防范报警系统标准化技术委员会
3	GB/T 20501 系列标准 8 项	公共信息导向系统 导向要素的设计原则与要求	全国图形符号标准化技术委员会
4	GB/T 23863—2009	博物馆照明设计规范	国家文物局
5	GB/T 28049—2011	厅堂、体育场馆扩声系统设计规范	全国音频、视频及多媒体系统与设备标准化技术委员会
6	GB/T 31171—2014	城市公共休闲空间分类与要求	全国休闲标准化技术委员会
7	GB 37489.1—2019	公共场所设计卫生规范 第1部分：总则	国家卫生健康委员会

续表 3

序号	标准号	标准名称	归口单位
8	GB 37489.2—2019	公共场所设计卫生规范 第 2 部分：住宿场所	国家卫生健康委员会
9	GB 37489.3—2019	公共场所设计卫生规范 第 3 部分：人工游泳场所	国家卫生健康委员会
10	GB 37489.4—2019	公共场所设计卫生规范 第 4 部分：沐浴场所	国家卫生健康委员会
11	GB 37489.5—2019	公共场所设计卫生规范 第 5 部分：美容美发场所	国家卫生健康委员会
12	GB/T 38655—2020	公共信息导向系统 人类工效学设计与设置指南	全国图形符号标准化技术委员会
13	GB/T 38654—2020	公共信息导向系统 规划设计指南	全国图形符号标准化技术委员会

香港的城市建设与规划由规划署负责，执行《香港法例》第 131 章《城市规划条例》，派出机构是城市规划委员会。由规划署发布的指南性文件《香港规划标准与准则》是具体的规划指导性文件，其中第 11 节《城市设计指引》提出了与公共空间设计相关的设计标准和设计要求，其他章节如康乐、休憩用地及绿化、公共设施、环境、自然保护和城市建设指引中包含了与公共空间设计相关的具体要求。香港《城市设计指引》的第一段即指明，该指引的制定是为了“提升香港作为世界级城市的形象，以及改善我们建设环境的质素”，考虑“从宏观和微观层面上缔造美感和功能兼备的环境”，将城市建设当作“艺术创作”来进行城市设计规划，各个具体工程领域的设计均考虑了人文相关的设计要素。

澳门城市建设与规划的管理部门为土地工务运输局以及 2014 年依据《城市规划法》设立的“城市规划委员会”。土地工务运输局针对不同区域和行业的规划研究一直在持续开展，其先后委托了中国城市规划学会、广东省城市发展研究中心、澳门发展策略研究中心、澳门城市规划学会等机构开展城市规划研究。土地工务运输局也通过专项咨询会、座谈会、面谈会等方式收集专业机构、专家和公众的意见和建议。2022 年发布的《澳门特别行政区城市总体规划（2020—2040）》是澳门的第一份城市规划类文件。该法规的发布旨在为澳门“空间整治、土地使用和利用的条件”“公共基础设施和公用设施”进行综合规划，拟定城市发展定位，建设一个“快乐、智慧、可持续及具韧性的城市”；规划内容主要包括澳门整体规划布局、各类空间规划布局和设计考虑的因素，不包含具体的工程技术或人文设计指标。

粤港澳三地的公共空间设计均包含在城市规划设计制度中，虽然各自的管理制度有差异，但均有独立的内容甚至章节对公共空间的设计要求进行描述，要求的内容均不多且均较为宏观。粤港澳三地的城市设计都比较重视专家和公众意见的收集，因而从三地对公共空间研究的差异也能够看出其对公共空间设计结果影响的差异。

公共空间的建设和更新是建筑学和规划科学的长期议题，时代的发展以及地方发展特征的变化不断对这一领域的研究提出新的要求。虽然由于国际化程度的提高以及对科技成果应用的共同追求，各地公共空间设计的理念和结果有一定的相似性，但不同的政治和人文环境又赋予了各地有差异的设计结果。即使是相邻的粤港澳三地，在公共空间设计的研究方向和实际应用方面也存在差异。

香港中文大学建筑学院田恒德教授带领的设计团队[4]认为，公共空间包含物质属性、社会属性和政治属性，应将三个属性融合在一起形成一个整体性框架来指导公共空间的设计。该团队在香港发起了“妙想毡开”西营盘计划，通过串联公众与公共场所、公众与社会政治、公众与公众之间的新的联系来获得建立公共空间设计框架的要素。

在我国内地，江南大学辛向阳教授的科研团队[5]基于在美国、中国香港等地开展设计研究的经验，探索内地公共空间设计的理念和方法，提出应用交互体验的方法来获得设计要素。该方法被应用到内地公共空间设计领域后，强调公共空间的社会属性并对公共空间的定义和范围进行了重新梳理。天津大学汪丽君教授的团队以本地公共空间设计为研究对象，从情感融合的角度开展公共空间设计要素的采集。华南理工大学汤朝晖教授的团队[6]基于丰富的实践设计经验，研究公共空间设计与城市的“自适应”和“反哺”功能，强调设计的功能、形态和能够传达的意念，即重在公共设计的物质形态。

澳门关于公共空间设计的研究较少。在由澳门行政部门委托研究机构开展的城市规划研究成果中，与公共空间设计相关的研究计划不是重点。少量的研究文献也是与具体设计项目相关的，重在考虑物质形态的空间设计[7]。

从粤港澳三地对公共空间设计的学术研究方向来看，广东和澳门的本地设计研究目前还停留在物质形态的关联领域，香港已开始探索公共空间设计与社会形态特别是政治形态的关联。毫无疑问，物质形态是体现科技和建筑水平的显著指标，也比较容易制定标准，而社会属性和政治属性则是相对虚拟的与公众的关联点，不容易在短时间内看到建筑设计的成效，但其在体现区域特色和发挥持续影响力方面的作用不容忽视。要建设具有中国特色的国际化湾区，粤港澳大湾区的建设应在物质属性的基础上，尽可能发挥公共空间设计的社会属性和政治属性。

第二节　工业工程

【案例 3】斜坡防护工程

粤港澳三地均属于沿海区域，特别是香港和澳门，山多平地少，不少建筑物与道路依山而建，因而有很多陡峭的人造斜坡。香港的土地总面积中，超过六成是天然山坡，《斜坡记录册》现时共收录了约 60000 个人造斜坡的资料，加上受季候性大雨的影响，山泥倾泻一直是香港最常见的自然灾害之一。香港有相当部分的地区及人口，位于陡峭的山坡之上或山坡附近。若这些山坡发生山泥倾泻，很可能有安全风险。山泥倾泻曾经在香港造成严重的伤亡，并摧毁了不少家园。虽然香港政府已致力于改善斜坡安全问题，但是山泥倾泻的风险不可能完全消除，香港每年平均接获约 300 宗山泥倾泻报告

（香港土木工程拓展署官网资料和数据）。香港土木工程拓展署的土力工程处负责相关工程的安全技术工作，其1977年开始开展香港斜坡安全的研究和治理工作，于1979年11月形成了草稿版的《斜坡岩土工程手册》，后历经数次修订，于1995年将《斜坡岩土工程手册》中的部分内容单独发行，即《斜坡维修指南》。之后《斜坡维修指南》单行版又经历了数次修订。《斜坡岩土工程手册》（1998年版）和《斜坡维修指南》（2021年版）是香港目前指导斜坡修建和养护的主要指导性标准。

澳门地区的山体数量不多且海拔较低，高风险斜坡相对较少，但由于靠近海岸且人类活动频繁，滑坡灾害的监测和预防也是其安全风险管理的重要环节。澳门的斜坡安全风险主要集中在与建筑物相连的斜坡建设和维护中。澳门政府于1995年成立了斜坡安全小组，该小组由土地工务运输局、市政署及澳门土木工程实验室的代表工程师共同组建，"定期对澳门的斜坡进行巡查和勘探，并将斜坡的风险级别进行分类，以确定哪些斜坡需要及早加固和维修，倘若属私人斜坡，土地工务运输局会根据斜坡安全工作小组的建议要求斜坡所属的业权人作跟进"。斜坡安全小组官网还提出了8种斜坡加固方式，但并没有具体的加固或防护技术规范。澳门地区斜坡加固参考的技术规范是1998年发布的《挡土结构与土方工程规章》和1996年发布的《地工技术规章》。

地处粤港澳大湾区的广东省九市，地貌类型多样，降雨量大，且人类活动丰富，也是泥石流、滑坡等灾害发生较多的区域[8]。深圳市辖区北部曾多次发生崩塌和滑坡，每次崩塌的规模不一定大，但崩塌类型多样，包括残积层滑坡、风化带滑坡、断层带滑坡、边坡块体滑动、软岩强风化带坍塌、人类工程活动坍塌、市区部分地区处于岩溶地段坍塌等。广东省滑坡、泥石流的自然灾害监测部门是自然资源行政管理部门，具体的防治过程一般由坡面建造和使用单位负责。由于我国地域辽阔、地质类型多样，全国性的斜坡防治规范难以制定，因而斜坡治理更多由地方拟定管理和技术标准。在我国，与斜坡防治相关的国家标准有2项，行业标准有6项，地方标准有36项。国家标准和行业标准以滑坡检测与调查标准为主，只有1项国家标准和2项行业标准是与防护设计和技术相关的。在具体的滑坡防护标准中，公路滑坡的防护标准数量最多，其他类型的滑坡防护分散在水利堤岸、草原丘陵、冻土坡、喀斯特地貌的坡面防护技术中，其中分别包含了蜂巢约束系统、土工袋、混凝土、生态防护等防护技术。整体而言，我国内地的斜坡防护类型多样、分散，由各地负责区域内的斜坡调查、监测和防护工作。广东省与斜坡防护相关的技术法规有地方标准2项，一项是关于生态机压护坡砖的材料标准，另一项是2008年发布的DB44/T 499—2008《道路边坡生态防护工程施工及验收技术规范》（见表4）。与香港的房屋建造相关斜坡类似的安全风险监测与防控规范，内地还不健全。

在斜坡防护工程的具体标准指标上，香港的《斜坡岩土工程手册》相对而言规定得更加细致，规定到了包括实施过程等环节的细节。澳门的两个文件互相配合使用，针对斜坡防护的内容相对简单，方案设计、荷载计算等关键内容并没有针对斜坡做专门的指引或要求。GB 38509—2020的规定相对更全面、更宏观，但没有具体的操作过程和技术指引。

斜坡防护是粤港澳三地都很重视也很难忽略的、与生命财产安全息息相关的项目。但三地在斜坡监测、斜坡治理方面的管理模式、管理力度、治理标准差异极大。粤港澳三地斜坡防护标准对比见表5。

表 4　中国内地滑坡防治标准

序号	标准类型		标准号	标准名称	归口单位
1	滑坡监测与调查		GB/T 32864—2016	滑坡防治工程勘查规范	全国自然资源与国土空间规划标准化技术委员会
2			DZ/T 0218—2006	滑坡防治工程勘查规范	国土资源部
3			DZ/T 0221—2006	崩塌、滑坡、泥石流监测规范	国土资源部
4			DZ/T 0261—2014	滑坡崩塌泥石流灾害调查规范（1:50000）	国土资源部
5			DZ/T 0262—2014	集镇滑坡崩塌泥石流勘查规范	国土资源部
6			DB13/T 5265—2020	山区高速公路路堑边坡安全监测技术规范	河北省市场监督管理局
7			DB35/T 1844—2019	高速公路边坡工程监测技术规程	福建省交通运输厅
8			DB42/T 1496—2019	公路边坡监测技术规程	湖北省市场监督管理局
9			DB61/T 1287—2019	运营公路边（滑）坡监测技术规范	陕西省市场监督管理局
10			DB61/T 1434—2021	崩塌、滑坡、泥石流专业监测规范	陕西省自然资源厅
11			DB62/T 4132—2020	公路滑坡勘察设计规范	甘肃省市场监督管理局
12			DB63/T 1427—2015	公路滑坡勘察设计规范	青海省交通运输厅
13	滑坡防治	设计	GB/T 38509—2020	滑坡防治设计规范	全国自然资源与国土空间规划标准化技术委员会
14			DZ/T 0219—2006	滑坡防治工程设计与施工技术规范	国土资源部
15			DB15/T 953—2016	内蒙古自治区公路坡面生态防护设计规范	内蒙古自治区市场监督管理局
16			DB15/T 473—2010	内蒙古自治区公路路堑边坡设计规范	内蒙古自治区市场监督管理局
17		材料	DB44/T 1171—2013	生态机压护坡砖	广东省建筑材料标准化技术委员会
18		检测	DB34/T 1930—2021	预制混凝土护坡砌块检验方法	安徽省水利厅

续表 4

序号	标准类型			标准号	标准名称	归口单位
19	滑坡防治	护坡技术	防护技术	DB23/T 1663—2015	蜂巢约束系统护坡应用技术导则	黑龙江省质量技术监督局
20				DB32/T 3842—2020	土工袋护坡技术规范	江苏省市场监督管理局
21				DB34/T 2233—2021	预制混凝土砌块护坡工程技术规程	安徽省水利厅
22				DB42/T 1355—2018	边坡生态护坡技术规程	湖北省市场监督管理局
23				DB42/T 1360—2018	植被生态混凝土护坡技术规范	湖北省市场监督管理局
24				DB45/T 1250—2015	膨胀岩土滑坡防治工程技术规范	广西壮族自治区市场监督管理局
25				DB51/T 934—2009	三维植被网建植边坡草坪技术规程	四川省质量技术监督局
26				DB51/T 2633—2019	受损泥石边坡植被恢复技术规程	四川省林业和草原局
27			公路或铁路边坡	JT/T 528—2004	公路边坡柔性防护系统	交通部科技教育司
28				DB33/T 916—2014	公路边坡植被防护工程施工技术规范	浙江省质量技术监督局
29				DB34/T 3270—2018	公路边坡植物纤维毯施工技术规程	安徽省交通运输厅
30				DB41/T 1893—2019	公路边坡生态防护施工技术指南	河南省市场监督管理局
31				DB44/T 499—2008	道路边坡生态防护工程施工及验收技术规范	广东省质量技术监督局
32				DB45/T 2149—2020	公路边坡工程技术规范	广西壮族自治区市场监督管理局
33				DB45/T 1973—2019	山区高速公路边坡防治施工技术规程	广西壮族自治区市场监督管理局
34				DB34/T 2557—2015	高速公路施工标准化指南 坡面防护与支挡工程	安徽省交通运输厅
35				DB61/T 1291—2019	高速公路膨胀土边坡预防性养护规范	陕西省市场监督管理局

续表 4

序号	标准类型			标准号	标准名称	归口单位
36	滑坡防治	护坡技术		DB62/T 4126—2020	高速公路高边坡设计与施工技术指南	甘肃省市场监督管理局
37				TB/T 3089—2004	铁路沿线斜坡柔性防护网	铁道部标准计量研究所
38			其他类型边坡	DB15/T 2129—2021	草原丘陵区宽幅式坡面截流沟建设技术规程	内蒙古自治区市场监督管理局
39				DB15/T 2426—2021	高纬度多年冻土区公路土质路堑边坡植物防护技术规范	内蒙古自治区市场监督管理局
40				DB22/T 3072—2019	侵蚀沟植桩生态护坡治理技术规范	吉林省市场监督管理厅
41				DB23/T 1501—2013	水利堤（岸）坡防护工程格宾与雷诺护垫施工技术规范	黑龙江省质量技术监督局
42				DB36/T 870—2015	果园梯壁栽植百喜草固土护坡技术规程	江西省质量技术监督局
43				DB41/T 2231—2022	水利工程生态护坡技术规范	河南省市场监督管理局
44				DB52/T 571—2009	喀斯特（KST）地区灌木护坡施工技术规范	贵州省质量技术监督局

表 5　粤港澳三地斜坡防护标准对比

序号	对比内容	广东	香港	澳门	对比结果
		GB/T38509—2020	《斜坡岩土工程手册》《斜坡维修指南》	《挡土结构与土方工程规章》《地工技术规章》	
1	勘察	在其他标准中规定，与本标准内容相关性弱	基于勘察结果选择斜坡防护措施	无	香港标准基于勘察结果进行斜坡防治方案设计和施工；国家标准基于能够考虑到的所有情况进行要求，并不针对勘察结果；澳门的这两个文件中没有与勘察相关的内容

续表5

序号	对比内容		广东	香港	澳门	对比结果
			GB/T38509—2020	《斜坡岩土工程手册》《斜坡维修指南》	《挡土结构与土方工程规章》《地工技术规章》	
2	斜坡设计	安全系数	1. 防治等级（包含人命风险因素和设施风险因素）； 2. 工况等级（考虑降雨、地震因素）	斜坡崩塌安全系数（包含人命风险因素和经济风险因素）	考虑8种极限破坏状态： 1. 整体失稳或承受力破坏； 2. 内部侵蚀所致破坏； 3. 表面侵蚀或冲刷所致的破坏； 4. 水力上举所致的破坏； 5. 斜坡变形或其基础引发的相邻结构物、道路或设施的结构破坏； 6. 落石； 7. 斜坡的变形，包括潜在的变形可能导致使用性能失效； 8. 表面侵蚀	国家标准和香港标准提出了计算公式，澳门标准只是给出了考虑因素；澳门标准是通过考虑极限状况来进行设计的
3		稳定性分析	1. 不平衡推力传递法，公式； 2. 三位楔体法，公式	1. 对于初步分析和微风险斜坡，建议采用无限斜坡法或滑块计算法进行快速估算； 2. 对于其他风险斜坡，推荐采用非圆弧分析法，也可采用滑块分析法和圆弧分析法	考虑16种力的作用，考虑影响因素作用时间的变化，考虑重复作用、周期性作用及强度变化： 1. 土体、岩石和水体的重量； 2. 地基中位应力； 3. 自由水压力； 4. 地下水压力； 5. 渗透力； 6. 结构物荷载、外力荷载、环境荷载；	国家标准和香港标准提出了计算公式，澳门标准只是给出了考虑因素；澳门标准是通过考虑极限状况来进行设计的

续表 5

序号	对比内容		广东 GB/T38509—2020	香港 《斜坡岩土工程手册》 《斜坡维修指南》	澳门 《挡土结构与土方工程规章》 《地工技术规章》	对比结果
3	斜坡设计	稳定性分析			7. 超载； 8. 残留荷载； 9. 卸载或地基开挖； 10. 交通荷载； 11. 由植物、气候、温度变化引起的膨胀和收缩； 12. 由潜在变化或滑动土体引起的移动； 13. 由剥蚀、风化、自身密度及溶解引起的移动； 14. 由地震、爆炸、振动及动力荷载引起的移动及加速度； 15. 温度影响； 16. 地锚或支撑产生的预应力	
4	斜坡设计	稳定性校准	1. 堆积层（土质）滑坡：折线形滑面的稳定性校核、圆弧形滑面的稳定性校核； 2. 岩质滑坡：折线型滑面的稳定性校核、单一平面滑面的稳定性校核、多组弱面组合滑面的稳定性校核； 3. 滑面倾角变化比较大或滑面有柔弱夹层的滑坡的稳定性校核； 4. 地质条件复杂或支挡工程组合结构复杂的滑坡的稳定性校核	1. 可靠性指数计算，公式； 2. 敏感性分析	考虑以下 7 条影响并进行校准： 1. 施工过程影响； 2. 接近斜坡的构造物完成后的影响； 3. 现有工程上新建斜坡的影响； 4. 现有斜坡先前移动和持续移动的影响； 5. 斜坡顶部满溢、波浪和降雨的影响； 6. 温度的影响； 7. 动物活动致地基排水或挖掘空阻塞的影响	香港标准提出了校准的分析因素和公式；国家标准给出了具体的校准因素，但没有给出具体校准方法；澳门标准只是给出了考虑因素，同时，澳门标准是通过考虑极限状况来进行设计的

续表 5

序号	对比内容	广东	香港	澳门	对比结果
		GB/T38509—2020	《斜坡岩土工程手册》《斜坡维修指南》	《挡土结构与土方工程规章》《地工技术规章》	
5	方案设计	列出了 8 条设计原则和 5 条必选原则	1. 削土斜坡的设计：剖面的设计、稳定性改善、岩石斜坡的处理、销钉的设计、岩石锚栓的设计、孤石及落石的控制等详细内容； 2. 填土斜坡的设计：新填土斜坡的设计、现有填土斜坡的处理、填石斜坡等详细内容	1. 应考虑类似地基的建设经验； 2. 当斜坡被严重侵蚀时，应进行保护	香港标准列出了斜坡设计的具体方案内容；国家标准只列出了原则；澳门标准只是提出了需要进行方案设计，没有提出具体设计思路
6	斜坡荷载	1. 基本荷载包括滑坡体自重、地下水稳定水位时的孔隙水压力等； 2. 特殊载荷包括降雨荷载、地震荷载； 3. 附加荷载包括建筑物荷载、交通荷载、施工临时荷载等； 4. 其他荷载包括大型水体产生的荷载，如静水压力和渗透压力等	1. 指出了轻荷载时的承载力、沉降和斜坡稳定性考虑因素； 2. 指出了重荷载时的承载力、沉降和斜坡稳定性考虑因素	无	国家标准和香港标准对斜坡荷载的考虑思路不同，内容也完全不同；澳门没有专门针对斜坡的荷载要求
7	挡土结构	分 4 节分别说明了重力式抗滑挡墙、扶壁式抗滑挡墙、桩板式抗滑挡墙和石笼式抗滑挡墙的设计负荷、计算公式和构造要求	在 Geoguide 1: Guide to Retaining Wall Design 2020 中给出了详细的考虑因素和 5 种挡土墙的结构说明，增加了强化混凝土挡土墙	描述了重力式挡墙、埋置式挡墙两种挡墙	挡土墙分类方式有区别，计算公式也不同，澳门只提到了两种挡墙，没有具体的要求

续表 5

序号	对比内容		广东 GB/T38509—2020	香港 《斜坡岩土工程手册》 《斜坡维修指南》	澳门 《挡土结构与土方工程规章》 《地工技术规章》	对比结果
8	地表排水	汇水流量计算	给出两个公式： 1. 完整计算，考虑降雨强度、降雨强度衰减时间、汇水面积、汇水时间和径流系数； 2. 简化估算，考虑降雨强度、汇水面积和径流系数	1. 径流，给出公式，考虑降雨强度、汇水面积和形状、排水坡度和长度、植被特征和范围、地表情况和地下土层情况； 2. 积水时间，给出了测量方法和计算公式； 3. 关于设计强度的描述	无	—
9		一般原则	1. 应结合地形条件、工程地质条件、水文地质条件和降雨条件进行，包括地表排水和地下排水或两者结合的方式； 2. 应满足工程等级确定的降雨强度重现标准； 3. 当滑坡体上存在需要保留的地表水体时，应进行防渗处理，并与拟建排水系统相连； 4. 应视滑面分布特征等，选用排水方案； 5. 城镇滑坡的排水系统，应与城镇排水系统或设施协调	1. 应尽量减少地表排水渠的数量和长度； 2. 当设计涉及平面或坡级时，需设地面排水以防止出现积水、渗透或局部冲蚀（硬质岩石中开挖例外）； 3. 新排水渠的设计接入现有排水口时，应考虑现有排水渠的容量和冲蚀作用； 4. 不应在斜坡上及斜坡上方设计栏栅或沉砂池； 5. 在斜坡可能受地表冲蚀的情况下，应慎重在坡脚或其他涉及检查和维修的地方设沉砂池； 6. 排水路径应通过	无	国家标准的原则囊括范围广，较为宏观；香港标准的设计原则主要是关于排水渠数量、栏栅和沉砂池的设计原则

续表 5

序号	对比内容		广东	香港	澳门	对比结果
			GB/T38509—2020	《斜坡岩土工程手册》《斜坡维修指南》	《挡土结构与土方工程规章》《地工技术规章》	
9	地表排水	一般原则		栏栅和沉砂池，栏栅应有足够的开口保证被阻塞时的水流通过速度		
10		斜坡排水的平面设计	无	1. 应以最直接的导向导离斜坡的易受损区； 2. 在较大斜坡上，径流应被引入多个阶梯形渠道，而不应汇集到一个或两个渠道； 3. 受斜坡阻截的水流应直接导到斜坡下； 4. 当需要改变水流方向、重新汇入流道时，应在斜坡脚处进行； 5. 在易受冲蚀的斜坡上，建议采用人字形排水系统；在不易受冲蚀的斜坡上，应采用坡级加梯形渠道系统	无	香港标准对斜坡排水的平面设计进行了要求，国家标准和澳门标准都没有相关内容
11		排水渠类型	矩形、梯形、复合型端面 3 种渠；材料不限，并给出了 14 种材料的摩擦系数	1. 混凝土制的 U 形渠或半圆渠，管道不应用于斜坡排水系统中； 2. 不应使用填有自由排石料的混凝土； 3. 斜坡顶部可用排水截槽阻断部分水流	无	国家标准使用截面类似矩形的沟渠，香港标准选用圆底沟渠，澳门标准对此没有具体说明

续表 5

序号	对比内容		广东	香港	澳门	对比结果
			GB/T38509—2020	《斜坡岩土工程手册》《斜坡维修指南》	《挡土结构与土方工程规章》《地工技术规章》	
12	地表排水	排水渠流速设计	1. 分别给出设计径流和排水速度的计算公式； 2. 给出了不同材质和管线类型的最大允许流速，并依据水深给出了修正值； 3. 排水渠底宽和深度不应小于 0.4 m; 4. 弯曲段的弯曲半径不应小于最小允许半径及沟底宽度的 5 倍； 5. 排水沟的纵坡不宜小于 0.5%，可单面“一”字或双面“人”字，尽早排入两段渠道； 6. 应进行抗冲刷设计，给出 8 条考虑因素； 7. 给出排水沟设计的 6 条考虑因素	1. 水流峰值的流速不应低于 1.3 m/s ； 2. 两种计算方法，一种依据 Ackers 绘制图设计，另一种使用 Manning 公式计算； 3. 当排水速度大于 2 m/s 时，应考虑转弯，转弯半径不小于 3 倍沟渠宽度； 4. 排水渠的交汇设计	无	国家标准和香港标准的流速设计考虑因素差别大，设计理念也不同
13	地下排水	类型	排水孔、隧洞、盲沟、排水带、集水井等	水平排水管、排水廊道、排水竖井、截水槽、排水扶垛等	无	国家标准和香港标准的类型基本相似
14		设计要求	1. 盲沟，最大深度宜小于 10 m，纵坡宜大于 5%，填石渗水沟应采用不含泥的块石、碎石填实，两侧和顶部用砂砾石和土	1. 水平排水管，孔径通常为 75 ～ 100 mm，上升坡度 10%。	无	国家标准对三类地下排水设施有具体的要求，香港标准只提出了大概的使用要求

续表 5

序号	对比内容		广东	香港	澳门	对比结果
			GB/T38509—2020	《斜坡岩土工程手册》《斜坡维修指南》	《挡土结构与土方工程规章》《地工技术规章》	
14	地下排水	设计要求	工织物做反滤层；浅层滑坡宜采用支撑盲沟加抗滑支挡，或在斜坡前段设置截水盲沟；支撑盲沟应置于斜坡前缘，沿地下水流向布置，深度宜小于 5 m，横宽宜为 2 ～ 4 m，中心间距宜控制在 6 ～ 15 m；应埋入滑面以下稳定岩层 0.5 m；给出了支撑盲沟的长度和支撑力公式。 2. 排水隧洞，宜布置在稳定岩层内，宽 × 高宜小于 1.5 m×2.0 m，洞底应为倾斜向洞口的缓坡，坡度不小于 1%，洞底应设排水沟，边侧宜设人行通道。 3. 仰斜式排水孔，可设在滑坡前缘陡坎或滑坡中后部错台等有临空排水条件的区域；仰角宜为 10° ～ 15°，孔径宜为 50 ～ 130 mm	2. 排水廊道（横井），应确保廊道能充分容纳相关钻孔器械；应用钢筋混凝土永久支撑；可依据研究论文确定最佳尺寸和位置。 3. 竖井，参考论文设计竖井位置、经管滤网、抽水泵等。 4. 排水截槽，用于截断流向斜坡的浅层地下水。 5. 排水扶垛，在土质、风化岩石坡，只需浅层排水的，可使用排水扶垛，依据论文进行设计	无	国家标准对三类地下排水设施有具体的要求，香港标准只提出了大概的使用要求
15	施工		宏观说明施工组织需要考虑的因素	从施工控制、临时工程、取土、开挖、填土、表面防护、管线设施等方面按流程逐项说明管控要求	无	香港标准的施工要求细致，国家标准只给了宏观指引

续表 5

序号	对比内容	广东	香港	澳门	对比结果
		GB/T38509—2020	《斜坡岩土工程手册》《斜坡维修指南》	《挡土结构与土方工程规章》《地工技术规章》	
16	现场监测仪器	无	1. 施工前监测仪器的规划要求； 2. 地下水位的量测； 3. 孔隙压力的量测（开敞式水利测压计、封闭式水利测压计、气压式测压计、电测式测压计），负孔压的量测； 4. 地表位移的量测； 5. 地下位移的量测； 6. 荷载与应力的量测	需获得以下 4 种数据时，应进行监测： 1. 斜坡中或斜坡下的地下水位，以及空隙压力，以便开展有效应力分析； 2. 土壤和岩石的横向和垂直移动，用来预计斜坡的变形； 3. 滑动面的形状和深度，用来计算维修地基的强度设计； 4. 移动速度，以便及时发出警告	国家标准没有现场仪器检测的要求，香港标准和澳门标准都有相应要求，香港标准的规定更细致
17	维修	无	有单独的文件详细说明维修要求	无	香港标准有维修的具体要求，国家标准和澳门标准都没有具体要求

【案例 4】城市供水工程

安全、稳定、可持续的供水，是大型都市类城市建设的必要工程之一。以打造国际湾区为目标的粤港澳大湾区，其饮用水的安全和稳定与“宜居宜业宜游”的建设成效关系密切。但粤港澳三地的城市供水管理机制、管理标准、水质要求均有差异，目前三地均尚未形成能够代表粤港澳区域水平的高质量供水体系。

《中华人民共和国水法》于 2016 年修订，是我国用水领域最高等级的法律文件，该文件中没有与供水有关的独立章节，与供水相关的内容有基础设施建设和维护及缴纳水费的要求。国务院于 1994 年发布并于 2018 年最新修订的《城市供水条例》，住建部、卫生部等相关管理部门于 2006 年发布的《城市供水水质管理规定》（建设部令第 156 号），以及于 1996 年发布的《生活饮用水卫生监督管理办法》（建设部、卫生部令第 53 号）是全国开展城市供水的具体指导文件。具体供水工作中需执行的标准或规范，应按照国家标准和行业标准的要求开展。地方和基层水务管理部门也依据各地的供水特征拟定了地方水务管理相关制度，如广东省水利厅于 2017 年发布的《广东省节约用水办法》，广州市水务局于 2019 年发布实施的《广州市供水用水条例》以及于 2018 年修正的《广州市水务管理条例》，东莞市于 2019 年发布实施的《东莞市城市供水管理办法》《东莞市生活饮用水二次供水管理办法》《东莞市水务局计划用水工作细则（试行）》，深圳市水务局于 2017 年发布的《优质饮用水工程技术规程》等。在国家和部门规章制度的要求下，我国内地供水系统的安全运营需要水利水务部门、卫生部门、环保部门、林业部门、市场监管部门的分职能协作。具体协作的内容有：①广东各市分别组建各自的自来水管理公司，负责各辖区的自来水业务运营，如广州市自来水有限公司、深圳市水务（集团）有限公司等。②卫生部门负责水质安全标准的拟定，强制性国家标准 GB 5749 是全国水质安全的最低保障线。在此基础上，深圳、海南、上海等地均发布了《生活饮用水水质标准》这样的地方标准，用来保障本地饮用水的质量水平。③水源地的维护，由环境管理部门负责，包括水源地的标识、排污管理、钓鱼和水上设施建设管理等。④部分处于森林等地带的水源地，需要林业部门协助开展水源地的水质保护。⑤供水设备也是饮用水供水安全的重要环节，供水设备的质量安全由市场监督管理部门负责，水嘴（水喉）、供水金属管道、供水软管的质量安全监督抽查，是各地市场监督管理部门的重点工作之一。⑥管理和运营部门的运营效率、管理水平同样会对供水系统的运营效果产生影响。企业管理水平的提升由市场监督管理部门和科技厅、商务厅等部门分职能负责。由以上可以看出，我国内地的供水安全由多部门分工协作，多部门共同维护供水系统的安全稳定运营，具体负责供水运营的单位是企业。

香港的城市供水分为淡水和咸水两套系统，这两套系统均由香港水务署负责监督管理，管理范围包括研究和规划城市用水发展、供水设施设备的修建和维护、水源地的监管、水质安全的监测、水费的结算和征收等，可覆盖城市供水的全部环节。水务署按照《香港法例》的第 102 章《水务设施条例》、第 358 章《水污染管制条例》及其附属规章的要求开展工作。另外，与城市供水工程管理相关的法例还包括第 463 章《污水处理服务条例》及其附属规章、第 438 章《污水隧道（法定地役权）条例》以及第 123I 章《建筑物（卫生设备标准、水管装置、排水工程及厕所）规例》等，分别由环境保护署、渠务署和建筑署负责。水务署是城市供水工程的核心管理部门，其近 20 年来的主要开发领域是冲厕系统的开发和保障东江水的持续稳定供应。水质安全管理方面，香港水务署负责拟定香港水域水质管理区的水质标准，该水质标准包含水质管制区域水源的外观、细菌、叶绿素、溶解氧、透光度、酸碱值、可沉降物质、盐度、温度改变速度和毒物含量指标等。到达用户使用场所的饮用水水质采用世界卫生组织发布的《饮用水水质准则》标准，但没有指明具体的引用指标和引用版本，默认按照最新的标准执行。世界卫生组织的《饮用水水质准则》标准已于 2022 年 3 月 21 日发布了第四版。

澳门的饮用水供应工程由澳门自来水公司负责，其直接与澳门政府签订服务协议，由澳门市政署负责协议的签订和服务的监管。澳门自来水股份有限公司于 1935 年成立，是一家民营企业。该公司于 1985 年重组，母公司为法国苏伊士。该公司通过与政府签订供水专营合约的方式为澳门提供饮用水服务，包括 1985 年签订的 25 年合约和 2009 年签订的 20 年合约。该公司的服务范围包括水源地的组织和协调、供水设施的建设和维护、水质监测和报告、水费收取服务等。该公司执行澳门于1996年出台的关于饮用水安全的法令《澳门供排水规章》，附件为《饮用水之水质标准及监察院规则》。

表6列出了中国内地饮用水标准，表7则列出了国家饮用水水质标准、深圳饮用水水质标准和港澳地区采用的世界卫生组织发布的饮用水水质标准中的69项有差异指标的对比。从对比结果可以看出，世界卫生组织发布的饮用水水质标准是平衡了全球水资源状况而做出的保障人类基本健康的指标要求。因而，对于不少确定对人类健康无害或水中出现可能性较小的微生物和化学物质，世界卫生组织的标准中均不设要求，部分还未证实对人类健康有伤害可能性的物质也不设要求。我国的强制性国家标准中，大部分指标要求高于世界卫生组织的标准，仅重金属镉的限量等较少的指标，国家标准的要求比世界卫生组织的标准要求低。与国家标准和世界卫生组织的标准相比，深圳标准的要求普遍较高。事实上，粤港澳三地的实际水质水平已经远超目前的标准要求，标准指标尚不能反映粤港澳三地在供水管理和水质监测方面的技术和管理水平，不能体现粤港澳三地已有的优势和发展特点。

表6　中国内地饮用水标准

序号	标准类型	标准号	标准名称	归口单位
1	水质标准	GB 3838—2002	地表水环境质量标准	生态环境部
2		GB 5749—2006	生活饮用水卫生标准	国家卫生健康委员会
3		GB 5749—2022	生活饮用水卫生标准	国家卫生健康委员会
4		CJ/T 206—2005	城市供水水质标准	建设部给水排水产品标准化技术委员会
5		DB1307/T 286—2019	生活饮用水水质标准	张家口市市场监督管理局
6		DB31/T 1091—2018	生活饮用水水质标准	上海市卫生监督标准化技术委员会
7		DB4403/T 60—2020	生活饮用水水质标准	深圳市水务局
8		DB4601/T 3—2021	生活饮用水水质标准	海口市水务局
9	水源地管理	HJ 338—2018	饮用水水源保护区划分技术规范	生态环境部
10		HJ/T 433—2008	饮用水水源保护区标志技术要求	生态环境部
11		HJ 773—2015	集中式饮用水水源地规范化建设环境保护技术要求	生态环境部
12		HJ 774—2015	集中式饮用水水源地环境保护状况评估技术规范	生态环境部
13		HJ 747—2015	集中式饮用水水源编码规范	生态环境部

续表6

序号	标准类型	标准号	标准名称	归口单位
14	水源地管理	HJ 1236—2021	集中式地表水饮用水水源地风险源遥感调查技术规范	生态环境部
15		DB23/T 2680—2020	集中式饮用水水源地命名标准	黑龙江省市场监督管理局
16		DB32/T 4030—2021	集中式饮用水水源地管理与保护规范	江苏省水利厅
17		DB44/T 749—2010	饮用水水源保护区划分技术指引	广东省质量技术监督局
18		DB44/T 1236—2013	饮用水源林营建与管理规范	广东省林业厅
19		DB4403/T 136—2021	饮用水水源保护区标志设置技术指引	深圳市生态环境局
20		DB45/T 2234—2020	湖库型饮用水水源地生态环境修复技术规程	广西壮族自治区市场监督管理局
21		DB62/T 4392—2021	集中式饮用水水源地命名和信息编码规范	甘肃省市场监督管理局
22		DB64/T 710—2011	农村集中式饮用水水源地保护工程技术规范	宁夏回族自治区环境保护厅
23		DB64/T 872—2013	农村集中式饮用水水源地保护工程投资指南	宁夏回族自治区环境保护厅
24	供水设备标准	GB/T 21359—2008	食品和供水工业用不锈钢螺纹接头	全国管路附件标准化技术委员会
25		GB/T 28604—2012	生活饮用水管道系统用橡胶密封件	全国橡胶与橡胶制品标准化技术委员会
26		GB/T 28605—2012	生活饮用水用橡胶或塑料软管和非增强软管及软管组合件	全国橡胶与橡胶制品标准化技术委员会
27		GB/T 32290—2015	供水系统用弹性密封轻型闸阀	全国阀门标准化技术委员会
28		GB/T 36523—2018	供水管道复合式高速排气进气阀	全国阀门标准化技术委员会

续表 6

序号	标准类型	标准号	标准名称	归口单位
29	供水设备标准	GB/T 37892—2019	数字集成全变频控制恒压供水设备	全国城镇给水排水标准化技术委员会
30		GB/T 38594—2020	管网叠压供水设备	全国城镇给水排水标准化技术委员会
31		GB/T 39808—2021	生活饮用水外置式膜过滤系统设计规范	全国分离膜标准化技术委员会
32		CJ/T 93—1999	供水用偏心信号蝶阀	住房和城乡建设部
33		CJ 266—2008	饮用水冷水水表安全规则	住房和城乡建设部给水排水产品标准化技术委员会
34		CJ/T 302—2008	箱式无负压供水设备	住房和城乡建设部给水排水产品标准化技术委员会
35		CJ/T 303—2008	稳压补偿式无负压供水设备	住房和城乡建设部市政给水排水标准化技术委员会
36		CJ/T 351—2010	高位调蓄叠压供水设备	住房和城乡建设部市政给水排水标准化技术委员会
37		CJ/T 415—2013	城镇供水管网加压泵站无负压供水设备	住房和城乡建设部市政给水排水标准化技术委员会
38		JB/T 12283—2015	饮用水系统零部件用黄铜铸件	工业和信息化部/国家能源局
39		JC/T 2193—2013	供水系统中用水器具的噪声分级和测试方法	全国建筑卫生陶瓷标准化技术委员会
40		QB/T 5420—2019	饮用水系统组件　铅含量限值及测试方法	工业和信息化部
41		YB/T 4204—2020	供水用不锈钢焊接钢管	工业和信息化部
42		YB/T 4952—2021	绿色设计产品评价技术规范　饮用水管用不锈钢钢板和钢带	全国钢标准化技术委员会
43		YS/T 761—2011	饮用水系统零部件用易切削铜合金铸锭	全国有色金属标准化技术委员会
44	供水设施标准	GB 17051—1997	二次供水设施卫生规范	国家卫生健康委员会

续表 6

序号	标准类型	标准号	标准名称	归口单位
45	供水设施标准	GB/T 38057—2019	城镇供水泵站一体化综合调控系统	全国城镇给水排水标准化技术委员会
46		CJ/T 525—2018	供水管网漏水检测听漏仪	住房和城乡建设部
47		QX/T 399—2017	供水系统防雷技术规范	全国雷电灾害防御行业标准化技术委员会
48		SJ/T 31448—2016	供水管道完好要求和检查评定方法	中国电子技术标准化研究院
49		DB11/T 469—2007	村镇集中式供水工程施工质量验收规范	北京市水务局
50		DB13/T 5252—2020	HDPE 内衬修复供水管道技术规程	河北省市场监督管理局
51		DB13/T 5424—2021	城市供水物联网计量系统技术规范	河北省市场监督管理局
52		DB21/T 2202—2013	城市二次供水设施技术规范	辽宁省市场监督管理局
53		DB21/T 3264—2020	辽宁省村镇供水工程施工质量及验收规范	辽宁省市场监督管理局
54		DB21/T 3265—2020	辽宁省村镇供水工程图集	辽宁省市场监督管理局
55		DB2102/T 0045—2022	集中式公共供水管网漏损控制规程	大连市市场监督管理局
56		DB22/T 5061—2021	城镇供水管网漏损监测与控制标准	吉林省市场监督管理厅
57		DB23/T 2772—2020	黑龙江省城镇二次供水系统智慧泵房应用技术规程	黑龙江省市场监督管理局
58		DB2301/T 56—2019	哈尔滨既有小区供水设施改造技术导则	哈尔滨供水集团有限责任公司
59		DB31/ 566—2011	二次供水设计、施工、验收、运行维护管理要求	上海市质量技术监督局
60		DB31/T 800—2014	城镇供水管网模型建设技术导则	上海市质量技术监督局
61		DB3301/T 0221—2019	高层住宅二次供水设施设备运行维护技术规程	杭州市城市管理局

续表 6

序号	标准类型	标准号	标准名称	归口单位
62	供水设施标准	DB3401/T 229—2021	住宅二次供水标准化泵房建设规范	合肥市城乡建设局
63		DB37/T 3963—2020	村镇供水工程建设质量检测规范	山东省市场监督管理局
64		DB41/T 597—2018	PVC-U 供水管井技术规范	河南省质量技术监督局
65		DB4403/T 85—2020	城市供水厂工程技术规程	深圳市水务局
66		DB4413/T 19—2020	建筑二次供水工程设计、施工及验收规范	惠州市市场监督管理局
67		DB4601/T 4.1—2021	饮用水水质保障技术规范 第 1 部分：输配水管网工程	海口市水务局
68		DB4601/T 4.2—2021	饮用水水质保障技术规范 第 2 部分：厂站管网运行	海口市水务局
69		DB4601/T 4.3—2021	饮用水水质保障技术规范 第 3 部分：建筑及小区工程	海口市水务局
70		DB51/T 5032—2005	住宅供水“一户一表”设计、施工及验收技术规程	四川省质量技术监督局
71		DB62/T 253015—2004	住宅供水计量出户设计和安装技术规程	甘肃省质量技术监督局
72		DB65/T 033—2017	钢制供水井井管	新疆维吾尔自治区质量技术监督局
73	水处理材料标准	GB 15892—2020	生活饮用水用聚氯化铝	工业和信息化部
74		CJ/T 345—2010	生活饮用水净水厂用煤质活性炭	住房和城乡建设部给水排水产品标准化技术委员会
75		CJ/T 530—2018	饮用水处理用浸没式中空纤维超滤膜组件及装置	住房和城乡建设部
76		DB31/T 450—2009	生活饮用水处理用聚合硅硫酸铝技术规范	上海市质量技术监督局
77	测试方法标准	GB/T 5750.1—2006	生活饮用水标准检验方法总则	国家卫生健康委员会

续表 6

序号	标准类型	标准号	标准名称	归口单位
78	测试方法标准	GB/T 5750.2—2006	生活饮用水标准检验方法 水样的采集和保存	国家卫生健康委员会
79		GB/T 5750.3—2006	生活饮用水标准检验方法 水质分析质量控制	国家卫生健康委员会
80		GB/T 5750.4—2006	生活饮用水标准检验方法 感官性状和物理指标	国家卫生健康委员会
81		GB/T 5750.5—2006	生活饮用水标准检验方法 无机非金属指标	国家卫生健康委员会
82		GB/T 5750.6—2006	生活饮用水标准检验方法 金属指标	国家卫生健康委员会
83		GB/T 5750.7—2006	生活饮用水标准检验方法 有机物综合指标	国家卫生健康委员会
84		GB/T 5750.8—2006	生活饮用水标准检验方法 有机物指标	国家卫生健康委员会
85		GB/T 5750.9—2006	生活饮用水标准检验方法 农药指标	国家卫生健康委员会
86		GB/T 5750.10—2006	生活饮用水标准检验方法 消毒副产物指标	国家卫生健康委员会
87		GB/T 5750.11—2006	生活饮用水标准检验方法 消毒剂指标	国家卫生健康委员会
88		GB/T 5750.12—2006	生活饮用水标准检验方法 微生物指标	国家卫生健康委员会
89		GB/T 5750.13—2006	生活饮用水标准检验方法 放射性指标	国家卫生健康委员会
90		GB/T 23214—2008	饮用水中450种农药及相关化学品残留量的测定 液相色谱－串联质谱法	国家标准化管理委员会
91		GB/T 32470—2016	生活饮用水臭味物质 土臭素和2-甲基异莰醇检验方法	国家卫生健康委员会
92		CJ/T 141—2018	城镇供水水质标准检验方法	住房和城乡建设部

续表 6

序号	标准类型	标准号	标准名称	归口单位
93	测试方法标准	CJ/T 142—2001	城市供水 锑的测定 1、石墨炉原子吸收分光光度法 2、原子荧光法	住房和城乡建设部
94		CJ/T 143—2001	城市供水 钠、镁、钙的测定 离子色谱法	住房和城乡建设部
95		CJ/T 144—2001	城市供水 有机磷农药的测定 气相色谱法	住房和城乡建设部
96		CJ/T 145—2001	城市供水 挥发性有机物的测定 1、气液平衡 / 气相色谱法 2、吹扫捕集色谱 – 质谱法	住房和城乡建设部
97		CJ/T 146—2001	城市供水 酚类化合物的测定 液相色谱法	住房和城乡建设部
98		CJ/T 148—2001	城市供水 粪性链球菌的测定 1、发酵法 2、滤膜法	住房和城乡建设部
99		CJ/T 149—2001	城市供水 亚硫酸还原厌氧细菌孢子的测定 1、液体培养基增菌法 2、滤膜法	住房和城乡建设部
100		CJ/T 150—2001	城市供水 致突变物的测定 鼠伤寒沙门氏菌 / 哺乳动物微粒体酶试验	住房和城乡建设部
101		SN/T 2528—2010	饮用水中军团菌检测	国家认证认可监督管理委员会
102		DB11/T 1702—2019	生活饮用水样品采集技术规范	北京市卫生健康委员会
103		DB12/T 795—2018	生活饮用水中 5 种人工合成甜味剂的测定 液相色谱 – 串联质谱法	天津市卫生和计划生育委员会
104		DB13/T 5459—2021	生活饮用水中阴离子合成洗涤剂的测定 直接萃取分光光度法	河北省市场监督管理局
105		DB22/T 324—2002	原子荧光光谱法测定生活饮用水中的锑	吉林省质量技术监督局

续表 6

序号	标准类型	标准号	标准名称	归口单位
106	测试方法标准	DB22/T 331—2002	原子荧光光谱法测定生活饮用水中的锡	吉林省质量技术监督局
107		DB22/T 416—2005	饮用水中溶解性总固体的测定	吉林省质量技术监督局
108		DB22/T 2001—2014	饮用水中溴酸盐快速检测仪	吉林省质量技术监督局
109		DB22/T 2564—2016	生活饮用水及水源水中7种有机污染物含量的测定 液相色谱－质谱法	吉林省质量技术监督局
110		DB22/T 2836—2017	生活饮用水及水源水中7种异味物质的测定 气相色谱－质谱法	吉林省质量技术监督局
111		DB22/T 2838—2017	生活饮用水及水源水中10种抗生素的检验方法 超高效液相色谱－质谱/质谱法	吉林省质量技术监督局
112		DB31/T 1215—2020	饮用水中N－二甲基亚硝胺测定 液相色谱－串联质谱法	上海市市场监督管理局
113		DB34/T 3100—2018	生活饮用水源水中多溴联苯醚的测定 气相色谱－串联质谱法	安徽省动植物检验检疫标准化技术委员会
114		DB34/T 3300—2018	生活饮用水源水中11种藻毒素的测定 高效液相色谱串联质谱法	安徽省动植物检验检疫标准化技术委员会
115	操作技术规程	SL310—2019	村镇供水工程技术规范	水利部
116		WS/T 528—2016	小型集中式供水消毒技术规范	国家卫生和计划生育委员会
117		DB11/T 118—2016	住宅二次供水设施设备运行维护技术规程	北京市住房和城乡建设委员会
118		DB11/T 547—2008	村镇供水工程技术导则	北京市水务局
119		DB11/T 1494—2017	城镇二次供水技术规程	北京市水务局

续表 6

序号	标准类型	标准号	标准名称	归口单位
120	操作技术规程	DB21/T 1726—2009	管道直饮水供水系统卫生规范	辽宁省卫生厅
121		DB21/T 1727—2009	二次供水贮水设施卫生规范	辽宁省卫生厅
122		DB21/T 3266—2020	辽宁省村镇集中供水工程前期工作及技术管理规程	辽宁省市场监督管理局
123		DB31/T 926—2015	城镇供水管道水力冲洗技术规范	上海市质量技术监督局
124		DB3204/T 1006—2019	生活饮用水水质在线监测技术规范	常州市卫生监督所
125		DB32/T 3923—2020	饮用水处理装置远程监控技术要求和服务规范	江苏省市场监督管理局
126		DB32/T 4113—2021	二次供水水池（箱）人工清洗消毒操作规程	江苏省住房和城乡建设厅
127		DB37/T 940—2007	城市公共供水服务规范	山东省市场监督管理局
128		DB37/T 3683—2019	海水淡化生活饮用水集中式供水单位卫生管理规范	山东省市场监督管理局
129		DB4403/T 204—2021	生活饮用水水质风险控制规程	深圳市水务局
130		DB4403/T 205—2021	城市供水厂运行管理技术规程	深圳市水务局
131		DB45/T 2252—2021	农村集中式供水卫生规范	广西壮族自治区质量技术监督局
132		DB52/T 1482—2019	二次供水储水设施清洗消毒技术规范	贵州省市场监督管理局
133		DB64/T 1775—2021	民用建筑二次供水技术规程	宁夏回族自治区市场监督管理厅
134	管理标准	CJ/T 316—2009	城镇供水服务	住房和城乡建设部给水排水产品标准化技术委员会
135		CJ/T 474—2015	城镇供水管理信息系统　供水水质指标分类与编码	住房和城乡建设部

续表 6

序号	标准类型	标准号	标准名称	归口单位
136	管理标准	CJ/T 541—2019	城镇供水管理信息系统 基础信息分类与编码规则	住房和城乡建设部
137		JB/T 5719—1991	企业供水能耗分等	机械电子工业部
138		DB11/T 468—2007	村镇集中式供水工程运行管理规程	北京市水务局
139		DB11/T 1322.64—2019	安全生产等级评定技术规范 第64部分：城镇供水厂	北京市水务局
140		DB11/T 1936—2021	供水企业节水管理规范	北京市水务局
141		DB12/ 615—2016	反恐怖防范管理规范 第5部分：公共供水	天津市社会公共安全产品与防范报警系统标准化技术委员会
142		DB13/T 2577—2017	生活饮用水二次供水服务规范	河北省质量技术监督局
143		DB13/T 5039—2019	供水单位诚信计量建设规范	河北省质量技术监督局
144		DB14/T 2234—2020	供水单位诚信计量建设规范	山西省计量标准化技术委员会
145		DB15/T 1193—2017	城市供水行业反恐怖防范要求	内蒙古自治区质量技术监督局
146		DB21/T 2986.2—2018	公共场所风险等级与安全防护 第2部分：城镇供水行业	辽宁省质量技术监督局
147		DB22/T 2191—2014	公共供水安全防范设施技术规范	吉林省质量技术监督局
148		DB23/T 2716—2020	黑龙江省城镇供水经营服务标准	黑龙江省市场监督管理局
149		DB23/T 2800—2021	农村供水工程运行管理规程	黑龙江省市场监督管理局
150		DB23/T 2936—2021	黑龙江省城市生活二次供水管理规程	黑龙江省市场监督管理局
151		DB31/T 329.4—2019	重点单位重要部位安全技术防范系统要求 第4部分：公共供水	上海市市场监督管理局

续表 6

序号	标准类型	标准号	标准名称	归口单位
152	管理标准	DB31/ 761.5—2013	重点行业反恐怖防范系统管理规范 第 1 部分：公共供水	上海市质量技术监督局
153		DB31/T 804—2014	生活饮用水卫生管理规范	上海市质量技术监督局
154		DB31/T 1114—2018	公共场所饮用水水处理设备卫生管理规范	上海市卫生监督标准化技术委员会
155		DB32/ 761—2005	生活饮用水管道分质直饮水卫生规范	江苏省质量技术监督局
156		DB32/T 3391—2018	涉及饮用水卫生安全产品生产企业卫生要求	江苏省质量技术监督局
157		DB33/T 768.5—2009	安全技术防范系统建设技术规范 第 5 部分：公共供水场所	浙江省质量技术监督局
158		DB3301/T 0164—2019	城镇供水服务	杭州市城市管理局
159		DB3301/T 0220—2018	城镇应急供水保障服务标准	杭州市城市管理委员会
160		DB3301/T 0251—2018	农村饮用水工程提升规范	杭州市林业水利局
161		DB3303/T 027—2020	农村供水站运行管理规范	温州市市场监督管理局
162		DB3308/T 077—2020	农村饮用水单村供水工程管理规程	衢州市市场监督管理局
163		DB34/T 1689—2016	供水企业诚信计量示范单位评价要求	安徽省质量技术监督局
164		DB3402/T 11—2021	城镇供水 热线服务规范	芜湖市市场监督管理局
165		DB37/T 3683—2019	海水淡化生活饮用水集中式供水单位卫生管理规范	山东省市场监督管理局
166		DB37/T 940—2020	山东省城市公共供水服务规范	山东省市场监督管理局
167		DB37/T 4277—2020	山东省饮用水生产企业产水率标准	山东省市场监督管理局

续表 6

序号	标准类型	标准号	标准名称	归口单位
168	管理标准	DB4101/T 9.3—2020	反恐怖防范管理规范 第 3 部分：公共供水	郑州市市场监督管理局
169		DB4401/T 13—2018	供水行业服务规范	广州市市场监督管理局
170		DB4403/T 61—2020	供水行业服务规范	深圳市水务局
171		DB4403/T 224—2021	公共饮用水管网运行管理规程	深圳市水务局
172		DB45/T 1324—2016	美丽乡村饮用水卫生管理规范	广西壮族自治区质量技术监督局

表 7　饮用水水质标准对比

单位：mg/L

序号	对比指标		国家标准 GB 5749		深圳 DB4403/T 60—2020	香港 WHO《饮用水水质准则》		澳门《澳门供排水规章》	对比结果
			2006	2022		2004	2022		
1	微生物指标	耐热大肠菌群	不得检出	无	不得检出	无	无	不得检出	WHO 标准不设总细菌总数，理论上应不得检出，澳门要求较低
2		总大肠菌群	不得检出	不得检出	不得检出	无	无	不得检出	
3		菌落总数	100	100	50	无	无	5 ～ 100	
4	毒理指标	镉	0.005	0.005	0.003	0.003	0.003	0.005	深圳标准与 WHO 一致，国家标准要求稍低
5		汞	0.001	0.001	0.0001	0.006	0.006	0.05	WHO 要求低
6		氰化物	0.05	0.05	0.01	0.07	无	0.05	WHO 要求低
7		氟化物	1.0	1.0	0.8	1.5	1.5	0.6～1.7	WHO 要求低
8		硝酸盐（以 N 计）	10（地下水源 20）	10（地下水源 20）	10	11	11	11.3	WHO 要求低
9		亚硝酸盐（以 N 计）	无	无	0.1	0.9	0.9	0.03	WHO 要求稍低
10		一氯二溴甲烷	0.1	0.1	0.06	0.1	0.1	无	深圳要求高

续表 7

序号	对比指标		国家标准 GB 5749		深圳 DB4403/T 60—2020	香港 WHO《饮用水水质准则》		澳门《澳门供排水规章》	对比结果
			2006	2022		2004	2022		
11	毒理指标	二氯一溴甲烷	无	0.06	0.03	0.06	0.06	无	深圳要求高
12		三溴甲烷	无	0.1	0.08	0.1	0.1	无	深圳要求高
13		三卤甲烷	无	各类三卤甲烷实测值与限定值的比例之和小于1	各类三卤甲烷实测值与限定值的比例之和小于1	各类三卤甲烷实测值与限定值的比例之和小于1	各类三卤甲烷实测值与限定值的比例之和小于1	无	基本一致
14		二氯乙酸	无	0.05	0.025	0.05	0.05	无	深圳要求高
15		三氯乙酸	无	0.1	0.03	0.2	0.2	无	WHO 要求低
16		溴酸盐	0.01	0.01	0.005	0.01	0.01	无	深圳要求高
17		亚氯酸盐	0.7	0.7	0.6	0.7	0.7	无	深圳要求高
18		氯酸盐	0.7	0.7	0.6	0.7	0.7	无	深圳要求高
19		甲醛（使用臭氧时）	0.9	无	0.08	无	无	无	深圳要求高，新版国家标准删除了这一要求
20	感官性状和一般化学指标	色度（铂钴色度单位）	15	15	10	15	15	20	深圳要求高，澳门要求低
21		浑浊度（散射浑浊度单位）/NTU	1	1	0.5	中位数0.1（有效消毒后）	1（市政供水消毒最高0.5，平均0.2）	10（JTU）	深圳要求高，WHO 的指标表征更加优化
22		铁	0.3	0.3	0.2	无	无	0.2	WHO 要求低，深圳要求高

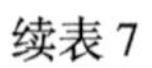

续表 7

序号	对比指标		国家标准 GB 5749		深圳 DB4403/T 60—2020	香港 WHO《饮用水水质准则》		澳门《澳门供排水规章》	对比结果
			2006	2022		2004	2022		
23	感官性状和一般化学指标	铜	1.0	1.0	1.0	2.0	2.0	3.0	WHO 要求低
24		锰	0.1	0.1	0.05	0.4	无	0.05	WHO 要求低，深圳要求高
25		氯化物	250	250	200	无	无	250	WHO 要求低，深圳要求高
26		溶解性总固体	1000	1000	500	无	无	1500	WHO 要求低，深圳要求高
27		总硬度（以 $CaCO_3$ 计）	450	450	250	无	无	500	WHO 要求低，深圳要求高，澳门要求低
28		氨（以 N 计）	无	0.5	0.5	无	无	0.5	WHO 要求低
29	消毒剂常规指标	总氯	出厂限值 3	出厂限值 3	出厂限值 2	5	无	无	WHO 要求低，深圳要求高
30		游离氯	出厂限值 4	出厂限值 2	出厂限值 2	无	5	无	WHO 要求低，深圳要求高
31	非常规指标	锑	0.005	0.005	0.005	0.02	0.02	0.01	WHO 要求低
32		铍	0.002	0.002	0.002	无	无	无	WHO 要求低
33		硼	0.5	1.0	0.5	0.5	2.4	1.0	WHO 和国家标准的要求均在降低
34		镍	0.02	0.02	0.02	0.07	0.07	0.0001	WHO 要求低

续表 7

序号	对比指标		国家标准 GB 5749		深圳 DB4403/T 60—2020	香港 WHO《饮用水水质准则》		澳门《澳门供排水规章》	对比结果
			2006	2022		2004	2022		
35	非常规指标	钼	0.07	0.07	0.07	0.07	无	无	WHO 要求降低
36		氯乙烯	0.005	0.001	0.003	0.0003	0.0003	无	WHO 要求高
37		1,1- 二氯乙烯	0.03	0.03	0.007	无	无	无	WHO 要求低，深圳要求高
38		1,2- 二氯乙烷	0.03	0.03	0.003	0.03	0.03	无	深圳要求高
39		二氯甲烷	0.02	0.02	0.005	0.02	0.02	无	深圳要求高
40		三氯乙醛	0.01	0.01	0.01	无	无	无	WHO 要求低
41		四氯化碳	无	0.002	无	0.004	0.004	无	WHO 要求低
42		1,1,1- 三氯乙烷	2	无	0.2	无	无	无	WHO 要求低，深圳要求高
43		2,4,6- 三氯酚	0.2	0.2	0.1	0.2	0.2	无	深圳要求高
44		氯化氰（以 CN 计）	无	无	0.01	0.07	无	无	深圳要求高，国家标准没有要求，WHO 要求降低
45		马拉硫磷	0.25	0.25	0.05	无	无	无	WHO 要求低，深圳要求高
46		五氯酚	0.009	0.009	0.001	0.009	0.009	无	深圳要求高
47		乐果	0.08	0.006	0.006	0.006	0.006	无	国家标准已加严
48		灭草松	0.3	0.3	0.2	无	无	无	WHO 要求低，深圳要求高

续表 7

序号	对比指标		国家标准 GB 5749		深圳 DB4403/T 60—2020	香港 WHO《饮用水水质准则》		澳门《澳门供排水规章》	对比结果
			2006	2022		2004	2022		
49	非常规指标	呋喃丹（克百威）	0.007	0.007	0.005	0.007	0.007	无	深圳要求高
50		林丹（γ-六氯环己烷）	0.002	无	0.0002	0.002	0.002	无	深圳要求高，国家标准要求取消
51		毒死蜱	0.03	0.03	0.003	0.03	0.03	无	深圳要求高
52		二甲苯（总量）	0.5	0.5	0.4	0.5	0.5	无	深圳要求高
53		1,2- 二氯苯	1	无	0.6	1	1	无	深圳要求高，国家标准要求取消
54		1,4- 二氯苯	0.3	0.3	0.075	0.3	0.3	无	深圳要求高
55		三氯乙烯	0.07	0.02	0.005	0.02	0.02	无	国家标准加严，深圳要求仍高
56		丙烯酰胺	0.0005	0.0005	0.0001	0.005	0.005	无	深圳要求高
57		四氯乙烯	0.04	0.04	0.005	0.04	0.04	无	深圳要求高
58		甲苯	0.7	0.7	0.4	0.7	0.7	无	深圳要求高
59		邻苯二甲酸二（2-乙基己基）酯	0.008	0.008	0.006	0.008	0.008	无	深圳要求高
60		环氧氯丙烷	0.0004	0.0004	0.0001	0.0004	0.0004	无	深圳要求高
61		苯	0.01	0.01	0.001	0.01	0.01	无	深圳要求高
62		氯苯	0.3	0.3	0.1	无	无	无	深圳要求高，WHO 要求低
63		碘化物	无	无	0.1	无	无	无	深圳要求高
64		亚硝酸二甲胺	无	无	0.0001	无	0.0001	无	深圳要求高

续表 7

序号	对比指标		国家标准 GB 5749		深圳 DB4403/T 60—2020	香港 WHO《饮用水水质准则》		澳门《澳门供排水规章》	对比结果
			2006	2022		2004	2022		
65	非常规指标	敌百虫	无	无	0.005	无	无	无	深圳要求高
66		乙草胺	无	0.02	0.0003	无	无	无	深圳要求高
67		高氯酸盐	无	0.07	0.07	无	无	无	WHO 无要求
68		2- 甲基异莰醇	无	0.00001	0.00001	无	无	无	WHO 无要求
69		土臭素	无	0.00001	0.00001	无	无	无	WHO 无要求

【案例 5】电力工程

世界一流湾区对电力供应工程的要求，可以体现在电力供应的数量、质量、价格、服务水平、科技含量等方面。从数量上看，当前粤港澳 11 个地区的总体用电量超过了 500 TW · h，人均用电量已超过 6000 kW · h，但离欧盟、美国、韩国、日本等发达国家和地区的人均用电量水平还有距离（见表 8）。从电网价格看，粤港澳三地的电价稍有差异，但与美国和欧盟等发达国家或地区的电价相比，相差不大（见表 9）。实际上，若与居民收入和消费水平相比，粤港澳三地的电价是相对较高的。

表 8　粤港澳三地电力供应数量（2020 年）

序号	对比指标	珠三角地区	香港	澳门	对比结果	中国	美国	欧盟
1	本地产电量 /（TW · h）	522.5	31.4	0.56	珠三角本地产电量高于本地消费量；港澳本地产电量不足，需要引进	7779	4138[①]	2904
2	供电量 /（TW · h）	501.3	44.1	5.42	粤港澳三地以及欧盟的人均用电量相差不大，但实际生活用电量差距大，与美国的人均用电量相比，还有很大差距	7487	3660	2461
3	人均用电量 /（kW · h）	6763.5（人均生活用电量 1031.6）	5894.3	7934.4		5368（人均生活用电量 756）[②]	10909.1[③]	5499.6

注：①数据来源，美国能源部能源统计办；② 2019 年数据；③数据来源，美国商务部。

表9　粤港澳三地电价对比（2020年）

单位：元

序号	对比指标	广州（含税，阶梯电价）	深圳（含税，阶梯电价）	香港（中华电力，不含税和调整系数）	澳门（不含税和调整系数）	美国	欧盟	对比结果
1	用电量较小	0.58［用电量不超过260 kW·h（夏季）或200 kW·h（非夏季）］	0.65［用电量不超过260 kW·h（夏季）或200 kW·h（非夏季）］	0.71（用电量不超过400 kW·h）	0.68（用电量不超过120 kW·h）	年平均0.837	德国最贵，平均约2.07；保加利亚和匈牙利最便宜，平均约0.692	粤、澳两地的电价相差不大，香港的电价偏贵，但与美国相比，价格均稍微便宜，且比欧盟大多数国家便宜；但与居民收入和消费水平相比，粤港澳三地的电价均偏高
2	用电量居中	0.63［用电量261～600 kW·h（夏季）或201～400 kW·h（非夏季）］	0.70［用电量261～600 kW·h（夏季）或201～400 kW·h（非夏季）］	0.81～1.46（用电量400～4200 kW·h，分5档）	0.76（特殊机构可申请0.70或0.34的价格）			
3	用电量较大	0.88［用电量600 kW·h以上（夏季）或400 kW·h以上（非夏季），闲时用电可低至0.22］	0.95［用电量600 kW·h以上（夏季）或400 kW·h以上（非夏季），闲时用电可低至0.24］	1.47（用电量4200 kW·h以上）	0.689（功率在69 kVA及以上或每月耗电量达10000 kW·h及以上，且闲时用电可低至0.274～0.091）			
4	以中压电网供电，预定功率不低于1000 kVA或857 kW的客户	无	—	—	1.129（高用电季节满负荷；高用电季节繁忙时0.700；闲时可低至0.612～0.091）			

在供电能力方面，香港目前有4个发电厂，分别是属于香港中华电力有限公司的龙鼓滩发电厂、青山发电厂、竹篙湾发电厂和属于香港电灯集团有限公司的南丫发电厂。4个发电厂的发电方式以煤、气、油燃料为主，总装机容量约为814万千瓦，刚够满足香港本地的电力需求。但由于发电方式为大量使用煤和油的传统发电，其生产成本和碳排放量都比较高。香港正在逐渐改变发电方式，如增加天然气发电或核电发电的比例，但均有一定的难度。澳门共有2座发电站和1所垃圾焚化中心，分别是位于路环岛上的路环发电厂A厂、B厂和位于氹仔北安工业区的垃圾焚化中心，额定装机容量分别是27.14万千瓦、13.64万千瓦和2.17万千瓦。澳门本地的发电量占澳门用电量的比例逐年减少。到2020年，澳门本地的发电量占澳门总用电量的比例已缩减到10%以下（澳门电力有限公司2020年可持续发展报告数据）。澳门本地电厂的发电方式是以重油、柴油、天然气为燃料的蒸汽轮机、低速柴油机和复式循环燃气涡轮。香港和澳门的本地发电基本依靠传统的发电方式。广东地区的电力能源由中国南方电网公司下属的广东电网有限责任公司负责组织和供应。中国南方电网公司的电力来源于本地生产以及“西电东送”项目，电力结构包含水电、煤电、核电、气电、风电、太阳能、生物质能、抽水蓄能和新型储能等多种来源，总装机能量达到了3.7亿千瓦，其中火电占比为42.7%。2020年广东电网有限责任公司的发电量为4213亿千瓦时，非化石能源发电量为1188亿千瓦时，占比28.2%（不含深圳市西电）；电力市场交易电量为7408亿千瓦时。由于电力企业经营范围广，且电力资源便于相互调配，且电力资源来源丰富，广东的电力能源结构具有可持续发展能力。目前中国南方电网公司的电力不仅能够满足服务区域的电力要求，保障香港、澳门的电力需求，还将电力出口到越南、老挝等地。

从服务水平来看，粤港澳三地的电力供应均由具有一定垄断性质的企业运作，企业服务能力和服务水平受政府监督和指导。香港有两家公司开展电力供应业务，这两家公司均是集发电、输电、配电、售电于一体的电力公司，分别是香港中华电力有限公司和香港电灯集团有限公司。澳门由澳门电力股份有限公司独家负责澳门的发电、输电、配电、售电业务。广东地区由中国南方电网公司下属的广东电网有限责任公司负责珠三角地区的发电、输电、配电、售电业务。粤港澳三地的电力服务企业的服务时间均已达50年以上，对区域业务熟练程度高。

从电网质量来看，我国粤港澳三地的电网正在逐渐建立起达到IEC（International Electrotechnical Commission，国际电工委员会）国际标准水平并在部分领域为全球领先的供电网络，特别是在电网质量要求方面，逐渐达到了国际领先水平。由于地域广泛、电力应用领域多且杂，我国的国家标准和行业标准中覆盖各类使用场景制定的标准有近千项（见表10）。香港通过法例推行必要的电力规范和安全相关指标的要求，主要包括常用电压、频率、电力设施建设安全要求等。澳门在与电力服务企业的合约中规定了政府对于企业服务供应的电压、频率、电力设施建设的一般安全要求。

从以上分析可以看出，粤港澳三地虽然在电力输送方面已有长时间的合作，但三地在电力使用环境（如终端额定电压的差异导致设备不通用，影响区域人财物的流通）、电能质量要求（港澳没有电能质量要求）等反映区域整体电力供应水平的指标方面，还有比较大的差异（见表11）；要实现电力供应数量赶超国际先进水平，也需要粤港澳三地协商共进。

表 10 中国内地电力供应系统相关标准

序号	标准类型		标准号	标准名称	相关国际标准	归口单位
1	电能质量	基础标准	GB/T 156—2017	标准电压	修改 IEC 60038:2009	全国电压电流等级和频率标准化技术委员会
2			GB/T 762—2002	标准电流等级	等效 IEC 60059:1999	全国电压电流等级和频率标准化技术委员会
3			GB/T 999—2021	直流电力牵引额定电压	修改 IEC 60038:1983	中国电器工业协会
4			GB/T 1980—2005	标准频率	修改 IEC 60196:1965	全国电压电流等级和频率标准化技术委员会
5			GB/T 3926—2007	中频设备额定电压	—	全国电压电流等级和频率标准化技术委员会
6			GB/Z 26854—2011	电特性的标准化	等同 IEC/TR 62510:2008	全国电压电流等级和频率标准化技术委员会
7			GB/T 32507—2016	电能质量术语	—	全国电压电流等级和频率标准化技术委员会
8		技术标准	GB/T 12325—2008	电能质量 供电电压偏差	—	全国电压电流等级和频率标准化技术委员会
9			GB/T 12326—2008	电能质量 电压波动和闪变	—	全国电压电流等级和频率标准化技术委员会
10			GB/T 14549—1993	电能质量 公用电网谐波	—	全国电压电流等级和频率标准化技术委员会
11			GB/T 15543—2008	电能质量 三相电压不平衡	—	全国电压电流等级和频率标准化技术委员会
12			GB/T 15945—2008	电能质量 电力系统频率偏差	—	全国电压电流等级和频率标准化技术委员会
13			GB/T 18481—2001	电能质量 暂时过电压和瞬态过电压	—	全国电压电流等级和频率标准化技术委员会
14			GB/T 24337—2009	电能质量 公用电网间谐波	—	全国电压电流等级和频率标准化技术委员会
15		测试方法与工具	GB/T 19862—2016	电能质量 监测设备通用要求	—	全国电压电流等级和频率标准化技术委员会

续表 10

序号	标准类型		标准号	标准名称	相关国际标准	归口单位
16	电能质量	测试方法与工具	GB/T 35725—2017	电能质量　监测设备自动检测系统通用技术要求	—	全国电压电流等级和频率标准化技术委员会
17			GB/T 35726—2017	并联型有源电能质量治理设备性能检测规程	—	全国电压电流等级和频率标准化技术委员会
18			GB/T 39227—2020	1000 V 以下敏感过程电压暂降免疫时间测试方法	—	全国电压电流等级和频率标准化技术委员会
19			GB/T 39269—2020	电压暂降 / 短时中断　低压设备耐受特性测试方法	—	全国电压电流等级和频率标准化技术委员会
20		监测与评估	GB/Z 28805—2012	能源系统需求开发的智能电网方法	等同 IEC/PAS 62559:2008	全国电压电流等级和频率标准化技术委员会
21			GB/T 30137—2013	电能质量　电压暂降与短时中断	—	全国电压电流等级和频率标准化技术委员会
22			GB/Z 32880.1—2016	电能质量经济性评估　第 1 部分：电力用户的经济性评估方法	—	全国电压电流等级和频率标准化技术委员会
23			GB/Z 32880.2—2016	电能质量经济性评估　第 2 部分：公用配电网的经济性评估方法	—	全国电压电流等级和频率标准化技术委员会
24			GB/T 32880.3—2016	电能质量经济性评估　第 3 部分：数据收集方法	—	全国电压电流等级和频率标准化技术委员会
25			GB/T 39270—2020	电压暂降指标与严重程度评估方法	—	全国电压电流等级和频率标准化技术委员会
26			NB/T 41004—2014	电能质量现象分类	—	全国电压电流等级和频率标准化技术委员会
27		配套设备	NB/T 41005—2014	电能质量控制设备通用技术要求	—	全国电压电流等级和频率标准化技术委员会
28		管理规范	GB/T 40597—2021	电能质量规划　总则	—	全国电压电流等级和频率标准化技术委员会
29	电网	基础标准	GB/T 2315—2017	电力金具标称破坏载荷系列及连接型式尺寸	—	全国架空线路标准化技术委员会

续表 10

序号	标准类型		标准号	标准名称	相关国际标准	归口单位
30	电网	基础标准	GB/T 5075—2016	电力金具名词术语	—	全国架空线路标准化技术委员会
31			GB/T 5273—2016	高压电器端子尺寸标准化	修改 IEC/TR 62271-301:2009	全国高压开关设备标准化技术委员会
32			GB/T 31992—2015	电力系统通用告警格式	—	全国电网运行与控制标准化技术委员会
33			GB/Z 32501—2016	智能电网用户端通信系统一般要求	—	全国电器设备网络通信接口标准化技术委员会
34			GB/T 33342—2016	户用分布式光伏发电并网接口技术规范	—	中国电力企业联合会
35			GB/T 33590.2—2017	智能电网调度控制系统技术规范 第 2 部分：术语	—	全国电网运行与控制标准化技术委员会
36			GB/T 33593—2017	分布式电源并网技术要求	—	中国电力企业联合会
37			GB/T 33601—2017	电网设备通用模型数据命名规范	—	全国电网运行与控制标准化技术委员会
38			GB/T 33602—2017	电力系统通用服务协议	—	全国电网运行与控制标准化技术委员会
39			GB/T 33603—2017	电力系统模型数据动态消息编码规范	—	全国电网运行与控制标准化技术委员会
40			GB/T 33604—2017	电力系统简单服务接口规范	—	全国电网运行与控制标准化技术委员会
41			GB/T 33605—2017	电力系统消息邮件传输规范	—	全国电网运行与控制标准化技术委员会
42			GB/T 33607—2017	智能电网调度控制系统总体框架	—	全国电网运行与控制标准化技术委员会
43			GB/T 35682—2017	电网运行与控制数据规范	—	全国电网运行与控制标准化技术委员会
44			GB/T 35692—2017	高压直流输电工程系统规划导则	—	全国高压直流输电工程标准化技术委员会

续表 10

序号	标准类型		标准号	标准名称	相关国际标准	归口单位
45	电网	基础标准	GB/Z 35728—2017	互联电力系统设计导则	—	全国电压电流等级和频率标准化技术委员会
46			GB/T 40427—2021	电力系统电压和无功电力技术导则	—	全国电压电流等级和频率标准化技术委员会
47			GB/T 40580—2021	高压直流输电系统机电暂态仿真建模技术导则	—	全国电压电流等级和频率标准化技术委员会
48			GB/T 40581—2021	电力系统安全稳定计算规范	—	全国电网运行与控制标准化技术委员会
49			GB/T 40598—2021	电力系统安全稳定控制策略描述规则	—	全国电网运行与控制标准化技术委员会
50			DL/T 476—2012	电力系统实时数据通信应用层协议	—	全国电网运行与控制标准化技术委员会
51			DL/T 1169—2012	电力调度消息邮件传输规范	—	全国电网运行与控制标准化技术委员会
52			DL/T 1171—2012	电网设备通用数据模型命名规范	—	全国电网运行与控制标准化技术委员会
53			DL/T 1230—2013	电力系统图形描述规范	—	全国电网运行与控制标准化技术委员会
54			DL/T 1232—2013	电力系统动态消息编码规范	—	全国电网运行与控制标准化技术委员会
55			DL/T 1233—2013	电力系统简单服务接口规范	—	全国电网运行与控制标准化技术委员会
56			DL/T 1380—2014	电网运行模型数据交换规范	—	全国电网运行与控制标准化技术委员会
57		技术规范	GB/T 24842—2018	1000 kV 特高压交流输变电工程过电压和绝缘配合	—	全国特高压交流输电标准化技术委员会
58			GB/T 24847—2021	1000 kV 交流系统电压和无功电力技术导则	—	全国特高压交流输电标准化技术委员会
59			GB/T 33982—2017	分布式电源并网继电保护技术规范	—	全国量度继电器和保护设备标准化技术委员会

续表 10

序号	标准类型		标准号	标准名称	相关国际标准	归口单位
60	电网	技术规范	GB/T 35706—2017	电网冰区分布图绘制技术导则	—	全国架空线路标准化技术委员会
61			GB/T 35721—2017	输电线路分布式故障诊断系统	—	全国架空线路标准化技术委员会
62			GB/T 40532—2021	电力系统站域失灵（死区）保护技术导则	—	全国电网运行与控制标准化技术委员会
63			GB/T 40584—2021	继电保护整定计算软件及数据技术规范	—	全国电网运行与控制标准化技术委员会
64			GB/T 40586—2021	并网电源涉网保护技术要求	—	全国电网运行与控制标准化技术委员会
65			GB/T 40587—2021	电力系统安全稳定控制系统技术规范	—	全国电网运行与控制标准化技术委员会
66			GB/T 40588—2021	电力系统自动低压减负荷技术规定	—	全国电网运行与控制标准化技术委员会
67			GB/T 40592—2021	电力系统自动高频切除发电机组技术规定	—	全国电网运行与控制标准化技术委员会
68			GB/T 40593—2021	同步发电机调速系统参数实测及建模导则	—	全国电网运行与控制标准化技术委员会
69			GB/T 40594—2021	电力系统网源协调技术导则	—	全国电网运行与控制标准化技术委员会
70			GB/T 40595—2021	并网电源一次调频技术规定及试验导则	—	全国电网运行与控制标准化技术委员会
71			GB/T 40596—2021	电力系统自动低频减负荷技术规定	—	全国电网运行与控制标准化技术委员会
72			GB/T 40601—2021	电力系统实时数字仿真技术要求	—	全国电网运行与控制标准化技术委员会
73			GB/T 40605—2021	高压直流工程数模混合仿真建模及试验导则	—	全国电网运行与控制标准化技术委员会
74			GB/T 40608—2021	电网设备模型参数和运行方式数据技术要求	—	全国电网运行与控制标准化技术委员会
75			GB/T 40609—2021	电网运行安全校核技术规范	—	全国电网运行与控制标准化技术委员会

续表 10

序号	标准类型		标准号	标准名称	相关国际标准	归口单位
76	电网	技术规范	DL/T 428—2010	电力系统自动低频减负荷技术规定	—	全国电网运行与控制标准化技术委员会
77			DL/T 598—2010	电力系统自动交换电话网技术规范	—	全国电网运行与控制标准化技术委员会
78			DL/T 1170—2012	电力调度工作流程描述规范	—	全国电网运行与控制标准化技术委员会
79			DL/T 1234—2013	电力系统安全稳定计算技术规范	—	全国电网运行与控制标准化技术委员会
80		测量技术与工具	GB/T 1408.1—2016	绝缘材料 电气强度试验方法 第1部分：工频下试验	等同 IEC 60243-1:2013	全国电气绝缘材料与绝缘系统评定标准化技术委员会
81			GB/T 1408.2—2016	绝缘材料 电气强度试验方法 第2部分：对应用直流电压试验的附加要求	等同 IEC 60243-2:2013	全国电气绝缘材料与绝缘系统评定标准化技术委员会
82			GB/T 1408.3—2016	绝缘材料 电气强度试验方法 第3部分：1.2/50 μs 冲击试验补充要求	等同 IEC 60243-3:2013	全国电气绝缘材料与绝缘系统评定标准化技术委员会
83			GB/T 7676.1—2017	直接作用模拟指示电测量仪表及其附件 第1部分：定义和通用要求	—	全国电工仪器仪表标准化技术委员会
84			GB/T 7676.2—2017	直接作用模拟指示电测量仪表及其附件 第2部分：电流表和电压表的特殊要求	—	全国电工仪器仪表标准化技术委员会
85			GB/T 7676.3—2017	直接作用模拟指示电测量仪表及其附件 第3部分：功率表和无功功率表的特殊要求	—	全国电工仪器仪表标准化技术委员会
86			GB/T 7676.4—2017	直接作用模拟指示电测量仪表及其附件 第4部分：频率表的特殊要求	—	全国电工仪器仪表标准化技术委员会

续表 10

序号	标准类型		标准号	标准名称	相关国际标准	归口单位
87	电网	测量技术与工具	GB/T 7676.5—2017	直接作用模拟指示电测量仪表及其附件 第 5 部分：相位表、功率因数表和同步指示器的特殊要求	—	全国电工仪器仪表标准化技术委员会
88			GB/T 7676.6—2017	直接作用模拟指示电测量仪表及其附件 第 6 部分：电阻表（阻抗表）和电导表的特殊要求	—	全国电工仪器仪表标准化技术委员会
89			GB/T 7676.7—2017	直接作用模拟指示电测量仪表及其附件 第 7 部分：多功能仪表的特殊要求	—	全国电工仪器仪表标准化技术委员会
90			GB/T 7676.8—2017	直接作用模拟指示电测量仪表及其附件 第 8 部分：附件的特殊要求	—	全国电工仪器仪表标准化技术委员会
91			GB/T 7676.9—2017	直接作用模拟指示电测量仪表及其附件 第 9 部分：推荐的试验方法	—	全国电工仪器仪表标准化技术委员会
92			GB/T 24846—2018	1000 kV 交流电气设备预防性试验规程	—	全国特高压交流输电标准化技术委员会
93			GB/T 32191—2015	泄漏电流测试仪	—	全国电工仪器仪表标准化技术委员会
94			GB/T 32192—2015	耐电压测试仪	—	全国电工仪器仪表标准化技术委员会
95			GB/T 33981—2017	高压交流断路器声压级测量的标准规程	—	全国高压开关设备标准化技术委员会
96			GB/T 35711—2017	高压直流输电系统直流侧谐波分析、抑制与测量导则	—	全国高压直流输电工程标准化技术委员会
97			GB/T 40591—2021	电力系统稳定器整定试验导则	—	全国电网运行与控制标准化技术委员会
98			DL/T 1231—2013	电力系统稳定器整定试验导则	—	全国电网运行与控制标准化技术委员会

续表 10

序号	标准类型		标准号	标准名称	相关国际标准	归口单位
99	电网	监测与评估	GB/T 31960.1—2015	电力能效监测系统技术规范 第 1 部分：总则	—	中国电力企业联合会
100			GB/T 31960.2—2015	电力能效监测系统技术规范 第 2 部分：主站功能规范	—	中国电力企业联合会
101			GB/T 31960.3—2015	电力能效监测系统技术规范 第 3 部分：通信协议	—	中国电力企业联合会
102			GB/T 31960.5—2015	电力能效监测系统技术规范 第 5 部分：主站设计导则	—	中国电力企业联合会
103			GB/T 31960.7—2015	电力能效监测系统技术规范 第 7 部分：电力能效监测终端技术条件	—	中国电力企业联合会
104			GB/T 31960.8—2015	电力能效监测系统技术规范 第 8 部分：安全防护规范	—	中国电力企业联合会
105			GB/T 31960.9—2016	电力能效监测系统技术规范 第 9 部分：系统检验规范	—	中国电力企业联合会
106			GB/T 31960.10—2016	电力能效监测系统技术规范 第 10 部分：电力能效监测终端检验规范	—	中国电力企业联合会
107			GB/T 31960.11—2016	电力能效监测系统技术规范 第 11 部分：电力能效信息集中与交互终端检验规范	—	中国电力企业联合会
108			GB/T 33977—2017	高压成套开关设备和高压 / 低压预装式变电站产生的稳态、工频电磁场的量化方法	修改 IEC/TR 62271-208:2009	全国高压开关设备标准化技术委员会
109			GB/T 37015.1—2018	柔性直流输电系统性能 第 1 部分：稳态	—	全国高压直流输电工程标准化技术委员会

续表 10

序号	标准类型		标准号	标准名称	相关国际标准	归口单位
110	电网	监测与评估	GB/T 37015.2—2018	柔性直流输电系统性能 第2部分：暂态	—	全国高压直流输电工程标准化技术委员会
111			GB/T 40585—2021	电网运行风险监测、评估及可视化技术规范	—	全国电网运行与控制标准化技术委员会
112			GB/T 40599—2021	继电保护及安全自动装置在线监视与分析技术规范	—	全国电网运行与控制标准化技术委员会
113			GB/T 40606—2021	电网在线安全分析与控制辅助决策技术规范	—	全国电网运行与控制标准化技术委员会
114			GB/T 40615—2021	电力系统电压稳定评价导则	—	全国电网运行与控制标准化技术委员会
115			GB/T 41141—2021	高压海底电缆风险评估导则	—	中国电力企业联合会
116			DL/T 548—2012	电力系统通信站过电压防护规程	—	全国电网运行与控制标准化技术委员会
117			DL/T 1168—2012	高压直流输电系统保护运行评价规程	—	全国电网运行与控制标准化技术委员会
118			DL/T 1172—2013	电力系统电压稳定评价导则	—	全国电网运行与控制标准化技术委员会
119		配套设备	GB/T 1984—2014	高压交流断路器	—	全国高压开关设备标准化技术委员会
120			GB/T 1985—2014	高压交流隔离开关和接地开关	—	全国高压开关设备标准化技术委员会
121			GB/T 3804—2017	3.6 kV ～ 40.5 kV 高压交流负荷开关	—	全国高压开关设备标准化技术委员会
122			GB/T 3906—2020	3.6 kV ～ 40.5 kV 交流金属封闭开关设备和控制设备	—	全国高压开关设备标准化技术委员会
123			GB/T 6115.1—2008	电力系统用串联电容器 第1部分：总则	修改 IEC 60143-1:2004	全国电力电容器标准化技术委员会

续表 10

序号	标准类型		标准号	标准名称	相关国际标准	归口单位
124	电网	配套设备	GB/T 6115.3—2002	电力系统用串联电容器 第3部分：内部熔丝	等同 IEC 60143-3:1998	全国电力电容器标准化技术委员会
125			GB/T 7674—2020	额定电压 72.5 kV 及以上气体绝缘金属封闭开关设备	—	全国高压开关设备标准化技术委员会
126			GB/T 11022—2020	高压交流开关设备和控制设备标准的共用技术要求	—	全国高压开关设备标准化技术委员会
127			GB/T 11024.1—2019	标称电压 1000 V 以上交流电力系统用并联电容器 第1部分：总则	修改 IEC 60871-1:2014	全国电力电容器标准化技术委员会
128			GB/T 11024.2—2019	标称电压 1000 V 以上交流电力系统用并联电容器 第2部分：老化试验	修改 IEC 60871-2:2014	全国电力电容器标准化技术委员会
129			GB/T 11024.3—2019	标称电压 1000 V 以上交流电力系统用并联电容器 第3部分：并联电容器和并联电容器组的保护	修改 IEC 60871-3:2014	全国电力电容器标准化技术委员会
130			GB/T 11024.4—2019	标称电压 1000 V 以上交流电力系统用并联电容器 第4部分：内部熔丝	修改 IEC 60871-4:2014	全国电力电容器标准化技术委员会
131			GB/T 13540—2009	高压开关设备和控制设备的抗震要求	—	全国高压开关设备标准化技术委员会
132			GB/T 14598.1—2002	电气继电器 第23部分：触点性能	等同 IEC 60255-23:1994	全国有或无电气继电器标准化技术委员会
133			GB/T 14598.2—2011	量度继电器和保护装置 第1部分：通用要求	等同 IEC 60255-1:2009	全国量度继电器和保护设备标准化技术委员会
134			GB/T 14598.3—2006	电气继电器 第5部分：量度继电器和保护装置的绝缘配合要求和试验	—	全国量度继电器和保护设备标准化技术委员会
135			GB/T 14598.6—1993	电气继电器 第18部分：有或无通用继电器的尺寸	等同 IEC 255-18:1982	全国有或无电气继电器标准化技术委员会

续表 10

序号	标准类型		标准号	标准名称	相关国际标准	归口单位
136	电网	配套设备	GB/T 14598.8—2008	电气继电器 第 20 部分：保护系统	修改 IEC 60255-20:1984	全国量度继电器和保护设备标准化技术委员会
137			GB/T 14598.23—2017	电气继电器 第 21 部分：量度继电器和保护装置的振动、冲击、碰撞和地震试验 第 3 篇：地震试验	等同 IEC 60255-21-3:1993	全国量度继电器和保护设备标准化技术委员会
138			GB/T 14598.24—2017	量度继电器和保护装置 第 24 部分：电力系统暂态数据交换（COMTRADE）通用格式	等同 IEC 60255-24:2013	全国量度继电器和保护设备标准化技术委员会
139			GB/T 14598.26—2015	量度继电器和保护装置 第 26 部分：电磁兼容要求	等同 IEC 60255-26:2013	全国量度继电器和保护设备标准化技术委员会
140			GB/T 14598.27—2017	量度继电器和保护装置 第 27 部分：产品安全要求	等同 IEC 60255-27:2013	全国量度继电器和保护设备标准化技术委员会
141			GB/T 14598.118—2021	量度继电器和保护装置 第 118 部分：电力系统同步相量测量	等同 IEC/IEEE 60255-118-1:2018	全国量度继电器和保护设备标准化技术委员会
142			GB/T 14598.121—2017	量度继电器和保护装置 第 121 部分：距离保护功能要求	等同 IEC 60255-121:2014	全国量度继电器和保护设备标准化技术委员会
143			GB/T 14598.127—2013	量度继电器和保护装置 第 127 部分：过 / 欠电压保护功能要求	等同 IEC 60255-127:2010	全国量度继电器和保护设备标准化技术委员会
144			GB/T 14598.149—2016	量度继电器和保护装置 第 149 部分：电热继电器功能要求	等同 IEC 60255-149:2013	全国量度继电器和保护设备标准化技术委员会
145			GB/T 14598.151—2012	量度继电器和保护装置 第 151 部分：过 / 欠电流保护功能要求	等同 IEC 60255-151:2009	全国量度继电器和保护设备标准化技术委员会

续表 10

序号	标准类型		标准号	标准名称	相关国际标准	归口单位
146	电网	配套设备	GB/T 14598.181—2021	量度继电器和保护装置 第181部分：频率保护功能要求	等同 IEC 60255-181:2019	全国量度继电器和保护设备标准化技术委员会
147			GB/T 14598.300—2017	变压器保护装置通用技术要求	—	全国量度继电器和保护设备标准化技术委员会
148			GB/T 14598.301—2020	电力系统连续记录装置技术要求	—	全国量度继电器和保护设备标准化技术委员会
149			GB/T 14598.302—2016	弧光保护装置技术要求	—	全国量度继电器和保护设备标准化技术委员会
150			GB/T 14598.303—2011	数字式电动机综合保护装置通用技术条件	—	全国量度继电器和保护设备标准化技术委员会
151			GB/T 14810—2014	额定电压72.5 kV及以上交流负荷开关	—	全国高压开关设备标准化技术委员会
152			GB/T 14824—2021	高压交流发电机断路器	—	全国高压开关设备标准化技术委员会
153			GB/T 16926—2009	高压交流负荷开关 熔断器组合电器	—	全国高压开关设备标准化技术委员会
154			GB/T 20297—2006	静止无功补偿装置（SVC）现场试验	—	全国电压电流等级和频率标准化技术委员会
155			GB/T 20298—2006	静止无功补偿装置（SVC）功能特性	—	全国电压电流等级和频率标准化技术委员会
156			GB/T 20840.1—2010	互感器 第1部分：通用技术要求	修改 IEC 61869-1:2007	全国互感器标准化技术委员会
157			GB/T 20840.2—2014	互感器 第2部分：电流互感器的补充技术要求	修改 IEC 61869-2:2012	全国互感器标准化技术委员会

续表 10

序号	标准类型		标准号	标准名称	相关国际标准	归口单位
158	电网	配套设备	GB/T 20840.3—2013	互感器 第3部分：电磁式电压互感器的补充技术要求	修改 IEC 61869–3:2011	全国互感器标准化技术委员会
159			GB/T 20840.4—2015	互感器 第4部分：组合互感器的补充技术要求	修改 IEC 61869–4:2013	全国互感器标准化技术委员会
160			GB/T 20840.5—2013	互感器 第5部分：电容式电压互感器的补充技术要求	修改 IEC 61869–5:2011	全国互感器标准化技术委员会
161			GB/T 20840.6—2017	互感器 第6部分：低功率互感器的补充通用技术要求	修改 IEC 61869–6:2016	全国互感器标准化技术委员会
162			GB/T 20840.7—2007	互感器 第7部分：电子式电压互感器	修改 IEC 60044–7:1999	全国互感器标准化技术委员会
163			GB/T 20840.8—2007	互感器 第8部分：电子式电流互感器	修改 IEC 60044–8:2002	全国互感器标准化技术委员会
164			GB/T 20840.9—2017	互感器 第9部分：互感器的数字接口	修改 IEC 61869–9:2016	全国互感器标准化技术委员会
165			GB/T 20840.103—2020	互感器 第103部分：互感器在电能质量测量中的应用	修改 IEC TR 61869–103:2012	全国互感器标准化技术委员会
166			GB/T 20840.102—2020	互感器 第102部分：带有电磁式电压互感器的变电站中的铁磁谐振	修改 IEC TR 61869–102:2014	全国互感器标准化技术委员会
167			GB/T 21419—2021	变压器、电源装置、电抗器及其类似产品 电磁兼容（EMC）要求	修改 IEC 62041:2017	全国小型电力变压器、电抗器、电源装置及类似产品标准化技术委员会

续表 10

序号	标准类型		标准号	标准名称	相关国际标准	归口单位
168	电网	配套设备	GB/T 22381—2017	额定电压 72.5 kV 及以上气体绝缘金属封闭开关设备与充流体及挤包绝缘电力电缆的连接 充流体及干式电缆终端	—	全国高压开关设备标准化技术委员会
169			GB/T 22382—2017	额定电压 72.5 kV 及以上气体绝缘金属封闭开关设备与电力变压器之间的直接连接	—	全国高压开关设备标准化技术委员会
170			GB/T 22383—2017	额定电压 72.5 kV 及以上刚性气体绝缘输电线路	—	全国高压开关设备标准化技术委员会
171			GB/T 24835—2018	1100 kV 气体绝缘金属封闭开关设备运行维护规程	—	全国特高压交流输电标准化技术委员会
172			GB/T 24836—2018	1100 kV 气体绝缘金属封闭开关设备	—	全国特高压交流输电标准化技术委员会
173			GB/T 24837—2018	1100 kV 高压交流隔离开关和接地开关	—	全国特高压交流输电标准化技术委员会
174			GB/T 24838—2018	1100 kV 高压交流断路器	—	全国特高压交流输电标准化技术委员会
175			GB/T 24840—2018	1000 kV 交流系统用套管技术规范	—	全国特高压交流输电标准化技术委员会
176			GB/T 24841—2018	1000 kV 交流系统用电容式电压互感器技术规范	—	全国特高压交流输电标准化技术委员会
177			GB/T 24843—2018	1000 kV 单相油浸式自耦电力变压器技术规范	—	全国特高压交流输电标准化技术委员会
178			GB/T 25091—2010	高压直流隔离开关和接地开关	—	全国高压开关设备标准化技术委员会
179			GB/T 25284—2010	12 kV ～ 40.5 kV 高压交流自动重合器	—	全国高压开关设备标准化技术委员会
180			GB/T 25307—2010	高压直流旁路开关	—	全国高压开关设备标准化技术委员会

续表 10

序号	标准类型		标准号	标准名称	相关国际标准	归口单位
181	电网	配套设备	GB/T 25309—2010	高压直流转换开关	—	全国高压开关设备标准化技术委员会
182			GB/T 27747—2011	额定电压 72.5 kV 及以上交流隔离断路器	—	全国高压开关设备标准化技术委员会
183			GB/T 28525—2012	额定电压 72.5 kV 及以上紧凑型成套开关设备	—	全国高压开关设备标准化技术委员会
184			GB/T 28565—2012	高压交流串联电容器用旁路开关	—	全国高压开关设备标准化技术委员会
185			GB/T 28810—2012	高压开关设备和控制设备电子及其相关技术在开关设备和控制设备的辅助设备中的应用	—	全国高压开关设备标准化技术委员会
186			GB/T 28811—2012	高压开关设备和控制设备 基于 IEC 61850 的数字接口	—	全国高压开关设备标准化技术委员会
187			GB/T 28814—2012	±800 kV 换流站运行规程编制导则	—	全国高压直流输电工程标准化技术委员会
188			GB/T 29489—2013	高压交流开关设备和控制设备的感性负载开合	—	全国高压开关设备标准化技术委员会
189			GB/T 30846—2014	具有预定极间不同期操作高压交流断路器	—	全国高压开关设备标准化技术委员会
190			GB/T 31235—2014	±800 kV 直流输电线路金具技术规范	—	全国高压直流输电工程标准化技术委员会
191			GB/T 31460—2015	高压直流换流站无功补偿与配置技术导则	—	全国高压直流输电工程标准化技术委员会
192			GB/T 32518.1—2016	超高压可控并联电抗器现场试验技术规范 第 1 部分：分级调节式	—	中国电力企业联合会
193			GB/T 34869—2017	串联补偿装置电容器组保护用金属氧化物限压器	—	全国避雷器标准化技术委员会
194			GB/T 35693—2017	±800 kV 特高压直流输电工程阀厅金具技术规范	—	全国高压直流输电工程标准化技术委员会

续表 10

序号	标准类型		标准号	标准名称	相关国际标准	归口单位
195	电网	配套设备	GB/T 36271.1—2018	交流 1 kV 以上电力设施 第 1 部分：通则	—	全国高压电气安全标准化技术委员会
196			GB/T 36271.2—2021	交流 1 kV 及直流 1.5 kV 以上电力设施 第 2 部分：直流	—	全国高压电气安全标准化技术委员会
197			GB/T 36291.1—2018	电力安全设施配置技术规范 第 1 部分：变电站	—	全国高压电气安全标准化技术委员会
198			GB/T 36291.2—2018	电力安全设施配置技术规范 第 2 部分：线路	—	全国高压电气安全标准化技术委员会
199			GB/T 36955—2018	柔性直流输电用启动电阻技术规范	—	全国高压直流输电工程标准化技术委员会
200			GB/T 37012—2018	柔性直流输电接地设备技术规范	—	全国高压直流输电工程标准化技术委员会
201			GB/T 37013—2018	柔性直流输电线路检修规范	—	全国高压直流输电工程标准化技术委员会
202			GB/T 38328—2019	柔性直流系统用高压直流断路器的共用技术要求	—	全国高压开关设备标准化技术委员会
203			GB/T 38658—2020	3.6 kV ～ 40.5 kV 交流金属封闭开关设备和控制设备型式试验有效性的延伸导则	—	全国高压开关设备标准化技术委员会
204			GB/T 40589—2021	同步发电机励磁系统建模导则	—	全国电网运行与控制标准化技术委员会
205			GB/T 41147—2021	静止同步补偿装置用电压源换流器阀 电气试验	等同 IEC 62927:2017	全国电力电子系统和设备标准化技术委员会
206			DL/T 317—2010	继电保护设备标准化设计规范	—	全国电网运行与控制标准化技术委员会
207			DL/T 378—2010	变压器出线端子用绝缘防护罩通用技术条件	—	全国高压电气安全标准化技术委员会
208			DL/T 623—2010	电力系统继电保护及安全自动装置运行评价规程	—	全国电网运行与控制标准化技术委员会

续表 10

序号	标准类型		标准号	标准名称	相关国际标准	归口单位
209	电网	配套设备	DL/T 683—2010	电力金具产品型号命名方法	—	全国架空线路标准化技术委员会
210			DL/T 760.3—2012	均压环、屏蔽环和均压屏蔽环	—	全国架空线路标准化技术委员会
211			DL/T 768.7—2012	电力金具制造质量 钢铁件热镀锌层	—	全国架空线路标准化技术委员会
212			DL/T 846.9—2004	高电压测试设备通用技术条件 第 9 部分：真空开关真空度测试仪	—	全国高压电气安全标准化技术委员会
213			DL/T 848.3—2004	高压试验装置通用技术条件 第 3 部分：无局放试验变压器	—	全国高压电气安全标准化技术委员会
214			DL/T 848.4—2004	高压试验装置通用技术条件 第 4 部分：三倍频试验变压器装置	—	全国高压电气安全标准化技术委员会
215			DL/T 1379—2014	电力调度数据网设备测试规范	—	全国电网运行与控制标准化技术委员会
216			DL/T 724—2000	电力系统用蓄电池直流电源装置运行与维护技术规程	—	国家经济贸易委员会
217			DL/T 1776—2017	电力系统用交流滤波电容器技术导则	—	中国电力企业联合会
218			JB/T 5777.1—1991	电力系统二次电路用屏（柜台）产品型号编制方法	—	国家经济贸易委员会
219			JB/T 5777.2—2002	电力系统二次电路用控制及继电保护屏（柜、台）通用技术条件	—	国家经济贸易委员会
220			JB/T 5777.3—2002	电力系统二次电路用控制及继电保护屏（柜、台）基本试验方法	—	国家经济贸易委员会

续表 10

序号	标准类型		标准号	标准名称	相关国际标准	归口单位
221	电网	配套设备	JB/T 7638—2002	湿热带电力系统二次电路用控制及继电器保护屏（柜、台）技术条件	—	国家经济贸易委员会
222	电网	配套设备	NB/T 41002—2011	标称电压 1000 V 以上交流电力系统用并联电容器产品质量分等	—	全国电力电容器标准化技术委员会
223	电网	配套设备	NB/T 41003—2011	标称电压 1000 V 及以下交流电力系统用自愈式并联电容器产品质量分等	—	全国电力电容器标准化技术委员会
224	电网	配套设备	NB/T 42083—2016	电力系统用固定型铅酸蓄电池安全运行使用技术规范	—	全国铅酸蓄电池标准化技术委员会
225	电能接入	基础标准	GB/T 13286—2021	核电厂安全级电气设备和电路独立性准则	—	全国核仪器仪表标准化技术委员会
226	电能接入	基础标准	GB/T 40603—2021	风电场受限电量评估导则	—	全国电网运行与控制标准化技术委员会
227	电能接入	基础标准	GB/T 41142—2021	核电厂安全重要数字仪表和控制系统硬件设计要求	—	全国核仪器仪表标准化技术委员会
228	电能接入	基础标准	GB/T 41143—2021	核电厂仪表和控制术语	—	全国核仪器仪表标准化技术委员会
229	电能接入	基础标准	DL/T 1308—2013	节能发电调度信息发布技术规范	—	全国电网运行与控制标准化技术委员会
230	电能接入	技术规范	GB/T 40600—2021	风电场功率控制系统调度功能技术要求	—	全国电网运行与控制标准化技术委员会
231	电能接入	技术规范	GB/T 40604—2021	新能源场站调度运行信息交换技术要求	—	全国电网运行与控制标准化技术委员会
232	电能接入	技术规范	GB/T 40607—2021	调度侧风电或光伏功率预测系统技术要求	—	全国电网运行与控制标准化技术委员会
233	电能接入	技术规范	DL/T 1306—2013	电力调度数据网技术规范	—	全国电网运行与控制标准化技术委员会
234	电能接入	监测与评估	GB/T 41140—2021	压水堆核电厂堆芯及乏燃料组件辐射源项分析准则	—	全国核能标准化技术委员会

续表 10

序号	标准类型		标准号	标准名称	相关国际标准	归口单位
235	电能接入	配套设备	GB/T 41087—2021	太阳能热发电站换热系统技术要求	—	全国太阳能光热发电标准化技术委员会
236			GB/T 41148—2021	气体燃料发电机组通用技术条件	—	全国往复式内燃燃气发电设备标准化技术委员会
237			NB/T 10646—2021	海上风电场 直流接入电力系统用换流器 技术规范	—	能源行业风电标准化技术委员会风电电器设备分技术委员会
238			NB/T 10647—2021	海上风电场 直流接入电力系统用直流断路器 技术规范	—	能源行业风电标准化技术委员会风电电器设备分技术委员会
239		管理标准	GB/T 41145—2021	核电厂人因验证和确认	—	全国核仪器仪表标准化技术委员会
240	配电	基础标准	GB/T 35727—2017	中低压直流配电电压导则	—	全国电压电流等级和频率标准化技术委员会
241		技术规范	GB/T 18857—2019	配电线路带电作业技术导则	—	全国带电作业标准化技术委员会
242			GB/T 33591—2017	智能变电站时间同步系统及设备技术规范	—	全国电网运行与控制标准化技术委员会
243			GB/T 34577—2017	配电线路旁路作业技术导则	—	全国带电作业标准化技术委员会
244		测量技术和工具	GB/T 17215.101—2010	电测量 抄表、费率和负荷控制的数据交换 术语 第 1 部分：与使用 DLMS/COSEM 的测量设备交换数据相关的术语	等同 IEC TR 62051-1:2004	全国电工仪器仪表标准化技术委员会
245			GB/T 17215.211—2021	电测量设备（交流）通用要求、试验和试验条件 第 11 部分：测量设备	—	全国电工仪器仪表标准化技术委员会
246			GB/T 17215.221—2021	电测量设备（交流）通用要求、试验和试验条件 第 21 部分：费率和负荷控制设备	—	全国电工仪器仪表标准化技术委员会

续表 10

序号	标准类型		标准号	标准名称	相关国际标准	归口单位
247	配电	测量技术和工具	GB/T 17215.231—2021	电测量设备（交流）通用要求、试验和试验条件 第31部分：产品安全要求和试验	等同 IEC 62052–31:2015	全国电工仪器仪表标准化技术委员会
248			GB/T 17215.301—2007	多功能电能表 特殊要求	—	全国电工仪器仪表标准化技术委员会
249			GB/T 17215.304—2017	交流电测量设备 特殊要求 第4部分：经电子互感器接入的静止式电能表	—	全国电工仪器仪表标准化技术委员会
250			GB/T 17215.311—2008	交流电测量设备 特殊要求 第11部分：机电式有功电能表（0.5级、1级和2级）	修改 IEC 62053–11:2003	全国电工仪器仪表标准化技术委员会
251			GB/T 17215.321—2021	电测量设备（交流）特殊要求 第21部分：静止式有功电能表（A级、B级、C级、D级和E级）	—	全国电工仪器仪表标准化技术委员会
252			GB/T 17215.323—2008	交流电测量设备 特殊要求 第23部分：静止式无功电能表（2级和3级）	等同 IEC 62053–23:2003	全国电工仪器仪表标准化技术委员会
253			GB/T 17215.324—2017	交流电测量设备 特殊要求 第24部分：静止式基波频率无功电能表（0.5S级、1S级和1级）	等同 IEC 62053–24:2014	全国电工仪器仪表标准化技术委员会
254			GB/T 17215.352—2009	交流电测量设备 特殊要求 第52部分：符号	等同 IEC 62053–52:2005	全国电工仪器仪表标准化技术委员会
255			GB/T 17215.421—2008	交流测量 费率和负荷控制 第21部分：时间开关的特殊要求	等同 IEC 62054–21:2004	全国电工仪器仪表标准化技术委员会
256			GB/T 17215.610—2018	电测量数据交换 DLMS/COSEM组件 第10部分：智能测量标准化框架	等同 IEC 62056–1–0:2014	全国电工仪器仪表标准化技术委员会

续表 10

序号	标准类型		标准号	标准名称	相关国际标准	归口单位
257	配电	测量技术和工具	GB/Z 17215.611—2021	电测量数据交换 DLMS/COSEM 组件 第 11 部分：DLMS/COSEM 通信配置标准用模板	等同 IEC TS 62056-1-1:2016	全国电工仪器仪表标准化技术委员会
258			GB/T 17215.646—2018	电测量数据交换 DLMS/COSEM 组件 第 46 部分：使用 HDLC 协议的数据链路层	等同 IEC 62056-46:2002	全国电工仪器仪表标准化技术委员会
259			GB/T 17215.647—2021	电测量数据交换 DLMS/COSEM 组件 第 47 部分：基于 IP 网络的 DLMS/COSEM 传输层	等同 IEC 62056-4-7:2015	全国电工仪器仪表标准化技术委员会
260			GB/T 17215.661—2018	电测量数据交换 DLMS/COSEM 组件 第 61 部分：对象标识系统（OBIS）	等同 IEC 62056-6-1:2017	全国电工仪器仪表标准化技术委员会
261			GB/T 17215.673—2021	电测量数据交换 DLMS/COSEM 组件 第 73 部分：本地和社区网络的有线和无线 M-Bus 通信配置	等同 IEC 62056-7-3:2017	全国电工仪器仪表标准化技术委员会
262			GB/T 17215.691—2021	电测量数据交换 DLMS/COSEM 组件 第 91 部分：使用 Web 服务经 COSEM 访问服务（CAS）访问 DLMS/COSEM 服务器的通信配置	等同 IEC TS 62056-9-1:2016	全国电工仪器仪表标准化技术委员会
263			GB/T 17215.701—2011	标准电能表	—	全国电工仪器仪表标准化技术委员会
264			GB/T 17215.811—2017	交流电测量设备 验收检验 第 11 部分：通用验收检验方法	等同 IEC 62058-11:2008	全国电工仪器仪表标准化技术委员会
265			GB/T 17215.821—2017	交流电测量设备 验收检验 第 21 部分：机电式有功电能表的特殊要求（0.5 级、1 级和 2 级）	等同 IEC 62058-21:2008	全国电工仪器仪表标准化技术委员会

续表 10

序号	标准类型		标准号	标准名称	相关国际标准	归口单位
266	配电	测量技术和工具	GB/T 17215.831—2017	交流电测量设备 验收检验 第 31 部分：静止式有功电能表的特殊要求（0.2S 级、0.5S 级、1 级和 2 级）	等同 IEC 62058-31:2008	全国电工仪器仪表标准化技术委员会
267			GB/T 17215.911—2011	电测量设备 可信性 第 11 部分：一般概念	等同 IEC/TR 62059-11:2002	全国电工仪器仪表标准化技术委员会
268			GB/T 17215.9311—2017	电测量设备 可信性 第 311 部分：温度和湿度加速可靠性试验	等同 IEC/TR 62059-31-1:2008	全国电工仪器仪表标准化技术委员会
269			GB/T 17215.9321—2016	电测量设备 可信性 第 321 部分：耐久性－高温下的计量特性稳定性试验	等同 IEC/TR 62059-32-1:2011	全国电工仪器仪表标准化技术委员会
270		监测与评估	GB/T 41091—2021	人员密集场所电气安全风险评估和风险降低指南	—	全国电气安全标准化技术委员会
271		配套设备	GB/T 1094.1—2013	电力变压器 第 1 部分：总则	修改 IEC 60076-1:2011	全国变压器标准化技术委员会
272			GB/T 1094.2—2013	电力变压器 第 2 部分：液浸式变压器的温升	修改 IEC 60076-2:2011	全国变压器标准化技术委员会
273			GB/T 1094.3—2017	电力变压器 第 3 部分：绝缘水平、绝缘试验和外绝缘空气间隙	修改 IEC 60076-3:2013	全国变压器标准化技术委员会
274			GB/T 1094.4—2005	电力变压器 第 4 部分：电力变压器和电抗器的雷电冲击和操作冲击试验导则	修改 IEC 60076-4:2002	全国变压器标准化技术委员会
275			GB/T 1094.5—2008	电力变压器 第 5 部分：承受短路的能力	修改 IEC 60076-5:2006	全国变压器标准化技术委员会
276			GB/T 1094.6—2011	电力变压器 第 6 部分：电抗器	修改 IEC 60076-6:2007	全国变压器标准化技术委员会

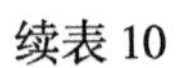

续表 10

序号	标准类型		标准号	标准名称	相关国际标准	归口单位
277			GB/T 1094.7—2008	电力变压器 第 7 部分：油浸式电力变压器负载导则	修改 IEC 60076-7:2005	全国变压器标准化技术委员会
278			GB/T 1094.10—2003	电力变压器 第 10 部分：声级测定	修改 IEC 60076-10:2001	全国变压器标准化技术委员会
279			GB/T 1094.11—2022	电力变压器 第 11 部分：干式变压器	修改 IEC 60076-11:2018	全国变压器标准化技术委员会
280			GB/T 1094.12—2013	电力变压器 第 12 部分：干式电力变压器负载导则	修改 IEC 60076-12:2008	全国变压器标准化技术委员会
281			GB/T 1094.14—2022	电力变压器 第 14 部分：采用高温绝缘材料的液浸式电力变压器	修改 IEC 60076-14:2013	全国变压器标准化技术委员会
282	配电	配套设备	GB/T 1094.15—2020	电力变压器 第 15 部分：充气式电力变压器	修改 IEC 60076-15:2015	全国变压器标准化技术委员会
283			GB/T 1094.16—2013	电力变压器 第 16 部分：风力发电用变压器	修改 IEC 60076-16:2011	全国变压器标准化技术委员会
284			GB/T 1094.18—2016	电力变压器 第 18 部分：频率响应测量	修改 IEC 60076-18:2012	全国变压器标准化技术委员会
285			GB/T 1094.23—2019	电力变压器 第 23 部分：直流偏磁抑制装置	修改 IEC TS 60076-23:2018	全国变压器标准化技术委员会
286			GB/T 1094.101—2008	电力变压器 第 10.1 部分：声级测定 应用导则	等同 IEC 60076-10-1:2005	全国变压器标准化技术委员会
287			GB/T 14048.1—2012	低压开关设备和控制设备 第 1 部分：总则	修改 IEC 60947-1:2011	全国低压电器标准化技术委员会

续表 10

序号	标准类型		标准号	标准名称	相关国际标准	归口单位
288	配电	配套设备	GB/T 14048.2—2020	低压开关设备和控制设备 第 2 部分：断路器	修改 IEC 60947-2:2019	全国低压电器标准化技术委员会
289			GB/T 14048.3—2017	低压开关设备和控制设备 第 3 部分：开关、隔离器、隔离开关及熔断器组合电器	等同 IEC 60947-3:2015	全国低压电器标准化技术委员会
290			GB/T 14048.4—2020	低压开关设备和控制设备 第 4-1 部分：接触器和电动机起动器 机电式接触器和电动机起动器（含电动机保护器）	修改 IEC 60947-4-1:2018	全国低压电器标准化技术委员会
291			GB/T 14048.5—2017	低压开关设备和控制设备 第 5-1 部分：控制电路电器和开关元件 机电式控制电路电器	修改 IEC 60947-5-1:2016	全国低压电器标准化技术委员会
292			GB/T 14048.6—2016	低压开关设备和控制设备 第 4-2 部分：接触器和电动机起动器 交流电动机用半导体控制器和起动器（含软起动器）	等同 IEC 60947-4-2:2011	全国低压电器标准化技术委员会
293			GB/T 14048.7—2016	低压开关设备和控制设备 第 7-1 部分：辅助器件 铜导体的接线端子排	修改 IEC 60947-7-1:2009	全国低压电器标准化技术委员会
294			GB/T 14048.8—2016	低压开关设备和控制设备 第 7-2 部分：辅助器件 铜导体的保护导体接线端子排	修改 IEC 60947-7-2:2009	全国低压电器标准化技术委员会
295			GB/T 14048.9—2008	低压开关设备和控制设备 第 6-2 部分：多功能电器（设备）控制与保护开关电器（设备）（CPS）	等同 IEC 60947-6-2:2007	全国低压电器标准化技术委员会
296			GB/T 14048.10—2016	低压开关设备和控制设备 第 5-2 部分：控制电路电器和开关元件 接近开关	等同 IEC 60947-5-2:2012	全国低压电器标准化技术委员会

续表 10

序号	标准类型		标准号	标准名称	相关国际标准	归口单位
297	配电	配套设备	GB/T 14048.11—2016	低压开关设备和控制设备 第 6-1 部分：多功能电器 转换开关电器	修改 IEC 60947-6-1:2013	全国低压电器标准化技术委员会
298			GB/T 14048.12—2016	低压开关设备和控制设备 第 4-3 部分：接触器和电动机起动器 非电动机负载用交流半导体控制器和接触器	等同 IEC 60947-4-3:2014	全国低压电器标准化技术委员会
299			GB/T 14048.13—2017	低压开关设备和控制设备 第 5-3 部分：控制电路电器和开关元件 在故障条件下具有确定功能的接近开关（PDDB）的要求	等同 IEC 60947-5-3:2013	全国低压电器标准化技术委员会
300			GB/T 14048.14—2019	低压开关设备和控制设备 第 5-5 部分：控制电路电器和开关元件 具有机械锁闩功能的电气紧急制动装置	等同 IEC 60947-5-5：2016	全国低压电器标准化技术委员会
301			GB/T 14048.15—2006	低压开关设备和控制设备 第 5-6 部分：控制电路电器和开关元件 接近传感器和开关放大器的 DC 接口（NAMUR）	等同 IEC 60947-5-6:1999	全国低压电器标准化技术委员会
302			GB/T 14048.16—2016	低压开关设备和控制设备 第 8 部分：旋转电机用装入式热保护（PTC）控制单元	等同 IEC 60947-8:2011	全国低压电器标准化技术委员会
303			GB/T 14048.17—2008	低压开关设备和控制设备 第 5-4 部分：控制电路电器和开关元件 小容量触头的性能评定方法 特殊试验	等同 IEC 60947-5-4:2002	全国低压电器标准化技术委员会

续表 10

序号	标准类型		标准号	标准名称	相关国际标准	归口单位
304	配电	配套设备	GB/T 14048.18—2016	低压开关设备和控制设备 第 7-3 部分：辅助器件 熔断器接线端子排的安全要求	等同 IEC 60947-7-3:2009	全国低压电器标准化技术委员会
305			GB/T 14048.19—2013	低压开关设备和控制设备 第 5-7 部分：控制电路电器和开关元件 用于带模拟输出的接近设备的要求	等同 IEC 60947-5-7:2003	全国低压电器标准化技术委员会
306			GB/T 14048.20—2013	低压开关设备和控制设备 第 5-8 部分：控制电路电器和开关元件 三位使能开关	等同 IEC 60947-5-8:2006	全国低压电器标准化技术委员会
307			GB/T 14048.21—2013	低压开关设备和控制设备 第 5-9 部分：控制电路电器和开关元件 流量开关	等同 IEC 60947-5-9:2006	全国低压电器标准化技术委员会
308			GB/T 14048.22—2017	低压开关设备和控制设备 第 7-4 部分：辅助器件 铜导体的 PCB 接线端子排	等同 IEC 60947-7-4:2013	全国低压电器标准化技术委员会
309			GB/T 16895.1—2008	低压电气装置 第 1 部分：基本原则、一般特性评估和定义	等同 IEC 60364-1:2005	全国低压电器标准化技术委员会
310			GB/T 16895.2—2017	低压电气装置 第 4-42 部分：安全防护 热效应保护	等同 IEC 60364-4-42:2010	全国建筑物电气装置标准化技术委员会
311			GB/T 16895.3—2017	低压电气装置 第 5-54 部分：电气设备的选择和安装 接地配置和保护导体	等同 IEC 60364-5-54:2011	全国建筑物电气装置标准化技术委员会
312			GB/T 16895.4—1997	建筑物电气装置 第 5 部分：电气设备的选择和安装 第 53 章：开关设备和控制设备	等同 IEC 364-5-53:1994	全国建筑物电气装置标准化技术委员会
313			GB/T 16895.5—2012	低压电气装置 第 4-43 部分：安全防护 过电流保护	等同 IEC 60364-4-43:2008	全国建筑物电气装置标准化技术委员会

续表 10

序号	标准类型		标准号	标准名称	相关国际标准	归口单位
314	配电	配套设备	GB/T 16895.6—2014	低压电气装置 第 5-52 部分：电气设备的选择和安装 布线系统	等同 IEC 60364-5-52:2009	全国建筑物电气装置标准化技术委员会
315	配电	配套设备	GB/T 16895.7—2021	低压电气装置 第 7-704 部分：特殊装置或场所的要求 施工和拆除场所的电气装置	等同 IEC 60364-7-704:2017	全国建筑物电气装置标准化技术委员会
316	配电	配套设备	GB/T 16895.8—2010	低压电气装置 第 7-706 部分：特殊装置或场所的要求 活动受限制的可导电场所	等同 IEC 60364-7-706:2005	全国建筑物电气装置标准化技术委员会
317	配电	配套设备	GB/T 16895.9—2000	建筑物电气装置 第 7 部分：特殊装置或场所的要求 第 707 节：数据处理设备用电气装置的接地要求	等同 IEC 60364-7-707:1984	全国建筑物电气装置标准化技术委员会
318	配电	配套设备	GB/T 16895.10—2021	低压电气装置 第 4-44 部分：安全防护 电压骚扰和电磁骚扰防护	等同 IEC 60364-4-44:2018	全国建筑物电气装置标准化技术委员会
319	配电	配套设备	GB/T 16895.13—2012	低压电气装置 第 7-701 部分：特殊装置或场所的要求 装有浴盆和淋浴的场所	等同 IEC 60364-7-701:2006	全国建筑物电气装置标准化技术委员会
320	配电	配套设备	GB/T 16895.14—2010	建筑物电气装置 第 7-703 部分：特殊装置或场所的要求 装有桑拿浴加热器的房间和小间	等同 IEC 60364-7-703:2004	全国建筑物电气装置标准化技术委员会
321	配电	配套设备	GB/T 16895.18—2010	建筑物电气装置 第 5-51 部分：电气设备的选择和安装 通用规则	等同 IEC 60364-5-51:2005	全国建筑物电气装置标准化技术委员会
322	配电	配套设备	GB/T 16895.19—2017	低压电气装置 第 7-702 部分：特殊装置或场所的要求 游泳池和喷泉	等同 IEC 60364-7-702:2010	全国建筑物电气装置标准化技术委员会

续表 10

序号	标准类型		标准号	标准名称	相关国际标准	归口单位
323	配电	配套设备	GB/T 16895.20—2017	低压电气装置 第 5-55 部分：电气设备的选择和安装 其他设备	等同 IEC 60364-5-55:2012	全国建筑物电气装置标准化技术委员会
324			GB/T 16895.21—2020	低压电气装置 第 4-41 部分：安全防护 电击防护	等同 IEC 60364-4-41:2017	全国建筑物电气装置标准化技术委员会
325			GB/T 16895.22—2004	建筑物电气装置 第 5-53 部分：电气设备的选择和安装 隔离、开关和控制设备 第 534 节：过电压保护电器	等同 IEC 60364-5-53:2001	全国建筑物电气装置标准化技术委员会
326			GB/T 16895.23—2020	低压电气装置 第 6 部分：检验	等同 IEC 60364-6:2016	全国建筑物电气装置标准化技术委员会
327			GB/T 16895.24—2005	建筑物电气装置 第 7-710 部分：特殊装置或场所的要求 医疗场所	等同 IEC 60364-7-710:2002	全国建筑物电气装置标准化技术委员会
328			GB/T 16895.25—2005	建筑物电气装置 第 7-711 部分：特殊装置或场所的要求 展览馆、陈列室和展位	等同 IEC 60364-7-711:1998	全国建筑物电气装置标准化技术委员会
329			GB/T 16895.26—2005	建筑物电气装置 第 7-740 部分：特殊装置或场所的要求 游乐场和马戏场中的构筑物、娱乐设施和棚屋	等同 IEC 60364-7-740:2000	全国建筑物电气装置标准化技术委员会
330			GB/T 16895.27—2012	低压电气装置 第 7-705 部分：特殊装置或场所的要求 农业和园艺设施	等同 IEC 60364-7-705:2006	全国建筑物电气装置标准化技术委员会
331			GB/T 16895.28—2017	低压电气装置 第 7-714 部分：特殊装置或场所的要求 户外照明装置	等同 IEC 60364-7-714:2011	全国建筑物电气装置标准化技术委员会
332			GB/T 16895.29—2008	建筑物电气装置 第 7-713 部分：特殊装置或场所的要求 家具	等同 IEC 60364-7-713:1996	全国建筑物电气装置标准化技术委员会

续表 10

序号	标准类型		标准号	标准名称	相关国际标准	归口单位
333	配电	配套设备	GB/T 16895.30—2008	建筑物电气装置 第 7-715 部分：特殊装置或场所的要求 特低电压照明装置	等同 IEC 60364-7-715:1999	全国建筑物电气装置标准化技术委员会
334			GB/T 16895.31—2008	建筑物电气装置 第 7-717 部分：特殊装置或场所的要求 移动的或可搬运的单元	等同 IEC 60364-7-717:2001	全国建筑物电气装置标准化技术委员会
335			GB/T 16895.32—2021	低压电气装置 第 7-712 部分：特殊装置或场所的要求 太阳能光伏（PV）电源系统	等同 IEC 60364-7-712:2017	全国建筑物电气装置标准化技术委员会
336			GB/T 16895.33—2021	低压电气装置 第 5-56 部分：电气设备的选择和安装 安全设施	等同 IEC 60364-5-56:2018	全国建筑物电气装置标准化技术委员会
337			GB/T 16895.34—2018	低压电气装置 第 7-753 部分：特殊装置或场所的要求 加热电缆及埋入式加热系统	等同 IEC 60364-7-753:2014	全国建筑物电气装置标准化技术委员会
338			GB/T 17467—2020	高压 / 低压预装式变电站	—	全国高压开关设备标准化技术委员会
339			GB/T 34121—2017	智能变电站继电保护配置工具技术规范	—	中国电力企业联合会
340			GB/T 34126—2017	站域保护控制装置技术导则	—	中国电力企业联合会
341			GB/T 40823—2021	配电变电站用紧凑型成套设备（CEADS）	—	全国高压开关设备标准化技术委员会
342	架空线缆	基础标准	GB/T 2900.51—1998	电工术语 架空线路	等同 IEC 60050（466）:1990	全国电工术语标准化技术委员会
343			DL/T 487—2000	330 kV 及 500 kV 交流架空送电线路绝缘子串的分布电压	—	国家经济贸易委员会

续表 10

序号	标准类型		标准号	标准名称	相关国际标准	归口单位
344	架空线缆	基础标准	DL/T 5092—1999	110 kV ～ 500 kV 架空送电线路设计技术规程	—	电力工业部
345			DL/T 5217—2013	220 kV ～ 500 kV 紧凑型架空输电线路设计技术规程	—	能源行业电网设计标准化技术委员会
346			DL/T 5219—2014	架空输电线路基础设计技术规程	—	能源行业电网设计标准化技术委员会
347			DL/T 5451—2012	架空输电线路工程初步设计内容深度规定	—	能源行业电网设计标准化技术委员会
348			DL/T 5463—2012	110 kV ～ 750 kV 架空输电线路施工图设计内容深度规定	—	能源行业电网设计标准化技术委员会
349			DL/T 5485—2013	110 kV ～ 750 kV 架空输电线路大跨越设计技术规程	—	能源行业电网设计标准化技术委员会
350			DL 5497—2015	高压直流架空输电线路设计技术规程	—	电力规划设计总院
351			DL/T 5504—2015	特高压架空输电线路大跨越设计技术规程	—	电力规划设计总院
352			DL/T 5536—2017	直流架空输电线路对无线电台影响防护设计规范	—	中国电力企业联合会
353			DL/T 5539—2018	采动影响区架空输电线路设计规范	—	中国电力企业联合会
354			DL/T 5551—2018	架空输电线路荷载规范	—	中国电力企业联合会
355			DL/T 5629—2021	架空输电线路钢骨钢管混凝土结构设计技术规程	—	电力规划设计总院
356			SY/T 6969—2013	沿海滩涂地区油田 10（6）kV 架空配电线路设计规范	—	石油工程建设专业标准化委员会
357		材料标准	GB/T 1179—2017	圆线同心绞架空导线	修改 IEC 61089:1991	全国裸电线标准化技术委员会
358			GB/T 3428—2012	架空绞线用镀锌钢线	修改 IEC 60888:1987	全国裸电线标准化技术委员会

续表 10

序号	标准类型		标准号	标准名称	相关国际标准	归口单位
359	架空线缆	材料标准	GB/T 12527—2008	额定电压 1 kV 及以下架空绝缘电缆	—	全国电线电缆标准化技术委员会
360			GB/T 12971.1—2008	电力牵引用接触线 第 1 部分：铜及铜合金接触线	—	全国裸电线标准化技术委员会
361			GB/T 14049—2008	额定电压 10 kV 架空绝缘电缆	—	全国电线电缆标准化技术委员会
362			GB/T 17048—2009	架空绞线用硬铝线	—	全国裸电线标准化技术委员会
363			GB/T 20141—2018	型线同心绞架空导线	修改 IEC 62219:2002	全国裸电线标准化技术委员会
364			GB/T 23308—2009	架空绞线用铝－镁－硅系合金圆线	等同 IEC 60104:1987	全国裸电线标准化技术委员会
365			GB/T 26874—2011	高压架空线路用长棒形瓷绝缘子元件特性	修改 IEC 60433:1998	全国绝缘子标准化技术委员会
366			GB/T 29324—2012	架空导线用纤维增强树脂基复合材料芯棒	—	全国裸电线标准化技术委员会
367			GB/T 29325—2012	架空导线用软铝型线	—	全国裸电线标准化技术委员会
368			GB/T 30550—2014	含有一个或多个间隙的同心绞架空导线	等同 IEC 62420:2008	全国裸电线标准化技术委员会
369			GB/T 30551—2014	架空绞线用耐热铝合金线	等同 IEC 62004:2007	全国裸电线标准化技术委员会
370			GB/T 32502—2016	复合材料芯架空导线	—	全国裸电线标准化技术委员会
371			GB/T 36551—2018	同心绞架空导线性能计算方法	修改 IEC TR 61597:1995	全国裸电线标准化技术委员会
372			DL/T 1307—2013	铝基陶瓷纤维复合芯超耐热铝合金绞线	—	全国架空线路标准化技术委员会
373			JB/T 10260—2014	架空绝缘电缆用绝缘料	—	全国电线电缆标准化技术委员会
374			JB/T 13795—2020	额定电压 20 kV 及以下中强度铝合金导体架空绝缘电缆	—	工业和信息化部

续表 10

序号	标准类型		标准号	标准名称	相关国际标准	归口单位
375	架空线缆	材料标准	NB/T 10305—2019	架空线路预绞式金具用铝合金线	—	全国电线电缆标准化技术委员会
376			NB/T 42042—2014	架空绞线用中强度铝合金线	—	国家能源局
377			NB/T 42060—2015	钢芯耐热铝合金架空导线	—	全国裸电线标准化技术委员会
378		技术规范	GB/T 24834—2009	1000 kV 交流架空输电线路金具技术规范	—	全国特高压交流输电标准化技术委员会
379			GB/T 25094—2010	架空输电线路抢修杆塔通用技术条件	—	全国架空线路标准化技术委员会
380			GB/T 28813—2012	± 800 kV 直流架空输电线路运行规程	—	全国高压直流输电工程标准化技术委员会
381			GB/T 32673—2016	架空输电线路故障巡视技术导则	—	全国架空线路标准化技术委员会
382			GB/T 35695—2017	架空输电线路涉鸟故障防治技术导则	—	全国架空线路标准化技术委员会
383			GB/T 35697—2017	架空输电线路在线监测装置通用技术规范	—	全国电力设备状态维修与在线监测标准化技术委员会
384			DL/T 251—2012	± 800 kV 直流架空输电线路检修规程	—	电力行业高压直流输电技术标准化技术委员会
385			DL/T 288—2012	架空输电线路直升机巡视技术导则	—	全国电力架空线路标准化技术委员会
386			DL/T 289—2012	架空输电线路直升机巡视作业标志	—	全国电力架空线路标准化技术委员会
387			DL/T 307—2010	1000 kV 交流架空输电线路运行规程	—	特高压交流输电标准化技术工作委员会
388			DL/T 436—2005	高压直流架空送电线路技术导则	—	电力行业高压直流输电技术标准化技术委员会
389			DL/T 741—2019	架空输电线路运行规程	—	国家能源局

续表 10

序号	标准类型		标准号	标准名称	相关国际标准	归口单位
390	架空线缆	技术规范	DL/T 858—2004	架空配电线路带电安装及作业工具设备	—	全国带电作业标准化技术委员会
391			DL/T 875—2016	架空输电线路施工机具基本技术要求	—	中国电力企业联合会
392			DL/T 1007—2006	架空输电线路带电安装导则及作业工具设备	—	全国带电作业标准化技术委员会
393			DL/T 1058—2016	交流架空线路用复合相间间隔棒技术条件	—	中国电力企业联合会
394			DL/T 1069—2016	架空输电线路导地线补修导则	—	中国电力企业联合会
395			DL/T 1184—2012	1000 kV 输电线路铁塔、导线、金具和光纤复合架空地线监造导则	—	特高压交流输电标准化技术工作委员会
396			DL/T 1248—2013	架空输电线路状态检修导则	—	全国电力架空线路标准化技术委员会
397			DL/T 1292—2013	配电网架空绝缘线路雷击断线防护导则	—	电力行业过电压与绝缘配合标准化技术委员会
398			DL/T 1293—2013	交流架空输电线路绝缘子并联间隙使用导则	—	电力行业过电压与绝缘配合标准化技术委员会
399			DL/T 1310—2013	架空输电线路旋转连接器	—	中国电力企业联合会
400			DL/T 1372—2014	架空输电线路跳线技术条件	—	全国架空线路标准化技术委员会
401			DL/T 1482—2015	架空输电线路无人机巡检作业技术导则	—	中国电力企业联合会
402			DL/T 1519—2016	交流输电线路架空地线接地技术导则	—	中国电力企业联合会
403			DL/T 1609—2016	架空输电线路除冰机器人作业导则	—	中国电力企业联合会
404			DL/T 1615—2016	碳纤维复合材料芯架空导线运行维护技术导则	—	中国电力企业联合会

续表 10

序号	标准类型		标准号	标准名称	相关国际标准	归口单位
405	架空线缆	技术规范	DL/T 1720—2017	架空输电线路直升机带电作业技术导则	—	中国电力企业联合会
406			DL/T 1722—2017	架空输电线路机器人巡检技术导则	—	中国电力企业联合会
407			DL/T 1923—2018	架空输电线路机器人巡检系统通用技术条件	—	中国电力企业联合会
408			DL/T 5284—2019	碳纤维复合材料芯架空导线施工工艺导则	—	国家能源局
409			DL/T 5285—2018	输变电工程架空导线（800 mm^2 以下）及地线液压压接工艺规程	—	中国电力企业联合会
410		试验方法	DL/T 1935—2018	架空导线载流量试验方法	—	中国电力企业联合会
411			GB/T 22077—2008	架空导线蠕变试验方法	等同 IEC 61395:1998	全国裸电线标准化技术委员会
412			GB/T 22709—2008	架空线路玻璃或瓷绝缘子串元件绝缘体机械破损后的残余强度	修改 IEC/TR 60797:1984	全国绝缘子标准化技术委员会
413			GB/T 36279—2018	架空导线自阻尼特性测试方法	修改 IEC 62567:2013	全国裸电线标准化技术委员会
414			GB/T 40819—2021	架空线缆微风振动疲劳试验方法	非等效 IEC 62568:2015	全国裸电线标准化技术委员会
415			DL/T 501—2017	高压架空输电线路可听噪声测量方法	—	中国电力企业联合会
416			DL/T 988—2005	高压交流架空送电线路、变电站工频电场和磁场测量方法	—	中国电力企业联合会标准化中心
417			DL/T 1179—2012	1000 kV 交流架空输电线路工频参数测量导则	—	特高压交流输电标准化技术工作委员会
418		监测与评估	GB/T 25095—2020	架空输电线路运行状态监测系统	—	全国架空线路标准化技术委员会

续表 10

序号	标准类型		标准号	标准名称	相关国际标准	归口单位
419	架空线缆	监测与评估	DL/T 1249—2013	架空输电线路运行状态评估技术导则	—	全国电力架空线路标准化技术委员会
420			DL/T 1481—2015	架空输电线路故障风险计算导则	—	中国电力企业联合会
421			DL/T 1508—2016	架空输电线路导地线覆冰监测装置	—	中国电力企业联合会
422			DL/T 1570—2016	架空输电线路涉鸟故障风险分级及分布图绘制	—	中国电力企业联合会
423			DL/T 5462—2012	架空输电线路覆冰观测技术规定	—	能源行业电网设计标准化技术委员会
424			DL/T 5509—2015	架空输电线路覆冰勘测规程	—	电力规划设计总院
425			DL/T 5549—2018	输电工程（架空线路）技术经济指标编制导则	—	中国电力企业联合会
426		配套装备	GB/T 1001.1—2021	标称电压高于 1000 V 的架空线路绝缘子 第 1 部分：交流系统用瓷或玻璃绝缘子元件 定义、试验方法和判定准则	修改 IEC 60383—1:1993	全国绝缘子标准化技术委员会
427			GB/T 1001.2—2010	标准电压高于 1000 V 的架空线路绝缘子 第 2 部分：交流系统用绝缘子串及绝缘子串组 定义、试验方法和接收准则	修改 IEC 60383—2:1993	全国绝缘子标准化技术委员会
428			GB/T 7253—2019	标称电压高于 1000 V 的架空线路绝缘子 交流系统用瓷或玻璃绝缘子元件 盘形悬式绝缘子元件的特性	修改 IEC 60305:1995	全国绝缘子标准化技术委员会
429			GB/T 19443—2017	标称电压高于 1500 V 的架空线路用绝缘子 直流系统用瓷或玻璃绝缘子串元件 定义、试验方法及接收准则	修改 IEC 61325:1995	全国绝缘子标准化技术委员会

续表 10

序号	标准类型		标准号	标准名称	相关国际标准	归口单位
430	架空线缆	配套装备	GB/T 19519—2014	架空线路绝缘子 标称电压高于 1000 V 交流系统用悬垂和耐张复合绝缘子 定义、试验方法及接收准则	修改 IEC 61109:2008	全国绝缘子标准化技术委员会
431			GB/T 20142—2006	标称电压高于 1000 V 的交流架空线路用线路柱式复合绝缘子——定义、试验方法及接收准则	修改 IEC 61952:2002	全国绝缘子标准化技术委员会
432			GB/T 21421.1—2021	标称电压高于 1000 V 的架空线路用复合绝缘子串元件 第 1 部分：标准强度等级和端部装配件	修改 IEC 61466-1:2016	全国绝缘子标准化技术委员会
433			GB/T 21421.2—2014	标称电压高于 1000 V 的架空线路用复合绝缘子串元件 第 2 部分：尺寸与特性	修改 IEC 61466-2:2002	全国绝缘子标准化技术委员会
434			GB/T 22709—2008	架空线路玻璃或瓷绝缘子串元件绝缘体机械破损后的残余强度	修改 IEC/TR 60797:1984	全国绝缘子标准化技术委员会
435			GB/T 25084—2010	标称电压高于 1000 V 的架空线路用绝缘子串和绝缘子串组 交流工频电弧试验	修改 IEC 61467:2008	全国绝缘子标准化技术委员会
436			GB/T 26874—2011	高压架空线路用长棒形瓷绝缘子元件特性	修改 IEC 60433:1998	全国绝缘子标准化技术委员会
437			GB/T 32520—2016	交流 1 kV 以上架空输电和配电线路用带外串联间隙金属氧化物避雷器（EGLA）	修改 IEC 60099-8:2011	全国避雷器标准化技术委员会
438			GB/T 34937—2017	架空线路绝缘子 标称电压高于 1500 V 直流系统用悬垂和耐张复合绝缘子 定义、试验方法及接收准则	—	全国绝缘子标准化技术委员会
439			GB/T 36292—2018	架空导线用防腐脂	修改 IEC 61394:2011	全国裸电线标准化技术委员会

续表 10

序号	标准类型		标准号	标准名称	相关国际标准	归口单位
440	架空线缆	配套装备	DL/T 257—2012	高压交直流架空线路用复合绝缘子施工、运行和维护管理规范	—	电力行业绝缘子标准化技术委员会
441			DL/T 763—2013	架空线路用预绞式金具技术条件	—	全国架空线路标准化技术委员会
442			DL/T 765.1—2001	架空配电线路金具技术条件	—	全国架空线路标准化技术委员会
443			DL/T 765.2—2004	额定电压 10 kV 及以下架空裸导线金具	—	全国架空线路标准化技术委员会
444			DL/T 765.3—2004	额定电压 10 kV 及以下架空绝缘导线金具	—	全国架空线路标准化技术委员会
445			DL/T 1000.2—2015	标称电压高于 1000 V 架空线路用绝缘子使用导则 第 2 部分：直流系统用瓷或玻璃绝缘子	—	中国电力企业联合会
446			DL/T 1000.3—2015	标称电压高于 1000 V 架空线路用绝缘子使用导则 第 3 部分：交流系统用棒形悬式复合绝缘子	—	中国电力企业联合会
447			DL/T 1006—2006	架空输电线路巡检系统	—	中国电力企业联合会
448			DL/T 1122—2009	架空输电线路外绝缘配置技术导则	—	全国电力架空输电线路标准化技术委员会
449			DL/T 1192—2012	架空输电线路接续管保护装置	—	中国电力企业联合会
450			DL/T 1578—2016	架空输电线路无人直升机巡检系统	—	中国电力企业联合会
451			JB/T 9680—2012	高压架空输电线路地线用绝缘子	—	全国绝缘子标准化技术委员会
452			JB/T 10585.1—2006	低压电力线路绝缘子 第 1 部分：低压架空电力线路绝缘子	—	全国绝缘子标准化技术委员会

续表 10

序号	标准类型		标准号	标准名称	相关国际标准	归口单位
453	架空线缆	配套装备	JB/T 10585.2—2006	低压电力线路绝缘子 第 2 部分：架空电力线路用拉紧绝缘子	—	全国绝缘子标准化技术委员会
454			JB/T 11219.1—2011	高压架空线路复合绝缘子用端部装配件 第 1 部分：绝缘子串元件用端部装配件	—	全国绝缘子标准化技术委员会

表 11　粤港澳电力供应相关标准指标对比

<table>
<tr><th>序号</th><th>对比指标</th><th>广东
（GB/T 156—2017；
GB/T 762—2002；
GB/T 12325—2008；
GB/T 15945—2008；
GB/T 24337—2009）</th><th>香港
（《香港法例》第406章及附属规例）</th><th>澳门
（第 53/98/M 号法令；第 43/91/M 号法令）</th><th>对比结果</th></tr>
<tr><td>1</td><td>标准电压 /V</td><td>220/380；
380/660；
1000；
（1140）</td><td>220/380</td><td>230/400；
11000</td><td>《香港法例》中规定了 1 种电压；澳门规定了 2 种，其他用电模式单独审批；国家标准规定了 4 种可选电压；
另外，澳门电压值比国家标准、香港同级别电压值稍高</td></tr>
<tr><td>2</td><td>牵引系统的标称电压（直流）/V</td><td>250/550/（600）/
750/1500/3000；
5/12/15/24/36/48/60；
（2.4/3/4/4.5/6/7.5/9/30/40/
72/80/96/125/440/600）</td><td rowspan="3">—</td><td rowspan="3">—</td><td rowspan="3">国家标准有规定，香港和澳门没有具体的要求</td></tr>
<tr><td>3</td><td>牵引系统的标称电压（交流单相）/V</td><td>25000</td></tr>
<tr><td>4</td><td>交流三项标称电压 /kV</td><td>3/6/10/20/35；
66/110/220；
330/500/750/1000</td></tr>
</table>

续表 11

<table>
<tr><th>序号</th><th>对比指标</th><th>广东
（GB/T 156—2017；
GB/T 762—2002；
GB/T 12325—2008；
GB/T 15945—2008；
GB/T 24337—2009）</th><th>香港
（《香港法例》第406章及附属规例）</th><th>澳门
（第53/98/M号法令；第43/91/M号法令）</th><th>对比结果</th></tr>
<tr><td>5</td><td>高压直流输电电压/V</td><td>160/320/500/800/1100；
（200，400，660）</td><td>—</td><td>—</td><td>国家标准有规定，香港和澳门没有具体的要求</td></tr>
<tr><td>6</td><td>交流设备额定电压</td><td>6/12/24/48/110</td><td rowspan="2">—</td><td rowspan="2">—</td><td rowspan="2">国家标准有规定，香港和澳门没有具体的要求</td></tr>
<tr><td>7</td><td>直流设备额定电压</td><td>6/12/24/36/48/60/72/96/110/220</td></tr>
<tr><td>8</td><td>频率/Hz</td><td>50/100/150/200/250/300/400/500/1000/2000/4000/10000；
（600/750/1200/1500/2400/3000/8000）</td><td>50</td><td>50</td><td>香港和澳门一致，均只有一个50 Hz的标准；国家标准提供了12个优选值和7个备选值</td></tr>
<tr><td>9</td><td>35 kV及以上供电电压允许偏差</td><td>± 10%</td><td rowspan="2">—</td><td rowspan="2">—</td><td rowspan="2">国家标准有规定，香港和澳门没有具体的要求</td></tr>
<tr><td>10</td><td>20 kV及以下三相供电电压允许偏差</td><td>± 7%</td></tr>
<tr><td>11</td><td>220 V单向供电电压允许偏差</td><td>+7%，−10%</td><td rowspan="2">± 6%</td><td rowspan="2">± 5% ～ 10%</td><td rowspan="2">香港和澳门采用一个偏差要求，澳门对电压波动的要求范围宽；国家标准的要求较宽松，规定方式有所不同</td></tr>
<tr><td>12</td><td>380 V相导体间供电电压允许偏差</td><td>± 7%</td></tr>
<tr><td>13</td><td>频率允许偏差</td><td>± 0.2 Hz（系统容量较小时 ± 0.5 Hz）</td><td>± 2%</td><td>± 2%</td><td>香港和澳门一致，国家标准稍有不同但相差不大</td></tr>
</table>

续表 11

序号	对比指标	广东 （GB/T 156—2017； GB/T 762—2002； GB/T 12325—2008； GB/T 15945—2008； GB/T 24337—2009）	香港 （《香港法例》第406章及附属规例）	澳门 （第53/98/M号法令；第43/91/M号法令）	对比结果
14	电流额定值	93个可选额定值	—	—	国家标准有规定，香港和澳门没有具体的要求
15	电压波动	1%～4%，分别规定低压、中压、高压、超高压四个波动频率段的限值要求，并规定了闪变的限值	—	—	
16	间谐波	0.13%～0.5%，分别规定了两个电压段、两个频率段的公共连接点和单个用户的间谐波含有率限值	—	—	
17	线路绝缘测试	电线电缆类型多，使用环境多，测试方式不统一	低压和中压干线，至少进行200 V压力测试；高压线路使用前需能够承受半小时的持续最高压力（低于10000V）的双倍压力或10000 V的测试	—	香港和澳门从电力安全的角度设置了指标要求，指标类型和水平等级稍有差异；国家标准对不同产品类型和使用环境的要求不同，分布在具体产品或环境电力安全的标准中
18	电线物理化学性能		符合英国工程标准协会的要求	—	

续表 11

序号	对比指标	广东（GB/T 156—2017；GB/T 762—2002；GB/T 12325—2008；GB/T 15945—2008；GB/T 24337—2009）	香港（《香港法例》第406章及附属规例）	澳门（第53/98/M号法令；第43/91/M号法令）	对比结果
19	导线破裂载荷/kg	电线电缆类型多，使用环境多，测试方式不统一	561.1（引入线370.1）	—	香港和澳门从电力安全的角度设置了指标要求，指标类型和水平等级稍有差异；国家标准对不同产品类型和使用环境的要求不同，分布在具体产品或环境电力安全的标准中
20	铜导线中的铜含量/（$kg \cdot m^{-1}$）		0.115（引入线0.074）		
21	导线最小横截面积/mm^2		22.3（引入线14.3，不得小于7股第22号线规）	16（不得小于7股）横截面积不得小于35 mm^2	
22	电线和电缆及其支撑物最低风压测试/$kg \cdot m^{-2}$		163.3（21.1 ℃）	—	

第三节　道路交通工程

【案例 6】港珠澳大桥

港珠澳大桥跨越伶仃洋海域，东接香港特别行政区，西接广东省珠海市和澳门特别行政区，属于超大型跨海项目。这类代表交通建设行业高技术水平的项目，一般需要通过“边立项、边研发、边制定标准、边建设”的模式完成。由于该项目跨越粤港澳三地，在合作开展研究和进行标准制修订方面具有复杂性。在设计寿命方面，香港和澳门参考国际标准规定大桥的设计寿命为 120 年，内地则根据公路桥梁使用现状和以往的设计经验规定大桥的设计基准期为 100 年，项目最后拟定大桥寿命为 120 年；在原材料方面，大桥建设所用原材料基本来自内地，材料标准大都选用内地标准，但要参考国际标准和其他发达国家和地区的标准进行对比，大桥的原材料标准需要重新制定；在结构设计方面，目前内地和香港均未有专门针对海底沉管隧道或盾构隧道结构的设计规范，两地标准中的指标，都属于基本指标，不能满足港珠澳大桥的设计要求，需要研发新的技术并制定标准。事实上，在项目拟定和“边建设边研发”的过程中，重新研发和制定的项目标准（企业标准）非常多，工程相关方在项目标准的研发和制定方面付出了非常多的时间和精力。

【案例 7】皇岗—落马洲第二公路桥

港珠澳大桥的标准问题是由其特殊的建筑环境和建设意义决定的，而 2003 年皇岗—落马洲第二公路桥[9]建设过程中的标准协调问题，更能说明一般建筑工程领域的标准化协调问题。基于原有皇岗—落马洲跨境大桥的 4 条车道已不能满足当时每天 23985 辆车流量的通行需求，2003 年经深港双方政府协商同意，拟在旧桥东侧新建一座第二公路大桥。该工程是一个由深港合办的工程，按深港双方业主的要求，该工程的设计必须满足深港两地设计标准中的较高要求。在皇岗—落马洲第二公路桥的标准选择过程中，主要研究指标有 10 项，其中 1 项指标不存在内地和香港的差异，可以直接采用标准指标，另有 5 项指标需要采用香港方的标准，有 1 项标准采用内地标准，还有 3 项标准不能同时满足双方的要求，需要根据实际情况拟定新的标准要求，进行标准研发（见表 12）。需要拟定新标准指标的任务占总标准指标的 30%。但由于该标准项目的研发针对的是本项目，没有考虑其他项目的适用性，因而本项目标准成果的可推广性不强，其研究成果被直接复制推广的可能性较小。

表 12　皇岗—落马洲第二公路桥拟采用标准指标对比

<table>
<tr><th>序号</th><th>对比类型</th><th>深圳</th><th>香港</th></tr>
<tr><td>0-1</td><td>执行标准</td><td>JTG B01—2003《公路工程技术标准》；
JTJ 021—89《公路桥涵设计通用规范》；
JTJ 023—85《公路钢筋混凝土及预应力混凝土桥涵设计规范》；
JTJ 024—85《公路桥涵地基与基础设计规范》</td><td>SDMHR: Structures Design Manual for Highways and Railways；
BD 37/01: Loads for Highways Bridges；
BS 5400: Steel, Concrete and Composite Bridges；
GEO Publication No. 1/96: Pile Design and Construction</td></tr>
<tr><td>0-2</td><td>设计要求</td><td colspan="2">设计寿命为 120 年，主要零件在 120 年内无须更换组件，只需维修及修理；次要结构（支座、伸缩缝等）组件可更换以保持 50 年的设计寿命</td></tr>
<tr><td rowspan="2">1</td><td rowspan="2">永久荷载和附加永久荷载</td><td>计算过程复杂，且计算结果比香港标准的要求低</td><td>钢筋混凝土 24.5 kN/m^3，钢 77 kN/m^3，沥青铺面 23 kN/m^3</td></tr>
<tr><td colspan="2">对比结果：采用香港标准</td></tr>
</table>

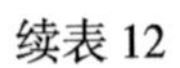

续表 12

序号	对比类型	深圳	香港
2	汽车荷载	有车道荷载和车辆荷载之分； 车道荷载总重是香港的 0.34 ～ 0.68； 汽车荷载引起的效应小于香港标准； 车辆荷载不参与车道荷载的叠加	有车道荷载和车辆荷载之分； 车道荷载总重是深圳的 1.47～2.94 倍； 汽车荷载引起的效应大于深圳标准； 车辆荷载参与车道荷载的叠加
		对比结果：综合两地标准，按照桥梁的实际使用需要，设计新的标准	
3	风载	平均风速 2.6 m/s（最大极限风速 40 m/s）	风压 2.8 kPa（最大极限风速 68 m/s）
		对比结果：采用香港标准	
4	温度效应	体系温度两地接近； 主梁上下缘日照温差 ±5 ℃	体系温度两地接近； 主梁上下缘日照温差 ±10 ℃
		对比结果：采用香港标准	
5	混凝土收缩及徐变	混凝土收缩和徐变计算采用的长期弹性模量值，相似； 徐变系数，大致相同； 混凝土收缩系数，深圳较小，数值约为香港的一半	混凝土收缩和徐变计算采用的长期弹性模量值，相似； 徐变系数，大致相同； 混凝土收缩系数，香港标准较内地标准大，数值约为内地的 2 倍
		对比结果：综合两地标准，按照混凝土的采购要求和实际情况，设计新的标准	
6	支座更换	没有特别说明	有严格要求
		对比结果：采用香港标准，容许 10 mm 的竖向顶升位移	
7	疲劳	内地标准只有铁路规范有耐疲劳性，公路规范没有； 两地均没有具体的产品标准，需马上研发	香港采用 DDENV 1992-2:2001 评估疲劳耐久性，提供一个 120 年设计寿命的评估方法
		对比结果：采用香港标准	
8	荷载系数	相似	相似
		对比结果：使用统一的指标	
9	混凝土	标号和强度等级要求相同； 混凝土弹性模量较香港高，约为香港的 1.3 ～ 1.49 倍； 钢筋名义保护层厚度较小	标号和强度等级要求相同； 混凝土弹性模量较深圳低，约为深圳的 67% ～ 70%； 钢筋名义保护层厚度较大
		对比结果：综合两地标准，按照混凝土的采购要求和实际情况，以及桥梁设计要求，设计新的标准	

续表 12

序号	对比类型	深圳	香港
10	钢筋、预应力钢绞线	标准强度和弹性模量相差不大； 材料具体指标有差异	标准强度和弹性模量相差不大； 材料具体指标有差异
		对比结果：在满足标准强度和弹性模量的前提下，其他的材料具体指标的取值以内地标准为主（主要原因是材料均来自内地）	

注：由于不同的设计标准是基于不同的概念，而标准的内部指标之间是一个系统的整体，会相互影响和牵制，因此从一个标准摘取某一点与另一个标准的某一点进行比较或合并使用是不合理的，甚至是危险的。例如，不考虑原材料的特性、测试方法、质量管理过程等，单纯地对比汽车荷载是不合理的。

【案例 8】道路标识

交通标识是现代道路系统的一部分，其设计和设置标准直接影响道路交通的安全性和使用效率。我国的首部交通标识标准是 1955 年颁布的《城市交通规则》，设置了 28 种交通标识。到 2009 年 GB 5768.2—2009 实施，交通标识数量已经发展到了 188 种，后续又优化到了四大类 114 种，共计 400 多项图标。香港和澳门的道路交通标识设置与其特殊的历史背景有关，延续了被占领时期的部分标识标志，并且也在持续优化过程中。香港现行的《道路交通条例》始于 1982 年，目前与道路标识相关的内容集中在《香港法例》第 374G 章《道路交通（交通管制）规例》，其中附件 1 规定了 189 种交通标识。澳门公路秩序规章制度《道路法典》是 1957 年颁布的，该法典中包含了道路标识标准。2007 年颁布的《道路交通法》取代了原有的《道路法典》。交通事务局于 2011 年依据当年度修订的《道路交通法》和《道路交通规章》编制了《道路交通标志、标记及标线一般工作指引》，并于 2016 年进行了修订，2021 年版是这一文件的第三版，其附件规定了 39 类 213 种交通标识（不包含编号为 S 的标识）。

与内地和澳门相比，香港的交通标识中有大量长方形或正方形的文字类标识，特别是在指示类标识中，大量应用文字的方法能清晰地传递指示信息，但同时大量文字占用的标识版面更多。在符号或图例类标识中，香港将已有的或新建的标识直接收集和编号，没有进行系统分类。与香港和澳门相比，内地的交通标识数量最多，但基本归类在三大类 114 小类中。

表 13 以粤港澳三地交通标识对比的方式，列出了三地的主要交通标识。总体而言，内地和澳门基本按照禁令类标识、警告类标识和指示类标识三大类进行规范。澳门的标识相对更加细致，例如警告类标识“注意行人”，澳门标准里规定了不同斑马线形式、不同行进方向、不同人物类型的标识，香港只规定了 3 种，分别是在图例中有单车的、单人的和带小孩的，而内地仅规定了 1 种。同样，警告类标识“注意儿童”，澳门规定了 4 种，包括成人带着儿童和只有儿童的图例，且分别有 2 种荧光色底面标识的标志，而香港和内地均只规定了 1 种标志。指示类标识“人行道”，澳门规定了 6 种，包括不

同斑马线、不同人物类型、不同行走方向、不同荧光色均有单独的标识，而内地仅有1种。对于“有优先权道路”的标识，澳门有3种不同的表示方法，一是在警告类标识的“交叉路口”部分，将优先权道路加粗，二是在指示类标识中使用正方形外框将有弧度或弯曲的优先权道路加粗，三是使用中心黄色外框黑色的菱形表示“本道路优先”；香港和内地均只有1种表达方式，香港是在警告类标识“交叉路口”部分，将优先权道路加粗，内地是在指示类标识“优先权道路”中将优先权道路加粗。此外，三地对“有优先权道路”标识的警告或指示的意义也不同。

粤港澳三地使用的道路标识中，有个别三地通用的标识，通用标识基本全部集中在禁止标识中，如部分禁止通行、禁止转弯、禁止掉头、禁止停车、限高、限宽、限重图标。但同时包含容易出现歧义的标识，如禁止标识中禁止某类车辆或行人通行的标识，内地和香港的标识中间有红色斜线，而澳门则没有，容易误判为意义完全相反的“无须禁止通行”，造成严重后果。在警告类标识方面最明显的差异是内地采用黄底黑字，而香港和澳门使用白底红字。除颜色区别外，警告类标识的图标大致相似，但有两个容易引起歧义的标识，分别是澳门的“航空跑道”标识和香港的“低空飞机”标识，虽然图标上飞机的飞行角度不同，但不容易被区分。另外，澳门的“请先通过”标识与香港的“前方有停车或让路标志”标识相同，但含义不同，甚至司机或行人可能做出相反的判断。同时，香港的警告类标识中包含大量文字类标识，内地和澳门的文字类标识相对较少。在指示类标识中，同类标识的差别相对较小，但香港仍然包含大量文字类标识，内地和澳门的文字类标识相对较少。

在粤港澳大湾区的建设框架下，粤港澳三地的人、财、物流通愈加频繁。三地在车辆管理制度、道路交通规则、道路标识方面不一致的情况，已经在很长时间内制约着三地的交流互动，包括由于道路交通规则不同导致的司机职业在两地流通的障碍、往来人员使用自驾交通工具进行交流的障碍、往来人员在其他两地驾驶车辆的障碍，等等。相对来说，交通标识标准的不一致，是相对容易突破的障碍，可进行有针对性的研究和规范。

表13 粤港澳三地交通标识对比

序号	对比内容	标识编号	GB 5768.2—2009《道路交通标志和标线第2部分：道路交通标志》	《香港法例》第374G章《道路交通（交通管制）规例》	澳门交通事务局《道路交通标志、标记及标线一般工作指引》（2021年）	对比结果
1	转弯	国家标准4.3、4.4、4.5；澳门1				国家标准的转弯类型更多，国家标准的反向转弯标志与

续表 13

序号	对比内容	标识编号	GB 5768.2—2009《道路交通标志和标线第2部分：道路交通标志》	《香港法例》第374G章《道路交通（交通管制）规例》	澳门交通事务局《道路交通标志、标记及标线一般工作指引》（2021年）	对比结果
1	转弯	国家标准4.3、4.4、4.5；澳门1	 30km/h 40km/h 40 40 40 R=60m 30km/h 长度600m	无	无	澳门的先左转后右转、先右转后左转相似，容易误认
2	交叉	国家标准4.2、4.42、6.13；香港202、203、213～217；澳门2、7i				国家标准的交叉类型更多，国家标准显示优先道路的图标有不同的颜色

续表 13

序号	对比内容	标识编号	GB 5768.2—2009《道路交通标志和标线第2部分：道路交通标志》	《香港法例》第374G章《道路交通（交通管制）规例》	澳门交通事务局《道路交通标志、标记及标线一般工作指引》（2021年）	对比结果
3	路面不平	国家标准4.24、4.25、4.26、4.27；香港220、249～250、263；澳门3	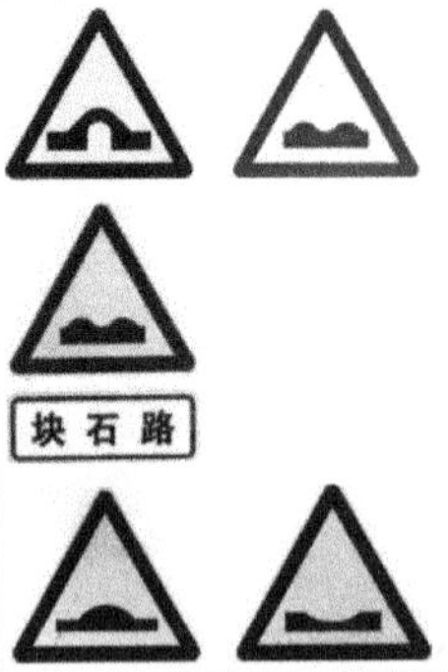	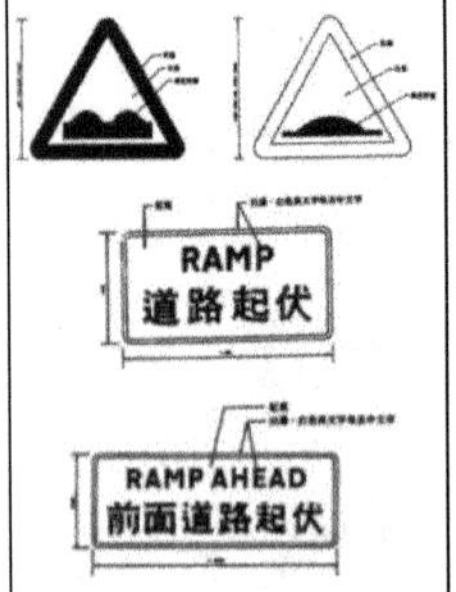		国家标准有加字符的标志，澳门的有加汽车的标志
4	过水路面	国家标准4.28		无	无	—
5	隧道	国家标准4.22、4.38；澳门3e		无		—
6	村庄	国家标准4.21		无	无	—
7	渡口	国家标准4.23		无	无	—
8	铁路道口	国家标准4.29；香港262、264、265	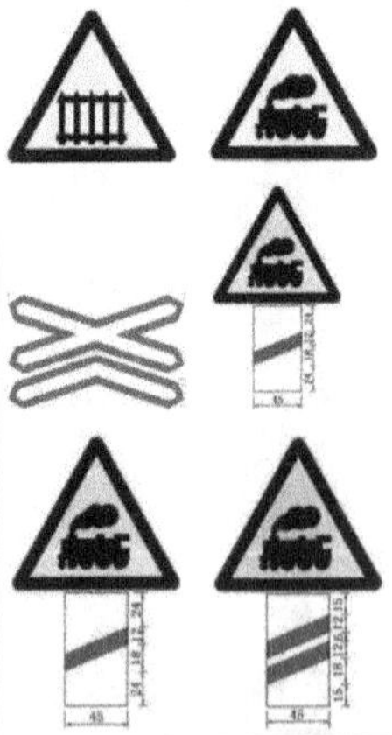	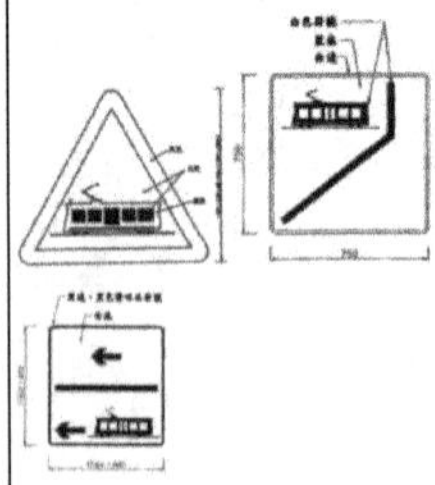	无	—
9	注意儿童	国家标准4.12；香港225；澳门4a				—

续表 13

序号	对比内容	标识编号	GB 5768.2—2009《道路交通标志和标线第 2 部分：道路交通标志》	《香港法例》第 374G 章《道路交通（交通管制）规例》	澳门交通事务局《道路交通标志、标记及标线一般工作指引》（2021 年）	对比结果
10	注意行人	国家标准 4.11；香港 111、223、261；澳门 4b				—
11	注意伤残人士	国家标准 4.31；香港 224			无	—
12	注意牲畜	国家标准 4.13；香港 226			无	—
13	道路变窄	国家标准 4.8；港 211、212；澳门 5	 长度200m 30km/h	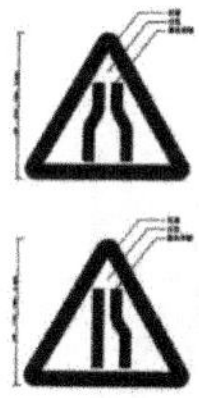		国家标准类型多，还包括窄桥标志
14	斜坡	国家标准 4.6、4.7；香港 218、219、235；澳门 6	 8% 长度300m 长度15km	 1:10 1:10 STEEP ROAD CYCLISTS ADVISED TO WALK 斜路 騎單車者應下車步行	 10% 10%	国家标准类型多，还包含连续下坡标志

续表 13

序号	对比内容	标识编号	GB 5768.2—2009《道路交通标志和标线第2部分：道路交通标志》	《香港法例》第374G章《道路交通（交通管制）规例》	澳门交通事务局《道路交通标志、标记及标线一般工作指引》（2021年）	对比结果
15	施工	国家标准4.36；香港241；澳门7a				—
16	碎石撵射	香港238；澳门7b	无			—
17	路面滑	国家标准4.18；香港239；澳门7c				—
18	注意落石	国家标准4.16；香港237；澳门7d				—
19	活动桥	澳门7e	无	无		—
20	堤岸或悬崖	国家标准4.19、4.20；香港231；澳门7f				国家标准更丰富、清晰
21	注意横风	国家标准4.17；澳门7g		无		—
22	前面有交通灯	国家标准4.15；香港207；澳门7h				—

续表 13

序号	对比内容	标识编号	GB 5768.2—2009《道路交通标志和标线第2部分：道路交通标志》	《香港法例》第374G章《道路交通（交通管制）规例》	澳门交通事务局《道路交通标志、标记及标线一般工作指引》（2021年）	对比结果
23	前方有巴士线	香港 232～235	无	 BUS LANE 巴士綫 LOOK LEFT 望左	无	—
24	注意非机动车	国家标准 4.30；澳门 7j		无		—
25	航空跑道	澳门 7m	无	无		与香港的“低空飞机”标识相似但内容不同，容易混淆
26	低空飞机	香港 230	无		无	与澳门的“航空跑道”标识相似但内容不同，容易混淆
27	请先通过	澳门 8a	无	无		与香港的“前方有停车或让路标志”标识一致但内容不同，容易引起误解

续表 13

序号	对比内容	标识编号	GB 5768.2—2009《道路交通标志和标线第2部分：道路交通标志》	《香港法例》第374G章《道路交通（交通管制）规例》	澳门交通事务局《道路交通标志、标记及标线一般工作指引》（2021年）	对比结果
28	前方有停车或让路标志	香港 201	无	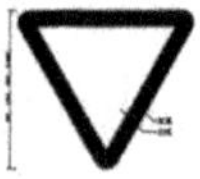	无	与澳门的“请先通过”标识一致但内容不同，容易引起误解
29	双向行车	国家标准 4.10；香港 205；澳门 9a				基本一致
30	双程行车道横过单程行车道	香港 206	无		无	—
31	改道	香港 246	无		无	—
32	潮汐车道	国家标准 4.39		无	无	—
33	保持车距	国家标准 4.40		无	无	—
34	分离式车道	国家标准 4.41		无	无	—
35	分离车道终止	香港 204	无		无	—

续表 13

序号	对比内容	标识编号	GB 5768.2—2009《道路交通标志和标线第2部分：道路交通标志》	《香港法例》第374G章《道路交通（交通管制）规例》	澳门交通事务局《道路交通标志、标记及标线一般工作指引》（2021年）	对比结果
36	有障碍物	国家标准4.34		无	无，以车道指示方式标识	—
37	前方交叉路口有设置障碍	香港228	无		无	—
38	架空电缆	香港229	无		无	—
39	事故易发	国家标准4.32		无	无	—
40	慢行	国家标准4.33；香港110、251、257			无	—
41	避险车道	国家标准4.43	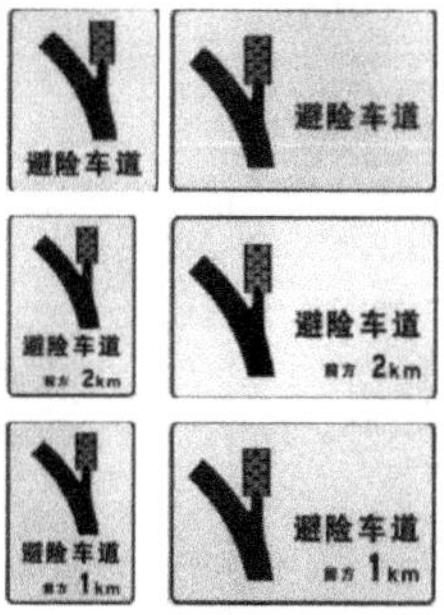	无	无	—

续表 13

序号	对比内容	标识编号	GB 5768.2—2009《道路交通标志和标线第2部分：道路交通标志》	《香港法例》第374G章《道路交通（交通管制）规例》	澳门交通事务局《道路交通标志、标记及标线一般工作指引》（2021年）	对比结果
41	避险车道	国家标准 4.43	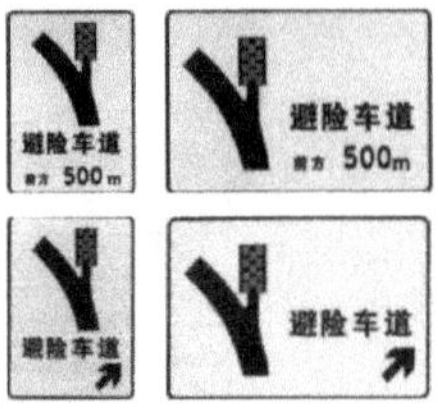 避险车道 前方 500m 避险车道 前方 500m 避险车道 避险车道	无	无	—
42	雨雪天气	国家标准 4.44；香港 259	 雾	 Fog 雾	无	—
43	前方排队	国家标准 4.45		无	无	—
44	其他危险	国家标准 4.35；香港 240；澳门 10a				—
45	靠左或靠右行使	香港 130、161、169、236、314 ～ 316	无	 KEEP RIGHT UNLESS OVERTAKING 除越過前車外 靠右駛 KEEP RIGHT UNLESS OVERTAKING 除越過前車外 靠右駛 5·5t 5·5t KEEP LEFT UNLESS OVERTAKING 除越過前車外 靠左駛 KEEP RIGHT UNLESS OVERTAKING 除越過前車外 靠右駛 CYCLISTS KEEP TO THE LEFT 單車須靠左駛	无	—

续表 13

序号	对比内容	标识编号	GB 5768.2—2009《道路交通标志和标线第2部分：道路交通标志》	《香港法例》第374G章《道路交通（交通管制）规例》	澳门交通事务局《道路交通标志、标记及标线一般工作指引》（2021年）	对比结果
45	靠左或靠右行使	香港130、161、169、236、314～316	无	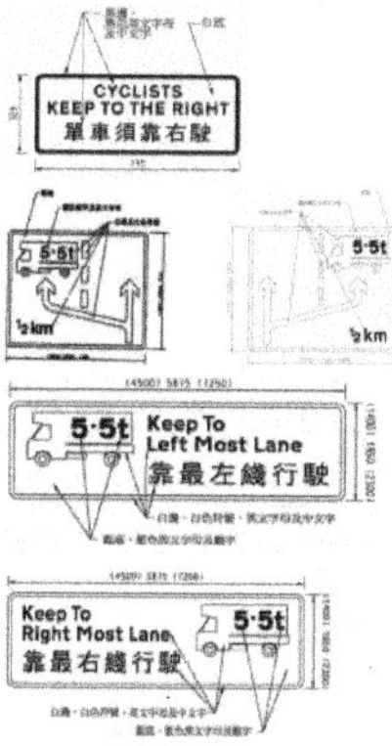 CYCLISTS KEEP TO THE RIGHT 單車須靠右駛 5·5t ½km 5·5t Keep To Left Most Lane 靠最左綫行駛 Keep To Right Most Lane 靠最右綫行駛 5·5t	无	—
46	事故时驶入	香港144	无	 HARD SHOULDER FOR EMERGENCY ONLY 路肩 紙限發生故障時駛入	无	—
47	道路封闭	香港149	无	 ROAD CLOSED 道路封閉 ROAD AHEAD CLOSED 前面道路封閉	无	—
48	危险	香港256	无	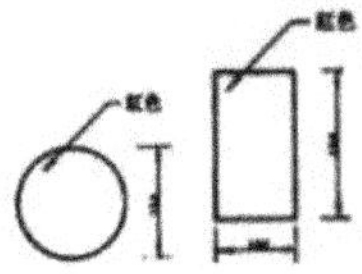 紅色 紅色	无	—
49	禁止通行	国家标准5.5、5.6；香港112、113；澳门12	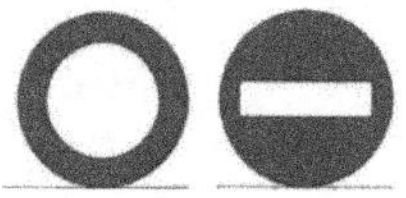	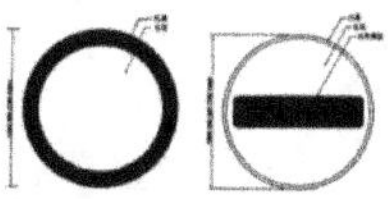		—

续表 13

序号	对比内容	标识编号	GB 5768.2—2009《道路交通标志和标线第2部分：道路交通标志》	《香港法例》第374G章《道路交通（交通管制）规例》	澳门交通事务局《道路交通标志、标记及标线一般工作指引》（2021年）	对比结果
50	禁止转弯或直行	国家标准5.21～5.25；香港122、123；澳门13				—
51	禁止超车	国家标准5.26；香港129；澳门14				—
52	停车	国家标准5.2；香港101、105；澳门15	停	STOP 停 STOP 停 POLICE 警察	STOP 海關 ALFÂNDEGA 收費處 PORTAGEM	—

续表 13

序号	对比内容	标识编号	GB 5768.2—2009《道路交通标志和标线第2部分：道路交通标志》	《香港法例》第374G章《道路交通（交通管制）规例》	澳门交通事务局《道路交通标志、标记及标线一般工作指引》（2021年）	对比结果
53	减速让行	国家标准5.3；香港102	让	GIVE WAY 讓	无	—
54	人手操作临时牌	香港103、104	无	STOP 停　GO 去	无	—
55	禁止停车或泊车	国家标准5.28、5.29、5.40；香港140、165、167；澳门16、22	区域　区域		區域 ZONA　區域 ZONA 08:00 20:00 中文 Portuguese　區域 ZONA 中文 Portuguese　區域 ZONA	—
56	禁止通行	国家标准5.7～5.20；香港114～119、121、124～127、155；澳门17、20、22	6:00-20:00			有容易引起误解的差异

续表 13

序号	对比内容	标识编号	GB 5768.2—2009《道路交通标志和标线第2部分：道路交通标志》	《香港法例》第374G章《道路交通（交通管制）规例》	澳门交通事务局《道路交通标志、标记及标线一般工作指引》（2021年）	对比结果
56	禁止通行	国家标准 5.7～5.20；香港 114～119、121、124～127、155；澳门 17、20、22	10t以上 6:00-20:00		區域 ZONA 通行不超過10分鐘除外 Permanência inferior a 10 minutos 區域 ZONA 特許車輛除外 Excepto Veículos Autorizados 區域 ZONA 通行不超過10分鐘除外 Permanência inferior a 10 minutos	有容易引起误解的差异
57	距离限制	国家标准 5.31、5.32；香港 131～135、221；澳门 18	3m 3.5m	2.3m 10 4.5m 4.4m	3.5m 2m 70m 10m 10m	—
58	重量限制	国家标准 5.33、5.34；澳门 18	10t 10t	10 tonnes 公噸 2 tonnes 公噸	5t 5t	—

续表 13

序号	对比内容	标识编号	GB 5768.2—2009《道路交通标志和标线第2部分：道路交通标志》	《香港法例》第374G章《道路交通（交通管制）规例》	澳门交通事务局《道路交通标志、标记及标线一般工作指引》（2021年）	对比结果
58	重量限制	国家标准5.33、5.34；澳门18	无	无		—
59	速度限制	国家标准5.35、5.40；香港136、160；澳门19a、22		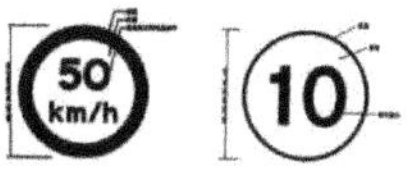	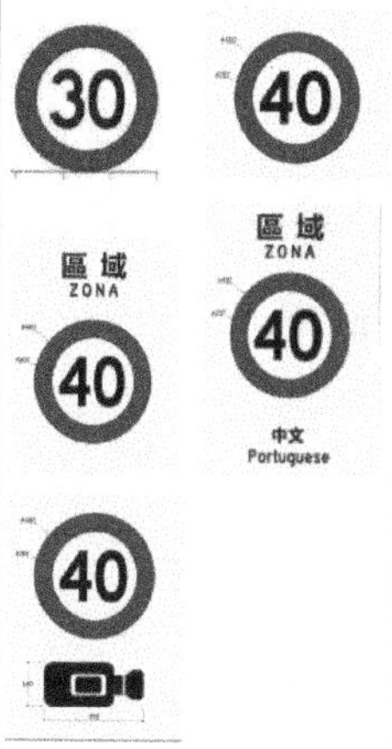	—
60	禁止鸣笛	国家标准5.30；香港128；澳门19b				—
61	窄路让行	国家标准5.4；澳门19c		无		—
62	停车检查	国家标准5.37、5.39		无	无	—
63	禁止易燃易爆车辆通行	国家标准5.38；香港174、434；澳门21a				—

续表 13

序号	对比内容	标识编号	GB 5768.2—2009《道路交通标志和标线第2部分：道路交通标志》	《香港法例》第374G章《道路交通（交通管制）规例》	澳门交通事务局《道路交通标志、标记及标线一般工作指引》（2021年）	对比结果
64	禁止运输可污染水质车辆通行	澳门 21b	无	无		—
65	禁止运输危险或受特殊讯号规定物品车辆通行	澳门 21c	无	无		—
66	各类限制解除	国家标准 5.27、5.36、5.40；香港 120、151、163、166、168；澳门 23	 区域 区域 区域	 End 終止 End 終止 End of bus lane 巴士綫終止 End of rail only lane 輕鐵專綫終止	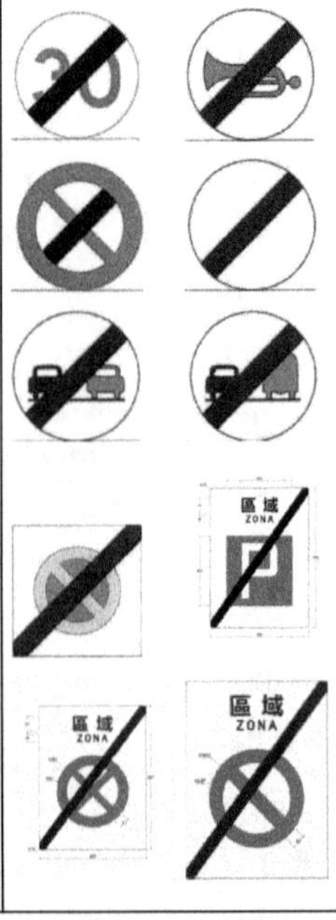 區域 ZONA 區域 ZONA 區域 ZONA	—

续表 13

序号	对比内容	标识编号	GB 5768.2—2009《道路交通标志和标线第2部分：道路交通标志》	《香港法例》第374G章《道路交通（交通管制）规例》	澳门交通事务局《道路交通标志、标记及标线一般工作指引》（2021年）	对比结果
66	各类限制解除	国家标准5.27、5.36、5.40；香港120、151、163、166、168；澳门23	无	无	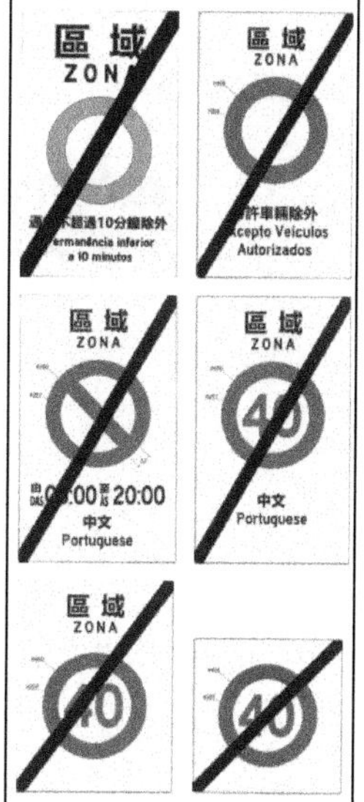 區域 ZONA 通…不超過10分鐘除外 Permanência inferior a 10 minutos；區域 ZONA 許車輛除外 Acepto Veículos Autorizados；區域 ZONA …00 20:00 中文 Portuguese；區域 ZONA 40 中文 Portuguese；區域 ZONA 40；40	—
67	行使方向	国家标准6.2～6.7、6.19；香港106、107、109；澳门24	 7:00 - 9:00 15:00-17:00	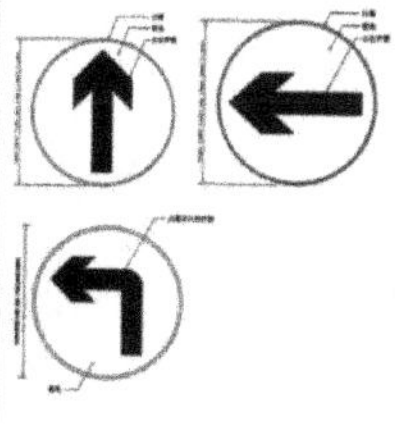		—

续表 13

序号	对比内容	标识编号	GB 5768.2—2009《道路交通标志和标线第2部分：道路交通标志》	《香港法例》第374G章《道路交通（交通管制）规例》	澳门交通事务局《道路交通标志、标记及标线一般工作指引》（2021年）	对比结果
68	单行线	国家标准6.9；香港139、304		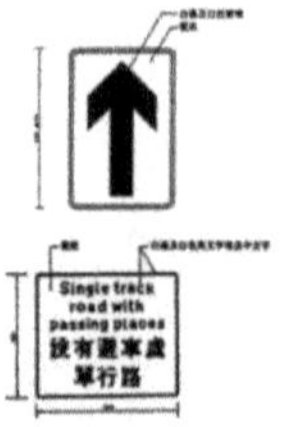 Single track road with passing places 設有避車處單行路	无	—
69	车道标志	澳门44、45	无	无	 60 80 60 60 80	—
70	遇安全岛或障碍	国家标准6.8；香港108；澳门25				—
71	可选择行使方向	香港302、303；澳门25c	无	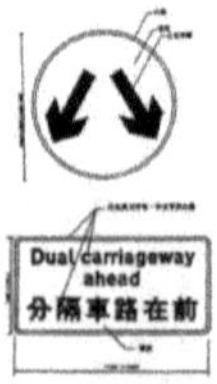 Dual carriageway ahead 分隔車路在前		—
72	鸣喇叭	国家标准6.11		无	无	—
73	最低速度	国家标准6.12；澳门26	 50	无	 30	—

续表 13

序号	对比内容	标识编号	GB 5768.2—2009《道路交通标志和标线第2部分：道路交通标志》	《香港法例》第374G章《道路交通（交通管制）规例》	澳门交通事务局《道路交通标志、标记及标线一般工作指引》（2021年）	对比结果
74	速度忠告	国家标准4.37；澳门35	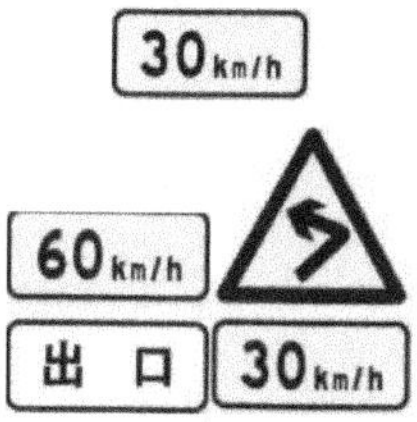	无		—
75	最低速度解除	澳门27e	无	无		—
76	停车	国家标准6.18；澳门28		无	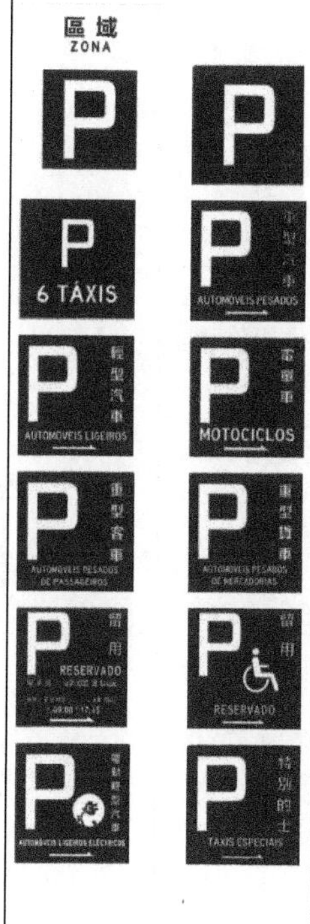	—

续表 13

序号	对比内容	标识编号	GB 5768.2—2009《道路交通标志和标线第2部分：道路交通标志》	《香港法例》第374G章《道路交通（交通管制）规例》	澳门交通事务局《道路交通标志、标记及标线一般工作指引》（2021年）	对比结果
76	停车	国家标准 6.18；澳门 28	 P P P P P P专属 P 单位专属 P 私人专属			—
77	专用道路	国家标准 6.10；香港 137、138、159、164、254、255、260；澳门 27、36		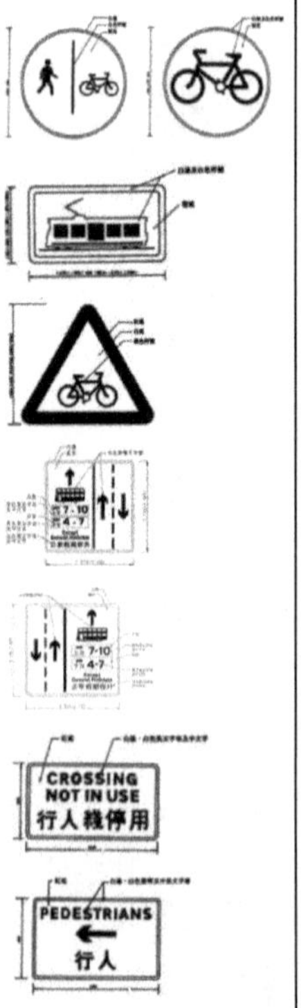 7-10 4-7 7-10 4-7 CROSSING NOT IN USE 行人暫停用 PEDESTRIANS 行人	 由 XX:XX 至XX:XX DAS XX:XX ÀS XX:XX 由 XX:XX 至XX:XX DAS XX:XX ÀS XX:XX 由 XX:XX 至XX:XX DAS XX:XX ÀS XX:XX 由 XX:XX 至XX:XX DAS XX:XX ÀS XX:XX	—

续表 13

序号	对比内容	标识编号	GB 5768.2—2009《道路交通标志和标线第2部分：道路交通标志》	《香港法例》第374G章《道路交通（交通管制）规例》	澳门交通事务局《道路交通标志、标记及标线一般工作指引》（2021年）	对比结果
78	行车线封闭	香港 149、242～245、252、310；澳门 30	无	ROAD CLOSED 道路封閉 ROAD AHEAD CLOSED 前面道路封閉		—
79	窄路先行	国家标准 6.14；澳门 32		无		—
80	人行道	国家标准 6.15；澳门 33		无		—
81	有优先权道路	国家标准 6.13；澳门 34、37		无		—

续表 13

序号	对比内容	标识编号	GB 5768.2—2009《道路交通标志和标线第2部分：道路交通标志》	《香港法例》第374G章《道路交通（交通管制）规例》	澳门交通事务局《道路交通标志、标记及标线一般工作指引》（2021年）	对比结果
82	下车推行	香港 154	无	Cyclist dismount Use pedestrian crossing 騎單車者到此下車 由附近行人路通路	无	—
83	行使方向	香港 162	无	Go to weigh station 前往秤車站	无	—
84	停车处	香港 148	无	WHEN RED LIGHT SHOWS WAIT HERE 紅燈亮時 在此等候 WHEN RED LIGHT SHOWS WAIT HERE 紅燈亮時 在此等候	无	—
85	距离出口指示	香港 305	无		无	—
86	入口处和出口处	香港 150、151	无	IN 入 OUT 出	无	—
87	禁止驶出或驶入	香港 152、153	无	NO EXIT 不准駛出 NO ENTRY 不准駛入	无	—
88	交通管制	香港 253	无	TRAFFIC CONTROL AHEAD 前面交通管制	无	—
89	意外临时警示	香港 301	无	ACCIDENT 意外 POLICE 留意 警察指示	无	—

续表 13

序号	对比内容	标识编号	GB 5768.2—2009《道路交通标志和标线第2部分：道路交通标志》	《香港法例》第374G章《道路交通（交通管制）规例》	澳门交通事务局《道路交通标志、标记及标线一般工作指引》（2021年）	对比结果
90	标识制作材料	标识面	应符合 GB/T 18833 的规定	一般标识面符合 BS EN 12899-1:2007 规定的“Class RA2”反光材料	最低逆反射系数参照 GB/T 18833 表 4 Ⅳ类或表 5 Ⅴ类反光膜光学性能，可参照 3M 超强反光贴或符合 BS EN 12899-1:2007 第 14 章	—
91				车尾部标识，应符合 ASTM D4956-16 规定的“Type IX”反光材料		—
92		底板	可用铝合金板、薄钢板、合成树脂类板材、木板及其他板材制作，应符合 GB / T 23827 和国家相关标准的规定	一般底板——铝板，应符合 BS EN 485-3:2003、BS EN 485-4:1994、BS EN 485-2:2004 标准，最少厚 3 mm	最少后 3 mm，力学性能应满足 GB/T 3880.2 第 6 章的规定，抗拉强度应不小于 289.3 MPa，屈服点不小于 241.2 MPa，延伸率不小于 4%～10%	—
93				一般底板——塑料板，最少厚 3 mm，在 BS EN 485-1：1983 第 7 条规定的撞击实验后，任何一点不得下陷超过 2 mm，而任何破损或裂痕只应出现在撞击点 5 mm 范围内		—
94				一般底板——其他类底板，紧急使用或不超过 24 小时的临时使用，可以使用柔性塑料板或类似物料承托，物料应能够承受一定的风力且不会过度弯曲		—

续表 13

序号	对比内容	标识编号	GB 5768.2—2009《道路交通标志和标线第2部分：道路交通标志》	《香港法例》第374G章《道路交通（交通管制）规例》	澳门交通事务局《道路交通标志、标记及标线一般工作指引》（2021年）	对比结果
95	支柱		提出柱式、悬臂式、门架式、附着式四种类型的适用范围和安装要求	需有足够重量，以确保整个标志在风吹和车辆经过时仍然稳妥。	热浸锌金属柱，外径75 mm，厚度5 mm，等级为符合BS 4360第18章的43或符合GB 5768第2章的Q235钢规格，镀锌的平均厚度不小于85 μm或610 g/cm^2，柱表面应使用防紫外线或户外使用的静电喷涂，涂层厚度不小于60 μm。柱表面标志柱的顶部，应以柱身相同材料和壁厚制成球冠，与柱身无缝焊接。标志柱柱顶及底板经焊接后，必须整体做热浸锌处理。标志柱底板及支撑件所用的结构尺寸、外观质量、防腐蚀质量和材料力学性能等应符合GB 23827第5章的规定，交通标志的立柱和横梁应符合GB/T 8162 和GB/T 13793的规定	—

第二章

产品制造

2020年度，香港有制造业单位7251家，就业人数8.8万人，总收益2260亿港元，占全港GDP总额的5%，其业务范围包括食品饮料、金属制品、机械产品、电子产品、化学制品、橡胶制品、纺织服装、造纸等。作为国际贸易港口城市，贸易往来的便利为香港制造业进出口市场的开拓提供了广阔的机会。但与全球制造业供应链相比，香港本地制造业的规模较小，数量也较少，营业额1亿港元以上的单位仅204家，这204家单位的营业总额为1935亿港元，其中形成的本地国际品牌数量较少。为满足国际商品贸易的要求，香港制造业的进出口商品一般按照国际市场的要求进行生产和交易。除与民生、安全相关的政府监管要素外，香港不制定本地标准。粤港澳三地在制造业产品流通的过程中，由于采用的标准不一致造成的贸易障碍一直存在。主要的障碍体现为香港直接采用的国际国外标准与内地自行研制或转化的国际国外标准不一致。

2019年度，澳门有制造业单位719家，就业人数不到8000人，总收益64亿澳门元，占澳门GDP总额的1.5%，主要有食品饮料、纺织服装和水泥混凝土行业。与香港类似，澳门的制造业也以直接采用国际国外标准为主，除政府需要监管的民生、安全等方面的要求外，没有针对具体的行业生产规范或产品质量水平制定标准。与香港略有不同的是，澳门本地的制造业相对更少，进出口也相对有限，经由澳门进出口的产品相关标准的采纳，澳门行业的倾向性并不特别明显或绝对，以能够满足公众和产业的要求为原则。因而，一般粤澳、港澳之间的标准差异相对较小，但离进一步减少差异，实现标准协同，助力区域制造业产业和经济共同发展的目标还有距离。

本章主要从内地优势产业，特别是当前全球发展较为迅速的产业及其相关的标准的角度，来解读粤港澳三地的标准障碍问题。

第一节　新兴产业

【案例9】电动汽车

21世纪，新一轮电动汽车的全球产业争夺战已经上演了十多年（从2010年五龙汽车的发展开始算起），目前仍处于“领头羊优势不明显，新进者数量众多”的产业态势。我国内地从2011年开始，部分城市已开始启动电动汽车补贴政策，包括国家补贴和地方补贴，培育了一批电动汽车企业及其上下游产业，部分技术水平已达到国际先进水平。美国市场研究机构EV Sales于2021年公布的数据显示，全球电动汽车销量排名中，占据销量前6位的供应商分别是特斯拉（11%）、比亚迪（9%）、上汽、大众、宝马、奔驰。国际能源署发布的《2021年全球电动汽车展望》研究报告显示，中国和欧洲是全球最大的电动汽车销售市场。2020年全球各类电动汽车的销售量约300万辆，其中欧洲市场售出约140万辆，中国市场售出约120万辆，这两个市场占全球销售总数的87%。我国香港地区2020年的电动汽车销售量为4595辆，2021年上升到9583辆，分别占当年度香港汽车销售量的12.4%和24.4%。其中特斯拉品牌电动汽车的销售量分别占香港当年度电动汽车销售量的76%和83%，内地生产的电动汽车在香港的销售量几乎为零。澳门2020年和2021年的电动汽车销售量分别是525辆和884辆，分别占当年度汽车销售总量的4.2%和7.1%。随着澳门电动车充电站建设步伐的加快，澳门的电动车数量会持续增加（数据来源：香港运输署统计数据和澳门统计与普查局统计数据）。目前内地电动汽车产业的港澳市场还有待开拓。

实际上，产品品牌及其标准的选择会对产业的上下游市场产生影响，如充电桩等基础设施的建立标准差异，在一段时间内会影响汽车品牌的更替。产业的竞争几乎与产业标准的竞争同步。我国内地的电动汽车标准包括国家强制性标准、国家推荐性标准、国家汽车行业推荐性标准和国家新能源行业推荐性标准，标准总数超过了100项，其中强制性标准和CCC（中国强制性产品认证）使用的标准数量占到了20%。国际其他主要国家和地区的电动汽车相关产业标准数量统计见表14。我国内地电动汽车产业的标准齐全，大多为自主研发标准，与我国内地电动汽车产业的发展进度相匹配（见表15）。我国内地的产品标准水平基本已达到国际先进水平或填补了国际标准空白。我国香港的电动汽车相关基础设施基本按照特斯拉品牌汽车的标准建设，部分指标与国家标准不一致。特斯拉目前设在我国内地的充电设施已经按照我国的国家标准进行建设，但建在我国香港的设施短时间内难以做到与我国的国家标准一致。国际上国外重要的电动汽车相关标准见表16。

表14　电动汽车相关标准数量统计（截至2021年年底）

序号	国家或地区	标准代号	标准数量
1	中国	GB，QC，NB	超过100项

续表 14

序号	国家或地区	标准代号	标准数量
2	欧盟，英国	EN，UN GTR，UN Regulation，EU Directive	约 17 项
3	美国	CFR，ANSI，SAE，UL	约 68 项
4	加拿大	CMVSS，AMSI/CSA，CAN/CSA，CSA	约 20 项
5	日本	JIS	约 14 项
6	印度	AIS	约 17 项
7	韩国	KS	约 20 项
8	国际标准	ISO/IEC	约 47 项

注：数据来源为各标准制定机构官网。

表 15　中国内地的电动汽车现行标准

序号	类型		标准号	标准名称	引用国际标准
1	基础标准	整车	GB/T 4094.2—2017	电动汽车操纵件、指示器及信号装置的标志	自研，部分比对 ISO 2575
2			GB/T 19596—2017	电动汽车　术语	自研，部分比对 IEC 60050（482）
3			GB 22757.2—2017	轻型汽车能源消耗量标识　第 2 部分：可外接充电式混合动力电动汽车和纯电动汽车	自研
4			GB/T 24548—2009	燃料电池电动汽车　术语	自研
5			GB/T 31466—2015	电动汽车高压系统电压等级	自研
6			GB/T 32960.1—2016	电动汽车远程服务与管理系统技术规范　第 1 部分：总则	自研
7			GB/T 32960.2—2016	电动汽车远程服务与管理系统技术规范　第 2 部分：车载终端	自研
8			GB/T 32960.3—2016	电动汽车远程服务与管理系统技术规范　第 3 部分：通信协议及数据格式	自研
9			GB/T 38283—2019	电动汽车灾害事故应急救援指南	自研

续表 15

序号	类型		标准号	标准名称	引用国际标准
10	基础标准	整车	GB/T 40098—2021	电动汽车更换用动力蓄电池箱编码规则	自研
11			QC/T 837—2010	混合动力电动汽车类型	自研
12		电池及动力系统	GB/T 32896—2016	电动汽车动力仓总成通信协议	自研
13			GB/T 34013—2017	电动汽车用动力蓄电池产品规格尺寸	自研
14			NB/T 33003—2010	电动汽车非车载充电机监控单元与电池管理系统通信协议	自研
15			QC/T 840—2010	电动汽车动力蓄电池结构形式及尺寸	自研
16		外部充电及设施	GB/T 27930—2015	电动汽车非车载传导式充电机与电池管理系统之间的通信协议	自研，部分比对 ISO 11898-1、SAE J1939-11、SAE J1939-21、SAE J1939-73
17			GB/T 28569—2012	电动汽车交流充电桩电能计量	自研
18			GB/T 29124—2012	氢燃料电池电动汽车示范运行配套设施规范	自研
19			GB 29317—2021	电动汽车充换电设施 术语	自研
20			GB/T 29318—2012	电动汽车非车载充电机电能计量	自研
21			GB/T 29781—2013	电动汽车充电站通用要求	自研
22			GB/T 31525—2015	图形标志 电动汽车充换电设施标志	自研
23			GB/T 32895—2016	电动汽车快换电池箱通信协议	自研
24			NB/T 33007—2013	电动汽车充电站 / 电池更换站监控系统与充换电设备通信协议	自研

续表 15

序号	类型		标准号	标准名称	引用国际标准
25	基础标准	外部充电及设施	NB/T 33023—2015	电动汽车充换电设施规划导则	自研
26			NB/T 33028—2018	电动汽车充放电设施术语	自研
27			NB/T 33029—2018	电动汽车充电与间歇性电源协同调度技术导则	自研
28			QC/T 842—2010	电动汽车电池管理系统和非车载充电之间的通信协议	自研，部分采用 ISO 11898-1、SAE J1939-11、SAE J1939-21
29			RB/T 008—2019	电动汽车自用充电设施安装服务认证要求	自研
30	安全要求	整车	GB/T 18384—2020	电动汽车　安全要求	自研
31			GB/T 19751—2005	混合动力电动汽车　安全要求	自研，参考德国交通部标准 ECE-R100 和美国电动运输协会标准 ETA HTP001
32			GB/T 24549—2020	燃料电池电动汽车　安全要求	自研
33			GB/T 31498—2021	电动汽车碰撞后安全要求	自研
34			GB/T 40855—2021	电动汽车远程服务与管理系统信息安全技术要求及试验方法	自研
35		电池及动力系统	GB/T 36288—2018	燃料电池电动汽车　燃料电池堆安全要求	自研
36			GB 38031—2020	电动汽车用动力蓄电池安全要求	自研
37			GB/T 39086—2020	电动汽车用电池管理系统功能安全要求及试验方法	自研

续表 15

序号	类型		标准号	标准名称	引用国际标准
38	安全要求	外部充电及设施	GB/T 39752—2021	电动汽车供电设备安全要求及试验规范	自研
39			GB/T 40032—2021	电动汽车换电安全要求	自研
40	技术规范	整车	GB/T 28382—2012	纯电动乘用车 技术条件	自研，部分修改采用 ISO 6494 系列标准，部分比对 IEC 60050（482）
41			GB/T 29123—2012	示范运行氢燃料电池电动汽车技术规范	自研
42			GB/T 29124—2012	氢燃料电池电动汽车示范运行配套设施规范	自研
43			QC/T 1089—2017	电动汽车再生制动系统要求及试验方法	自研
44		电池及动力系统	GB/T 18488.1—2006	电动汽车用驱动电机系统 第 1 部分：技术条件	自研
45			GB/T 25319—2010	汽车用燃料电池发电系统 技术条件	自研，部分参考 IEC 60950、IEC 61140 和 ISO 10605、ISO 11452
46			GB/T 26990—2011	燃料电池电动汽车车载氢系统技术要求	自研
47			GB/T 38661—2020	电动汽车用电池管理系统技术条件	自研
48			GB/T 40433—2021	电动汽车用混合电源技术要求	自研
49			NB/T 33017—2015	电动汽车智能充换电服务网络运营监控系统技术规范	自研
50			NB/T 33020—2015	电动汽车动力蓄电池箱用充电机技术条件	自研
51			NB/T 33021—2015	电动汽车非车载充放电装置技术条件	自研

续表 15

序号	类型		标准号	标准名称	引用国际标准
52	技术规范		QC/T 895—2011	电动汽车用传导式车载充电机	自研
53			SJ/T 11614—2016	电动汽车驱动电机系统用金属化薄膜电容器规范	自研
54		外部充电及设施	GB/T 18487.1—2015	电动汽车传导充电系统　第 1 部分：通用要求	等效采用 IEC 61851-1
55			GB/T 18487.2—2017	电动汽车传导充电系统　第 2 部分：非车载传导供电设备电磁兼容要求	等效采用 IEC 61851-2
56			GB/T 29772—2013	电动汽车电池更换站通用技术要求	自研
57			GB/T 32879—2016	电动汽车更换用电池箱连接器通用技术要求	自研
58			NB/T 33001—2018	电动汽车非车载传导式充电机技术条件	自研
59			NB/T 33002—2018	电动汽车交流充电桩技术条件	自研
60			NB/T 33004—2013	电动汽车充换电设施工程施工和竣工验收规范	自研
61			NB/T 33005—2013	电动汽车充电站及电池更换站监控系统技术规范	自研
62			NB/T 33009—2013	电动汽车充换电设施建设技术导则	自研
63			NB/T 33018—2015	电动汽车充换电设施供电系统技术规范	自研
64			NB/T 33019—2015	电动汽车充换电设施运行管理规范	自研
65			NB/T 33022—2015	电动汽车充电站初步设计内容深度规定	自研
66			GB/T 33341—2016	电动汽车快换电池箱架通用技术要求	自研
67			GB/T 36278—2018	电动汽车充换电设施接入配电网技术规范	自研
68			QC/T 816—2009	加氢车技术条件	自研

续表 15

序号	类型		标准号	标准名称	引用国际标准
69	技术规范	外部充电及设施	QC/T 1088—2017	电动汽车用充放电式电机控制器技术条件	自研
70			SJ/T 11695—2017	电动汽车电机控制器电源线通用规范	自研
71	质量要求	整车	QC/T 838—2010	超级电容电动城市客车	自研
72			QC/T 1086—2017	电动汽车用增程器技术条件	自研
73		电池及动力系统	GB/Z 18333.1—2001	电动道路车辆用锂离子蓄电池	自研，部分参考 IEC 486
74			GB/Z 18333.2—2015	电动汽车用锌空气电池	自研，部分参考 IEC 486
75			GB/T 31467.1—2015	电动汽车用锂离子动力蓄电池包和系统 第 1 部分：高功率应用测试规程	非等效采用 ISO 12405-1:2011
76			GB/T 31467.2—2015	电动汽车用锂离子动力蓄电池包和系统 第 2 部分：高能量应用测试规程	非等效采用 ISO 12405-2:2012
77			GB/T 31484—2015	电动汽车用动力蓄电池循环寿命要求及试验方法	自研
78			GB/T 31486—2015	电动汽车用动力蓄电池电性能要求及试验方法	自研
79			GB/T 34215—2017	电动汽车驱动电机用冷轧无取向电工钢带（片）	自研
80			GB/T 36282—2018	电动汽车用驱动电机系统电磁兼容性要求和试验方法	自研
81			NB/T 33006—2013	电动汽车电池箱更换设备通用技术要求	自研
82			QC/T 742—2007	电动汽车用铅酸蓄电池	自研
83			QC/T 743—2007	电动汽车用锂离子蓄电池	自研
84			QC/T 744—2007	电动汽车用金属氢化物镍蓄电池	自研
85			QC/T 839—2010	超级电容电动汽车客车供电系统	自研
86			QC/T 841—2010	电动汽车传导式充电接口	自研
87			QC/T 896—2011	电动汽车驱电机系统接口	自研

续表 15

序号	类型		标准号	标准名称	引用国际标准
88	质量要求	电池及动力系统	QC/T 897—2011	电动汽车电池管理系统技术条件	自研
89			QC/T 989—2014	电动汽车用动力蓄电池箱通用要求	自研
90			QC/T 1023—2015	电动汽车用动力蓄电池系统通用要求	自研
91		外部充电及设施	GB/T 18487.3—2001	电动车辆传导充电系统　电动车辆交流 / 直流充电机（站）	等效采用 IEC 61851-3
92			GB/T 19836—2005	电动汽车用仪表	自研
93			GB/T 20234.1—2015	电动汽车传导充电用连接装置　第 1 部分：通用要求	自研
94			GB/T 20234.2—2015	电动汽车传导充电用连接装置　第 2 部分：交流充电接口	自研
95			GB/T 20234.3—2015	电动汽车传导充电用连接装置　第 3 部分：直流充电接口	自研
96			GB/T 24347—2021	电动汽车 DC/DC 转换器	自研，部分参考 IEC 60068-2 和 IEC 60529
97			GB/T 26779—2021	燃料电池电动汽车　加氢口	自研，部分参考 SAE J2600
98			GB/T 29316—2012	电动汽车充换电设施电能质量技术要求	自研
99			GB/T 33594—2017	电动汽车充电用电缆	自研
100			GB/T 34425—2017	燃料电池电动汽车　加氢枪	自研
101			GB/T 38775.1—2020	电动汽车无线充电系统　第 1 部分：通用要求	自研
102			GB/T 38775.2—2020	电动汽车无线充电系统　第 2 部分：车载充电机和无线充电设备之间的通信协议	自研
103			GB/T 38775.3—2020	电动汽车无线充电系统　第 3 部分：特殊要求	自研

续表 15

序号	类型		标准号	标准名称	引用国际标准
104	质量要求	外部充电及设施	GB/T 38775.4—2020	电动汽车无线充电系统 第 4 部分：电磁环境限值与测试方法	自研
105			GB/T 38775.5—2021	电动汽车无线充电系统 第 5 部分：电磁兼容性要求和试验方法	自研
106			GB/T 38775.6—2021	电动汽车无线充电系统 第 6 部分：互操作性要求及测试 地面端	自研
107			GB/T 38775.7—2021	电动汽车无线充电系统 第 7 部分：互操作性要求及测试 车辆端	自研
108			GB/T 40432—2021	电动汽车用传导式车载充电机	自研
109			NB/T 10202—2019	用于电动汽车模式 2 充电的具有温度保护的插头	自研
110	测试方法	整车	GB/T 18385—2005	电动汽车动力性能试验方法	自研，部分引用 ISO 1176 和 ISO 3877-1
111			GB/T 18386—2021	电动汽车能量消耗量和续驶里程试验方法	自研
112			GB/T 18387—2008	电动车辆的电磁场发射强度的限值和测量方法	自研
113			GB/T 18388—2005	电动汽车 定型试验规程	自研
114			GB/T 19750—2005	混合动力电动汽车 定型试验规程	自研
115			GB/T 19752—2005	混合动力电动汽车 动力性能 试验方法	自研
116			GB/T 19753—2021	轻型混合动力电动汽车能量消耗量试验方法	自研
117			GB/T 19754—2021	重型混合动力电动汽车能量消耗量试验方法	自研
118			GB/T 19755—2017	轻型混合动力电动汽车污染物排放测量方法	自研，部分参考欧盟指令 70/220/EEC、96/69/EC、98/77/EC

续表 15

序号	类型		标准号	标准名称	引用国际标准
119	测试方法	整车	GB/T 26991—2011	燃料电池电动汽车车速试验方法	自研，部分引用 ISO 8715、ISO 8713、ISO/TS 14687
120			GB/T 35178—2017	燃料电池电动汽车 氢气消耗量 测量方法	自研
121			GB/T 39132—2020	燃料电池电动汽车定型试验规程	自研
122			JT/T 1344—2020	纯电动汽车维护、检测、诊断技术规范	自研
123			QC/T 894—2011	重型混合动力电动汽车污染物排放测量方法	自研
124		电池及动力系统	GB/T 18488.2—2015	电动汽车用驱动电机系统 第 1 部分：试验方法	自研
125			GB/T 23645—2009	乘用车用燃料电池发电系统测试方法	自研
126			GB/T 24554—2009	燃料电池发动机性能试验方法	自研
127			GB/T 29126—2012	燃料电池电动汽车 车载氢系统 试验方法	自研
128			GB 29307—2012	电动汽车用驱动电机系统可靠性试验	自研
129			JT/T 1011—2015	纯电动汽车日常检查方法	自研
130			QC/T 893—2011	电动汽车驱动电机系统故障分类及判断	自研
131			QC/T 926—2013	轻型混合动力电动汽车（ISG 型）用动力单元可靠性试验方法	自研
132			QC/T 1132—2020	电动汽车用电动动力系噪声测量方法	自研
133		外部充电及设施	GB/T 34657.1—2017	电动汽车传导充电互操作性测试规范 第 1 部分：供电设备	自研
134			GB/T 34657.2—2017	电动汽车传导充电互操作性测试规范 第 2 部分：车辆	自研
135			GB/T 34658—2017	电动汽车非车载传导式充电机与电池管理系统之间的通信协议一致性测试	自研

续表 15

序号	类型		标准号	标准名称	引用国际标准
136	测试方法	外部充电及设施	GB/T 40428—2021	电动汽车传导充电电磁兼容性要求和试验方法	自研
137			NB/T 33008.1—2018	电动汽车充电设备检验试验规范 第1部分：非车载充电机	自研
138			NB/T 33008.2—2018	电动汽车充电设备检验试验规范 第2部分：交流充电桩	自研
139			SN/T 5247—2020	进口电线电缆检验技术要求 新能源电动汽车充电电缆	自研

表 16 国外重要的电动汽车相关标准

序号	标准类型		标准号	标准名称
1	基础标准	整车	ISO/TR 8713:2019	电动汽车 术语
2			ISO 8715:2001	电动汽车 道路运行特征
3			ISO/PAS 19295:2016	电动汽车 用于电压等级B的次电压规格
4			IEC 63119-1:2019	电动汽车充电漫游服务的信息交换 第1部分：通用要求
5			JIS D 0112:2000（2020确认）	电动汽车 术语（车辆）
6		电池及动力系统	JIS D 0113:2000（2020确认）	电动汽车 术语（电动机/制御装置）
7			JIS D 0114:2000（2020确认）	电动汽车 术语（电池）
8		外部充电及设施	JIS D 0115:2000（2020确认）	电动汽车 术语（充电器）
9			JIS D 62196-3:2014（2019确认）	电动汽车 充电插头、插座、车辆连接器和插销 第3部分：使用插销及接触管的直流及交流/直流用车辆耦合器的尺寸兼容性要求
10	安全要求	整车	ISO 6469-1:2019	电动汽车 安全规范 第1部分：车载可充电蓄能系统
11			ISO 6469-2:2019	电动汽车 安全规范 第2部分：车辆操作安全
12			ISO 6469-3:2021	电动汽车 安全规范 第3部分：电气安全
13			ISO 6469-4:2015	电动汽车 安全规范 第3部分：撞击后的电力安全

续表 16

序号	标准类型		标准号	标准名称
14	安全要求	整车	ISO 23273:2013	燃料电池车辆 安全性规范 带压缩氢燃料汽车用氢危险防护措施
15			SAE J 2426:2009	电动和混合动力汽车充电站系统的安全性和误操作试验
16			SAE H 2344—2010	电动汽车安全指引
17			JIS D 5305-2: 2007（2021确认）	电动汽车 安全要求 第 2 部分：功能安全要求和发生故障时的保护
18			JIS D 5305-3: 2007（2021确认）	电动汽车 安全要求 第 3 部分：电气危害和对人的保护
19		电池和动力系统	IEC 61982-4:2015	电动汽车用二次电池（锂电池除外） 第 4 部分：镍铁混合电池和模组的安全要求
20			IEC 62485-6:2021	二次电池和电池组装的安全要求 第 6 部分：牵引设备中的锂离子电池安全操作
21			IEC 63057:2020	使用碱性或其他非酸性电介质的二次电池或电池组 电动汽车动力用二次电池的安全要求
22			49 CFR Part 571.305	电动汽车 电解液溢出和电气安全
23			JIS D 5305-1: 2007（2021确认）	电动汽车 安全要求 第 1 部分：主电池
24		外部充电及设施	ISO 17409:2020	电动汽车 电动道路车辆连接到外部电源 安全要求
25			ISO 19363:2020	电动汽车 磁场无线功率传输 安全和互操作性要求
26	技术规范	整车	ISO 19453-1:2018	电动汽车 电动汽车驱动系统的电气和电子设备的环境条件和试验 第 1 部分：一般要求
27			ISO 19453-3:2018	电动汽车 电动汽车驱动系统的电气和电子设备的环境条件和试验 第 3 部分：机械负载
28		电池和动力系统	ISO 19453-4:2018	电动汽车 电动汽车驱动系统的电气和电子设备的环境条件和试验 第 4 部分：耐候性
29			ISO 19453-5:2018	电动汽车 电动汽车驱动系统的电气和电子设备的环境条件和试验 第 5 部分：耐化学腐蚀性
30			ISO/DIS 19453-6	电动汽车 电动汽车驱动系统的电气和电子设备的环境条件和试验 第 6 部分：牵引电池包和系统

续表 16

序号	标准类型		标准号	标准名称
31	技术规范	电池和动力系统	IEC 62660-1:2018 RLV	电动汽车用二次锂离子电池 第 1 部分：性能测试
32			IEC 62660-2:2018 RLV	电动汽车用二次锂离子电池 第 2 部分：可靠性和误操作实验
33			IEC 62660-3:2022 RLV	电动汽车用二次锂离子电池 第 3 部分：安全要求
34			IEC TR 62660-4: 2017	电动汽车用二次锂离子电池 第 4 部分：IEC 62660-3 中内部短路的可选测试方法
35			SAE J 1797—2016	电动汽车电池模组包装操作指南
36			SAE J 1798—2008	电动汽车电池模组排序操作指南
37		外部充电及设备	IEC 61851-1:2017	电动汽车传导充电系统 第 1 部分：一般要求
38			IEC 61851-21-1:2017	电动汽车传导充电系统 第 21-1 部分：电动汽车车载交流或直流充电器要求
39			IEC 61851-21-2:2018	电动汽车传导充电系统 第 21-2 部分：连接到交流或直流电源的电动汽车要求 非车载传导供电设备电磁兼容要求
40			IEC 61851-22:2001	电动汽车传导充电系统 第 22 部分：交流充电站
41			IEC 61851-23:2014	电动汽车传导充电系统 第 23 部分：直流充电站
42			IEC 61851-24:2014	电动汽车传导充电系统 第 24 部分：交流充电站和电动汽车交流充电控制系统之间的数据传输
43			IEC 61851-25:2020	电动汽车传导充电系统 第 25 部分：依靠电绝缘保护的交流驱动电动汽车的供电设备
44			IEC 61980-1:2020	电动汽车无线充电系统 第 1 部分：一般要求
45			IEC TS 61980-2: 2019	电动汽车无线充电系统 第 2 部分：电动车与系统间的通信要求
46			IEC TS 61980-3: 2019	电动汽车无线充电系统 第 3 部分：磁场无线电充电系统要求
47			IEC 62196-1:2014	插头、插座、汽车连接器和汽车插座 电动车有线充电 第 1 部分：一般要求
48			IEC 62196-2:2016	插头、插座、汽车连接器和汽车插座 电动车有线充电 第 2 部分：交流插脚和接触片附件的尺寸兼容性和可互换性要求

续表 16

序号	标准类型		标准号	标准名称
49	技术规范	外部充电及设备	IEC 62196-3:2014	插头、插座、汽车连接器和汽车插座　电动车有线充电　第 3 部分：直流和交流 / 直流插脚和接触片附件的尺寸兼容性和可互换性要求
50			IEC TS 62196-3-1:2020	插头、插座、汽车连接器和汽车插座　电动车有线充电　第 3-1 部分：与热管理系统共同使用的交流充电连接器、插座和电缆组件
51			IEC 62752:2016+AMD1:2018	电动道路车辆的模式 2 充电用引入电缆漏电保护器
52			IEC TS 62840-1: 2016	电动汽车电池替换系统　第 1 部分：一般要求和指南
53			IEC 62840-2:2016	电动汽车电池替换系统　第 2 部分：安全要求
54			IEC PAS 62840-3:2021	电动汽车电池替换系统　第 3 部分：使用可移动 RESS 和电池系统的电池替换系统操作的特定安全性和交互操作要求
55			IEC 62893-1:2017+AMD1:2020 CSV	额定功率不大于 0.6/1 kV 的电动汽车充电电缆　第 1 部分：一般要求
56			IEC 62893-2:2017	额定功率不大于 0.6/1 kV 的电动汽车充电电缆　第 2 部分：测试方法
57			IEC 62893-3:2017	额定功率不大于 0.6/1 kV 的电动汽车充电电缆　第 3 部分：IEC 61851-1 中额定电压不大于 450/750 V 的模 1、2 或 3 交流充电电缆
58			IEC 62893-4-1:2020	额定功率不大于 0.6/1 kV 的电动汽车充电电缆　第 4-1 部分：IEC 61851-1 中模 4 直流充电电缆　没有使用热管理系统的直流充电
59			IEC 62893-4-2:2021	额定功率不大于 0.6/1 kV 的电动汽车充电电缆　第 4-2 部分：IEC 61851-1 中模 4 直流充电电缆　使用热管理系统的直流充电电缆
60	质量要求	外部充电和设施	JIS D 61851-23:2014（2019 确认）	电动汽车　充电系统　第 23 部分：直流充电站
61			JIS D 61851-24:2014（2019 确认）	电动汽车　充电系统　第 24 部分：用于控制的直流充电站和电动汽车之间的数字通信
62	测试方法	整车	ISO 8714:2002	电动汽车　参考能耗和范围　乘用车和轻型商用车测试规程

续表 16

序号	标准类型		标准号	标准名称
63	测试方法	整车	ISO/TR 11954:2008	燃料电池电动汽车 最大速度测试
64			ISO/TR 11955:2008	混合动力电动道路车辆 电荷平衡检测
65			ISO 20762:2018	电动汽车 混合动力汽车的动力确定
66			ISO 21498-1:2021	电动汽车 B 级电压系统和组件的电性能及其测试方法 第 1 部分：次级电压术语和特性
67			ISO 21498-2:2021	电动汽车 B 级电压系统和组件的电性能及其测试方法 第 1 部分：组件的电性能测试
68			ISO 23274-1:2019	混合动力汽车 尾气排放和燃料消耗测试 第 1 部分：非外部充电车辆
69			ISO 23274-2:2021	混合动力汽车 尾气排放和燃料消耗测试 第 2 部分：外部充电车辆
70			ISO 23828:2013	燃料电池电动汽车 能耗测试 以高压氢气为燃料的汽车
71			JIS D 1301:2000（2020 确认）	电动汽车 行驶距离和能耗测试方法
72		电池和动力系统	ISO 18300:2016	电动车辆 组合铅酸电池或电容器的锂离子电池系统试验规范
73			IEC 61982:2012	电动汽车用二次电池（锂电池除外）性能与耐用试验
74			IEC 62576:2018 RLV	用于混合动力电动汽车的双电层电容器 电性能测试方法
75			ISO 12405-2:2012	电动汽车 锂离子牵引电池组和系统的测试规则 第 2 部分：高能应用
76			ISO 12405-4:2018	电动汽车 锂离子牵引电池组和系统的测试规则 第 4 部分：性能测试
77			ISO 21782-1:2019	电动汽车 电力驱动组件测试规程 第 1 部分：一般测试状态和定义
78			ISO 21782-2:2019	电动汽车 电力驱动组件测试规程 第 2 部分：动力系统的性能测试
79			ISO 21782-3:2019	电动汽车 电力驱动组件测试规程 第 3 部分：电机和逆变器的性能测试

续表 16

序号	标准类型		标准号	标准名称
80	测试方法	电池和动力系统	ISO 21782–4:2021	电动汽车 电力驱动组件测试规程 第 4 部分：直流 / 直流转换器性能测试
81			ISO 21782–5:2021	电动汽车 电力驱动组件测试规程 第 5 部分：动力系统的操作负载测试
82			ISO 21782–6:2019	电动汽车 电力驱动组件测试规程 第 6 部分：电机和逆变器的操作负载测试
83			ISO 21782–7:2021	电动汽车 电力驱动组件测试规程 第 7 部分：直流 / 直流转换器的操作负载测试
84			JIS D 1302：2004（2018 确认）	电动汽车 电动机 最高出力试验方法
85			JIS D 1303:2004（2018 确认）	电动汽车 电池 充电效率试验方法
86			JIS D 1401:2009（2019 确认）	混合动力电动汽车用双电层电容器电气性能测试方法
87		外部充电和设施	JIS D 1304：2004（2018 确认）	电动汽车 充电器 效率试验方法

【案例 10】新一代信息技术 5G 标准

美国圣地亚哥时间 2018 年 6 月 13 日，3GPP 5G NR 标准 SA（独立组网）方案在 3GPP 第 80 次 TSG RAN（无线电接入网技术规范组）全会正式完成并发布，标志着首个真正完整意义上的国际 5G 标准正式出炉。随着 5G 第一个版本标准的冻结，全球各国都将 5G 商用部署提上了议程。

香港共有两个机构参与到了 5G 标准的研讨过程中，分别是作为研究机构的香港应用科技研究院和 TCT 通讯公司（中国内地 TCL 通讯的子公司）。香港应用科技研究院只开展 5G 技术研究，没有进行产品的产业化。澳门没有机构参与到该 5G 标准的制定过程（名单上没有）。而在 3GPP 5G 标准的制定过程中，中国内地有 117 家企业或机构成为 3GPP 的伙伴（美国有 94 家），包括设备商华为、中兴、大唐、普天、信威，芯片制造商海思、展讯等，手机厂商 vivo、OPPO、努比亚、酷派、小米，运营商中国移动、中国联通、中国电信、中国信息通信研究院等。5G 标准的较量主要在于信道编码之争，此前有 Turbo 码、LDPC 码和 Polar 码三种编码方案被纳入讨论，其中美国运营商和企业主推的 LDPC 码战胜了另外两个编码方案，被采纳为 5G eMBB 场景的数据信道编码。随后，以华为为主的中国通信企业主推的Polar码在5G核心标准上取胜，成为5G eMBB场景的控制信道编码方案，与LDPC码在5G eMBB场景的数据信道编码方案上平分秋色。在粤港澳区域内，深圳的企业华为在5G国际标准领域已经开始向一直以来垄断全球电信标准的国家发起挑战。从2019—2021年一系列华为在国际市场上面临的激烈抵抗冲突和热情欢迎姿态共存的情况来看，我国内地的通信产业走向国际市场的道路是充满挑战的。

在粤港澳区域的标准应用市场上，香港通讯事务管理局于2018年开始对用于5G网络的频带进行公众咨询和专家研讨，并于2020年4月正式向消费者推出了5G业务。目前开展5G服务的共有4家供应商的5个品牌，分别是中国移动香港、香港电讯（以两个品牌“1010”和“CSL”提供服务）、和记电讯、数码通电讯。四家公司分别独立或合作建设了包括5G基站在内的基础设施，基站总数约为8000个。到2021年年底，客户量最大的前两家公司的5G客户数量分别达到了100万人和68万人。四家5G供应商中，前三家公司的基站主要是与华为合作建设，而数码通电讯有限公司早期选择采用爱立信网络设备。目前香港市场的5G基础设施与广东省的执行标准基本一致。澳门政府目前还没有发放5G牌照，但澳门电讯、中国电信（澳门）等运营商已经提前做好了基础设施建设准备，建设实施方均为以华为为代表的内地企业。在我国内地的通信产业走向国际化的过程中，香港和澳门作为自由贸易港，有能力发挥其国际港的作用助推内地通信标准向事实性的国际标准迈进，进而推动通信产业的国际化。反之，如果香港和澳门地区采用其他的通信标准，对毗邻的广东标准、深圳标准的国际化会形成第一道国际贸易壁垒。

虽然粤港澳三地的5G基础设施建设标准基本一致，但由于三地的电信监管方式不同、运营商不同，同样造成了三地数据联通的阻碍。我国内地各城市之间手机网络的切换可以实现自动完成，且目前内地的三大运营商已基本取消了国内手机长途和漫游费。但内地与香港、澳门的电信服务联通还存在比较大的障碍。在香港，除中国移动（香港）可以通过申请开通内地使用权限，以及和记电讯可借用中国移动的网络帮助自己的客户开通内地通话业务外，其他公司的电话卡均不能在内地使用。在澳门，除使用中国电信（澳门）“一卡双号”的用户外，其他运营商的电话卡均不能在内地使用。即使是能够在粤港澳三地通用的电话卡，其漫游费用也比较高，特别是借助其他公司网络的情况，漫游费更高。在粤港澳大湾区建设的背景下，部分运营商推出了“三地漫游卡”，为经常往来粤港澳三地的人士提供便利。但这还不足以解决当前通信现状对粤港澳三地频繁的经贸、人员往来造成的阻碍。

【案例11】生物技术

自2003年人类基因组计划完成以来，以基因组研究和基因测序为主的相关应用开始兴起。特别是从2005年罗氏公司发布基于焦磷酸测序技术的454测序仪开始，测序成本大幅度下降，新的测序技术不断涌现，基因测序在全球范围进一步普及，越来越多的人类基因组和物种基因组解密完成。2015年，因美纳（Illumina）公司首次将人的全基因组测序价格降至1000美金，2018年，处于粤港澳区域的深圳市的华大基因，率先将人的全基因组测序价格降至 600 美金。华大基因目前已建成覆盖国内所有省（自治区、直辖市）的 2000 多家科研机构和 2300 多家医疗机构、全球 100 多个国家和地区的超过 3000 家海外医疗和科研机构的营销服务网络，成为全球屈指可数的掌握基因行业全产业链及全应用领域关键要素的科技公司，跻身于全球生物技术产业第一方阵。

ISO（国际标准化组织）于 2013 年开始成立国际标准化组织生物技术委员会（ISO/TC 276），该委员会主要由德国标准化学会筹建和主办。我国于 2013 年加入 ISO/TC 276，位于粤港澳区域的深圳市标准化技术委员会和华大基因是工作组的重要成员，参与到了 ISO 国际标准的 17 个已发布标准和 7 个在研标准的研究制定中。深圳华大生命科学研究院的徐迅博士自 2018 年起出任国际标准化组织生物技术委员会的副主席，充分展示了我国参与和引领该领域国际标准的实力。香港创新科技署是该委员会的观察成员，负责 ISO 标准在香港地区的使用和实施。香港和澳门都没有官方的标准化组织，因而该机构参与活动的主要任务是将必要的标准条款纳入香港法例或部门的规章制度中。由于以政府监管、安全管理为目标的标准指标采用的理念不同，粤港澳三地的标准采用数量、内容和指标等级均有差异。

除 ISO/TC 276 外，ISO 组织开展生物技术相关标准制定的专业机构还有 ISO/TC 215/SC 1 健康信息学标准化技术委员会第 1 工作组——“基因信息”工作组，该工作组主要负责制定与生物技术相关的基础标准。我国是该工作组的成员之一，香港和澳门还未参与到该工作组中。ISO/TC 34 食品标准化技术委员会第 16 工作组——“分子生物标记分析的水平方法”工作组制定了与食物相关的生物技术标准。我国也是该工作组的成员之一。

我国广东地区的生物技术产业和研究机构在制定生物标准制品，如细菌和真菌感染多重核酸检测试剂标准品、血浆基因突变检测标准品、基因突变检测标准品、新生儿筛查氨基酸和肉碱干血片标准品等领域，以及在精准医学检测和公共卫生防控方面都已经取得了突出的成绩。我国的生物技术正在走出国门，影响着全球生物技术标准的制定和市场应用。在保障生物安全和发挥生物技术优势方面，我国均走在全球前列。粤港澳三地应发挥协同优势，助力粤港澳区域的生物技术水平和品牌提升其在国际市场的影响力和国际形象。

我国与生物技术相关的法律法规见表 17，ISO 生物技术标准见表 18，我国内地的生物技术相关标准见表 19。

表 17　与生物技术相关的法律法规

地区	发布机构	文件名称
广东	国务院令 2001 年第 304 号，2017 年修订	农业转基因生物安全管理条例
	国务院令 2004 年第 424 号，2019 年修订	病原微生物实验室生物安全管理条例
	农业部令 2002 年第 8 号，2022 年修订	农业转基因生物安全评价管理办法
	农业部令 2002 年第 10 号	农业转基因生物标识管理办法
	农业部令 2007 年第 59 号	农业转基因生物加工审批办法
	科学技术部令 2019 年第 18 号	高等级病原微生物实验室建设审查办法

续表 17

地区	发布机构	文件名称
广东	国家质量监督检验检疫总局令 2005 年第 62 号	进出境转基因产品检验检疫管理办法
	国家药品监督管理局 2003 年第 36 号	生物制品批签发管理办法
	粤卫〔2009〕73 号	广东省卫生厅关于一、二级病原微生物实验室生物安全的管理规定
香港	《香港法例》第 607 章	基因改造生物（管制释出）条例
澳门	无	

表 18　生物技术 ISO 标准

序号	标准类型		标准号	标准名称	我国转化情况
1	通用	基础标准	ISO/TR 3985:2021	生物技术 数据发布 初步考虑与概念	—
2			ISO 5058-1:2021	生物技术 基因组编辑 第 1 部分：词汇	—
3			ISO 16577:2016	分子生物标记分析 术语和定义	—
4			ISO 21393:2021	基因信息 组学标记语言（OML）	—
5			ISO 21710:2020	生物技术 微生物资源中心数据管理和发布规范	—
6			ISO/TS 22690:2021	基因信息 高通量基因表达数据的可靠性评估条款	—
7			ISO/TS 22692:2020	基因信息 DNA 排序质量控制指标	—
8			ISO 25720:2009	基因信息 基因序列变异标记语言（GSVML）	—
9		技术要求	ISO 20387:2018	生物技术 生物银行 对生物银行的一般要求	—
10			ISO/TS 20388:2021	生物技术 生物银行 动物生物材料的要求	—
11			ISO/DIS 20404	生物技术 生物处理 医疗用细胞包装设计的一般要求	—
12			ISO 20688-1:2020	生物技术 核酸合成 第 1 部分：合成寡核苷酸的生产和质量控制要求	—
13			ISO 21709:2020	生物技术 生物银行 哺乳动物细胞系建立、维护和特性的过程和质量要求	—
14			ISO 21973:2020	生物技术 治疗用细胞运输的一般要求	—

续表 18

序号	标准类型		标准号	标准名称	我国转化情况
15	通用	技术要求	ISO/TR 22758:2020	生物技术 生物银行 ISO 20387 实施指南	—
16			ISO/TS 23565:2021	生物技术 生物处理 治疗用细胞制造用设备系统的一般要求和注意事项	—
17		材料标准	ISO/TS 20399-1:2018	生物技术 细胞治疗产品生产过程中的辅助材料 第 1 部分：一般要求	—
18			ISO/TS 20399-2:2018	生物技术 细胞治疗产品生产过程中的辅助材料 第 2 部分：辅助材料供应商的最佳实践指南	—
19			ISO/TS 20399-3:2018	生物技术 细胞治疗产品生产过程中的辅助材料 第 3 部分：辅助材料使用者的最佳实践指南	—
20		测试方法	ISO 13495:2013	使用核酸进行品种鉴定的选择原则和确认准则	—
21			ISO/TS 16393:2019	分子生物标记分析 质量测试和确认方法的效果特性测试	—
22			ISO 16578:2013	分子生物标记分析 核酸排序微阵列检测的一般定义和要求	—
23			ISO 20391-1:2018	生物技术 细胞计数 第 1 部分：细胞计数方法的一般指导	—
24			ISO 20391-2:2019	生物技术 细胞计数 第 2 部分：实验设计和统计分析来量化计数方法的性能	—
25			ISO 20395:2019	生物技术 核酸目标序列量化方法性能评估要求 qPCR 和 dPCR	国家标准正在转化
26			ISO 20397-1:2022	生物技术 大规模平行测序 第 1 部分：核酸和文库建设	—
27			ISO 20397-2:2021	生物技术 大规模平行测序 第 2 部分：测序数据的质量评价	—
28			ISO 21572:2019	食物 分子生物标记分析 蛋白质检测和定量的免疫化学测试	—
29			ISO 21899:2020	生物技术 生物银行 生物银行中生物材料加工方法的验证和验证的一般要求	—

续表 18

序号	标准类型		标准号	标准名称	我国转化情况
30	通用	测试方法	ISO 23033:2021	生物技术 分析方法细胞治疗产品测试和表征的一般要求和注意事项	—
31	植物类	测试方法	IWA 32:2019	棉花及植物中的转基因成分筛查	—
32			ISO/TR 17622:2015	分子生物标记分析 向日葵的简单重复序列分析（SSR）	—
33			ISO/TR 17623:2015	分子生物标记分析 玉米的简单重复序列分析（SSR）	—
34			ISO 21569:2005/Amd 1:2013	食物 转基因生物及其产品的检测分析方法 定性核酸检测法	—
35			ISO 21570:2005/Amd 1:2013	食物 转基因生物及其产品的检测分析方法 定量核酸检测法	—
36			ISO 21571:2005/Amd 1:2013	食物 转基因生物及其产品的检测分析方法 核酸提取	—
37			ISO/TS 21569-2:2021	分子生物标记分析 转基因生物及其产品检测的分析方法 第2部分：实时荧光定量检测亚麻籽及其产品中FP967的方法	—
38			ISO/TS 21569-3:2021	分子生物标记分析 转基因生物及其产品检测的分析方法 第3部分：实时荧光定量筛查转基因生物P35S-pat序列的方法	—
39			ISO/TS 21569-4:2021	分子生物标记分析 转基因生物及其产品检测的分析方法 第4部分：实时荧光定量筛查the P-nos和P-nos-nptII序列的方法	—
40			ISO/TS 21569-5:2021	分子生物标记分析 转基因生物及其产品检测的分析方法 第5部分：实时荧光定量筛查the FMV promoter（P-FMV）序列的方法	—
41			ISO/TS 21569-5:2021	分子生物标记分析 转基因生物及其产品检测的分析方法 第5部分：实时荧光定量筛查cry1Ab/Ac和Pubi-cry序列的方法	—
42			ISO 22753:2021	分子生物标记分析 转基因种子和谷物样品分析组测试数据的统计学评估方法	—
43			ISO 22942-1:2022	分子生物标记分析 等温聚合酶链式反应（isoPCR）法 第1部分：一般要求	—

续表 18

序号	标准类型		标准号	标准名称	我国转化情况
44	植物类	测试方法	ISO/TS 23105:2021	生物技术　生物银行　研究和开发用植物生物材料的生物库要求	—
45			ISO 24276:2006/Amd 1:2013	食物　转基因生物及其产品检测的分析方法　一般要求和定义	—
46			ISO/AWI 5354-1	农业纤维的分子生物学标记　第 1 部分：从棉花及其纤维中提取的 DNA	—
47	动物类	测试方法	ISO 18074:2015	DNA 技术鉴定动物纤维　羊绒、羊毛、牛毛及其混合物	—
48			ISO/TS 20224-1:2020	分子生物标记分析　实时荧光定量法检测食物和饲料中的动物成分　第 1 部分：牛类 DNA 检测方法	—
49			ISO/TS 20224-2:2020	分子生物标记分析　实时荧光定量法检测食物和饲料中的动物成分　第 2 部分：绵羊类 DNA 检测方法	—
50			ISO/TS 20224-3:2020	分子生物标记分析　实时荧光定量法检测食物和饲料中的动物成分　第 3 部分：猪类 DNA 检测方法	—
51			ISO/TS 20224-4:2020	分子生物标记分析　实时荧光定量法检测食物和饲料中的动物成分　第 4 部分：禽类 DNA 检测方法	—
52			ISO/TS 20224-5:2020	分子生物标记分析　实时荧光定量法检测食物和饲料中的动物成分　第 5 部分：山羊类 DNA 检测方法	—
53			ISO/TS 20224-6:2020	分子生物标记分析　实时荧光定量法检测食物和饲料中的动物成分　第 6 部分：马类 DNA 检测方法	—
54			ISO/TS 20224-7:2020	分子生物标记分析　实时荧光定量法检测食物和饲料中的动物成分　第 7 部分：驴类 DNA 检测方法	—
55			ISO 20813:2019	分子生物标记分析　在食物和食物产品中动物成分的检测和确定分析方法（核酸法）一般要求和定义	—

续表 18

序号	标准类型		标准号	标准名称	我国转化情况
56	动物类	测试方法	ISO 22949-1:2021	分子生物标记分析 在食物和饲料中动物成分的检测和确定分析方法（核苷酸法） 第 1 部分：一般要求	—

表 19 中国内地生物技术相关标准

序号	标准类型		标准号	标准名称	采用国际标准	归口单位
1	通用类	基础标准	GB/T 37872—2019	目标基因区域捕获质量评价通则	—	国家标准物质研究中心
2		测试方法	GB/T 37873—2019	合成基因质量评价通则	—	国家标准物质研究中心
3			GB/T 30989—2014	高通量基因测序技术规程	—	全国生化检测标准化技术委员会
4			GB/T 34265—2017	Sanger 法测序技术指南	—	全国生化检测标准化技术委员会
5			GB/T 34796—2017	水溶液中核酸的浓度和纯度检测 紫外分光光度法	—	全国生化检测标准化技术委员会
6			GB/T 34797—2017	核酸引物探针质量技术要求	—	全国生化检测标准化技术委员会
7			GB/T 34798—2017	核酸数据库序列格式规范	—	全国生化检测标准化技术委员会
8			GB/T 35537—2017	高通量基因测序结果评价要求	—	全国生化检测标准化技术委员会
9			GB/T 35890—2018	高通量测序数据序列格式规范	—	全国生化检测标准化技术委员会
10			GB/T 38477—2020	基因表达的测定 蛋白印迹法	—	中国标准化研究院
11			GB/T 39512—2020	磷酸化标记核酸检测通则	—	全国生化检测标准化技术委员会
12			GB/T 40170—2021	质粒抽提及检测通则	—	全国生化检测标准化技术委员会

续表 19

序号	标准类型		标准号	标准名称	采用国际标准	归口单位
13	通用类	测试方法	GB/T 40171—2021	磁珠法 DNA 提取纯化试剂盒检测通则	—	全国生化检测标准化技术委员会
14			GB/T 40664—2021	用于高通量测序的核酸类样本质量控制通用要求	—	全国生物样本标准化技术委员会
15			GB/T 40974—2021	核酸样本质量评价方法	—	全国生物样本标准化技术委员会
16	植物类	测试方法	GB/T 19495.2—2004	转基因产品检测　实验室技术要求	—	国家认证认可监督管理委员会
17			GB/T 19495.3—2004	转基因产品检测　核酸提取纯化方法	—	国家认证认可监督管理委员会
18			GB/T 19495.4—2018	转基因产品检测　实时荧光定性聚合酶链式反应（PCR）检测方法	—	全国植物检疫标准化技术委员会
19			GB/T 19495.5—2018	转基因产品检测　实时荧光定量聚合酶链式反应（PCR）检测方法	—	全国植物检疫标准化技术委员会
20			GB/T 19495.6—2004	转基因产品检测　基因芯片检测方法	—	国家认证认可监督管理委员会
21			GB/T 19495.7—2004	转基因产品检测　抽样和制样方法	—	国家认证认可监督管理委员会
22			GB/T 19495.8—2004	转基因产品检测　蛋白质检测方法	—	农业农村部
23			GB/T 19495.9—2017	转基因产品检测　植物产品液相芯片检测方法	—	全国生化检测标准化技术委员会
24			GB/T 30986—2014	生化制品中葡萄糖、蔗糖、麦芽糖含量的测定　液相色谱示差折光法	—	全国生化检测标准化技术委员会
25			GB/T 30987—2020	植物中游离氨基酸的测定	—	全国生化检测标准化技术委员会
26			GB/T 30988—2014	多酚类植物基因组 DNA 提取纯化及测试方法	—	全国生化检测标准化技术委员会

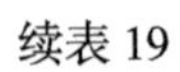
续表 19

序号	标准类型		标准号	标准名称	采用国际标准	归口单位
27	植物类	测试方法	GB/T 33526—2017	转基因植物产品数字 PCR 检测方法	—	全国生化检测标准化技术委员会
28			GB/T 35535—2017	大豆、油菜中外源基因成分的测定　膜芯片法	—	全国生化检测标准化技术委员会
29			GB/T 38132—2019	转基因植物品系定量检测数字 PCR 法	—	全国生化检测标准化技术委员会
30			GB/T 38133—2019	转基因苜蓿实时荧光 PCR 检测方法	—	全国生化检测标准化技术委员会
31			GB/T 38163—2019	常见过敏蛋白的测定　液相色谱－串联质谱法	—	全国生化检测标准化技术委员会
32			GB/T 38505—2020	转基因产品通用检测方法	—	全国生化检测标准化技术委员会
33			GB/T 38570—2020	植物转基因成分测定　目标序列测序法	—	中国标准化研究院
34			GB/T 40176—2021	植物源性产品中木二糖的测定　亲水保留色谱法	—	全国生化检测标准化技术委员会
35			GB/T 40179—2021	植物中有机酸的测定　液相色谱－质谱/质谱法	—	全国生化检测标准化技术委员会
36			GB/T 40220—2021	植物代谢产物大豆凝集素测定　酶联免疫吸附法	—	全国生化检测标准化技术委员会
37			GB/T 40223—2021	植物代谢产物游离棉酚测定　酶联免疫吸附法	—	全国生化检测标准化技术委员会
38			GB/T 40267—2021	植物源产品中左旋多巴的测定 高效液相色谱法	—	全国生化检测标准化技术委员会
39			GB/T 40348—2021	植物源产品中辣椒素类物质的测定　液相色谱－质谱/质谱法	—	全国生化检测标准化技术委员会
40			GB/T 40368—2021	植物代谢产物胰蛋白酶抑制因子测定　酶联免疫吸附法	—	全国生化检测标准化技术委员会
41			SN/T 5406—2021	进口食用植物油中转基因成分检测方法	—	中华人民共和国海关总署

续表 19

序号	标准类型		标准号	标准名称	采用国际标准	归口单位
42	动物类	基础标准	GB/T 40184—2021	畜禽基因组选择育种技术规程	—	中国标准化研究院
43		测试方法	GB/T 32132—2015	动物性材料（羊毛、羊绒、鸭绒、鹅绒）属性 DNA 鉴定方法 实时荧光 PCR 法	—	全国生化检测标准化技术委员会
44			GB/T 33412—2016	生物制品中羟基柠檬酸的测定 高效液相色谱法	—	全国生化检测标准化技术委员会
45			GB/T 33681.1—2017	高通量基因测序样本预处理方法 第 1 部分：动物组织样本预处理	—	全国生化检测标准化技术委员会
46			GB/T 34746—2017	犬细小病毒基因分型方法	—	全国动物卫生标准化技术委员会
47			GB/T 34748—2017	水产种质资源基因组 DNA 的微卫星分析	—	全国水产标准化技术委员会
48			GB/T 34777—2017	中国仓鼠卵巢（CHO）细胞表达产品残留 DNA 检测 荧光定量 PCR 法	—	全国生化检测标准化技术委员会
49			GB/T 35918—2018	动物制品中动物源性检测基因条码技术 Sanger 测序法	—	全国生化检测标准化技术委员会
50			GB/T 38086—2019	生物样品中金属硫蛋白含量的测定	—	全国生化检测标准化技术委员会
51			GB/T 38164—2019	常见畜禽动物源性成分检测方法 实时荧光 PCR 法	—	全国生化检测标准化技术委员会
52			GB/T 38506—2020	动物细胞培养过程中生化参数的测定方法	—	全国生化检测标准化技术委员会
53			GB/T 40172—2021	哺乳动物细胞交叉污染检测方法通用指南	—	全国生化检测标准化技术委员会
54	人类	基础标准	GB/T 37864—2019	生物样本库质量和能力通用要求	—	全国生物样本标准化技术委员会
55			GB/T 38736—2020	人类生物样本保藏伦理要求	—	全国生物样本标准化技术委员会

续表 19

序号	标准类型		标准号	标准名称	采用国际标准	归口单位
56	人类	基础标准	GB/T 39766—2021	人类生物样本库管理规范	—	全国生物样本标准化技术委员会
57			GB/T 39768—2021	人类生物样本分类与编码	—	全国生物样本标准化技术委员会
58			GB/T 40364—2021	人类生物样本库基础术语	—	全国生物样本标准化技术委员会
59			GB/T 40419—2021	健康信息学 基因组序列变异置标语言（GSVML）	修改 ISO 25720:2009	中国标准化研究院
60			GB/T 41009—2021	法庭科学 DNA 数据库选用的基因座及其数据结构	—	全国刑事技术标准化技术委员会
61			团体标准	产前外显子组测序遗传咨询和报告规范	—	广东省精准医学应用学会
62		测试方法	GB/T 38165—2019	人体外周血中循环游离 DNA 浓度检测 基于 Alu 序列实时荧光 PCR 法	—	全国生化检测标准化技术委员会
63			GB/T 38576—2020	人类血液样本采集与处理	—	全国生物样本标准化技术委员会
64			GB/T 38735—2020	人类尿液样本采集与处理	—	全国生物样本标准化技术委员会
65			GB/T 39767—2021	人类生物样本管理规范	—	全国生物样本标准化技术委员会
66			GB/T 40352.1—2021	人类组织样本采集与处理 第1部分：手术切除组织	—	全国生物样本标准化技术委员会
67			YY/T 1180—2021	人类白细胞抗原（HLA）基因分型检测试剂盒	—	国家药品监督管理局
68			团体标准	基于孕妇外周血浆游离 DNA 高通量测序无创产前筛查胎儿基因组病技术标准	—	广东省精准医学应用学会

续表 19

序号	标准类型		标准号	标准名称	采用国际标准	归口单位
69	微生物类	测试方法	GB/T 33682—2017	基质辅助激光解析电离飞行时间质谱鉴别微生物方法通则	—	全国生化检测标准化技术委员会
70			GB/T 35536—2017	酵母浸出粉检测方法	—	全国生化检测标准化技术委员会
71			GB/T 38485—2021	微生物痕量基因残留测定　微滴数字 PCR 法	—	中国标准化研究院
72			GB/T 40226—2021	环境微生物宏基因组检测　高通量测序法	—	全国生化检测标准化技术委员会
73			GB/T 40365—2021	细胞无菌检测通则	—	全国生化检测标准化技术委员会
74			SN/T 5361—2021	出口食品中阪崎克罗诺杆菌检测方法 fusA 基因测序法	—	中华人民共和国海关总署
75	生化制剂	试剂制剂	GB/T 30990—2014	溶菌酶活性检测方法	—	全国生化检测标准化技术委员会
76			GB/T 32226—2015	果糖二磷酸钠（FDP）含量测定用固体复合酶（ALD、TIM、GDH）试剂	—	全国生化检测标准化技术委员会
77			GB/T 33411—2016	酶联免疫分析试剂盒通则	—	全国生化检测标准化技术委员会
78			GB/T 34794—2017	琼脂糖凝胶回收试剂盒测定通则	—	全国生化检测标准化技术委员会
79		检测方法	GB/T 32131—2015	辣根过氧化物酶活性检测方法　比色法	—	全国生化检测标准化技术委员会
80			GB/T 33409—2016	β-半乳糖苷酶活性检测方法　分光光度法	—	全国生化检测标准化技术委员会
81			GB/T 33410—2016	生化试剂中蛋白酶 K 活性检测方法	—	全国生化检测标准化技术委员会
82			GB/T 34795—2017	谷氨酰胺转氨酶活性检测方法	—	全国生化检测标准化技术委员会
83			GB/T 34799—2017	几丁质酶活性检测方法	—	全国生化检测标准化技术委员会

续表 19

序号	标准类型		标准号	标准名称	采用国际标准	归口单位
84	生化制剂	检测方法	GB/T 35534—2017	胰酪蛋白胨检测方法	—	全国生化检测标准化技术委员会
85			GB/T 39100—2020	多肽抗氧化性测定 DPPH 和 ABTS 法	—	全国生化检测标准化技术委员会
86			GB/T 39101—2020	多肽抗菌性测定 抑菌圈法	—	全国生化检测标准化技术委员会
87			GB/T 39995—2021	甾醇类物质的测定	—	全国生化检测标准化技术委员会
88			GB/T 40173—2021	水溶性壳聚糖中还原性端基糖的测定 分光光度法	—	全国生化检测标准化技术委员会
89			GB/T 40225—2021	肌动蛋白抗体的检测 免疫印迹法	—	全国生化检测标准化技术委员会
90			GB/T 40265—2021	酶免疫检测抗体检测通则	—	全国生化检测标准化技术委员会
91			GB/T 40268—2021	免疫磁性材料性能检测方法	—	全国生化检测标准化技术委员会
92			GB/T 40369—2021	免疫层析试纸条检测通则	—	全国生化检测标准化技术委员会
93			GB/T 40980—2021	生化制品中还原糖的测定 柱前衍生高效液相色谱法	—	全国生化检测标准化技术委员会

【案例 12】石墨烯产业

自 2010 年石墨烯的发现获得诺贝尔物理学奖以来，科学界和产业界就开始对石墨烯进行狂热的追逐。全国纳米技术标准化委员会从 2014 年即开始筹备与石墨烯相关的标准化工作，广东省石墨烯标准化技术委员会于 2018 年成立。北京、江苏等地的石墨烯产业逐渐形成链接科研、成果转化、标准制定、市场拓展的产业体系。中国石墨烯标准化委员会及其国际标准产业联盟作为我国团体标准的代表，参与了国家标准的制定，推进国际联盟标准的研究。目前中国内地已经发布的石墨烯国家标准有 8 项，团体标准有 62 项，地方标准超过 50 项，筹备中的各类标准数量过百项。国际标准化组织 ISO 于 2005 年成立了 ISO/TC 229 纳米技术标准化技术委员会，目前已发布与石墨烯相关的标准 4 项，正在拟定的相关标准 6 项；国际电工委员会 IEC 于 2006 年成立了 IEC/TC 113

纳米电工产品与系统技术委员会，目前已发布与石墨烯相关的标准 11 项，正在拟定的相关标准 7 项（见表 20）。中国是 ISO/TC 229 和 IEC/TC 113 的成员，中国香港是观察员，中国澳门没有参与到相关工作中。

广东地区在当前的基础标准制修订方面紧紧跟随国家标准的制定步伐，且在产业应用技术方面走在前列。由中国石墨烯产业技术创新战略联盟产业研究中心发布的《全球石墨烯产业研究报告》显示，我国 21% 的石墨烯相关企业落户广东，企业数量过千家。广东石墨烯产业技术水平和标准制修订进度与全国的石墨烯产业共同领先全球。石墨烯纳米技术作为全球关注的新兴产业，是区域产业国际品牌的建设点之一，特别是在我国产业基础雄厚的情况下，可以充分发挥港澳在国际物流和贸易环节中自主采用标准的协调作用，能够为形成区域产业优势、打造区域国际品牌产生强大助力。

表 20　石墨烯相关标准

序号	国家或地区		标准号	标准名称	归口单位
1	中国内地标准	基础标准	GB/T 30544.13—2018（等同采用 ISO/TS 80004-13:2017）	纳米科技　术语　第 13 部分：石墨烯及相关二维材料	全国纳米技术标准化技术委员会
2			DB45/T 1421—2016	石墨烯三维构造粉体材料名词术语和定义	广西壮族自治区质量技术监督局
3		测试方法	GB/Z 38062—2019	纳米技术　石墨烯材料比表面积的测试　亚甲基蓝吸附法	全国纳米技术标准化技术委员会
4			GB/T 38114—2019	纳米技术　石墨烯材料表面含氧官能团的定量分析　化学滴定法	全国纳米技术标准化技术委员会
5			GB/T 40066—2021	纳米技术　氧化石墨烯厚度测量　原子力显微镜法	全国纳米技术标准化技术委员会
6			GB/T 40069—2021	纳米技术　石墨烯相关二维材料的层数测量　拉曼光谱法	全国纳米技术标准化技术委员会
7			GB/T 40071—2021	纳米技术　石墨烯相关二维材料的层数测量　光学对比度法	全国纳米技术标准化技术委员会
8			GB/T 41067—2021	纳米技术　石墨烯粉体中硫、氟、氯、溴含量的测定　燃烧离子色谱法	全国纳米技术标准化技术委员会
9			GB/T 41068—2021	纳米技术　石墨烯粉体中水溶性阴离子含量的测定　离子色谱法	全国纳米技术标准化技术委员会
10			SN/T 1690.3—2019	新型纺织纤维成分分析方法　第 3 部分：石墨烯改性纤维的定性鉴别	海关总署

续表 20

序号	国家或地区		标准号	标准名称	归口单位
11	中国内地标准	测试方法	DB13/T 2768.1—2018	石墨烯粉体材料检测方法 第1部分：灰分的测定	河北省市场监督管理局
12			DB13/T 2768.2—2018	石墨烯粉体材料检测方法 第2部分：碳、氮、氢、硫、氧元素含量的测定	河北省市场监督管理局
13			DB13/T 2768.3—2018	石墨烯粉体材料检测方法 第3部分：电导率的测定	河北省市场监督管理局
14			DB13/T 2768.4—2018	石墨烯粉体材料检测方法 第4部分：比表面积、孔容和孔径 BET 法	河北省市场监督管理局
15			DB13/T 2768.5—2018	石墨烯粉体材料检测方法 第5部分：热扩散系数的测定 闪光法	河北省市场监督管理局
16			DB13/T 5025.1—2019	石墨烯－碳纳米管复合导电浆料测定方法 第1部分：固含量的测定	河北省市场监督管理局
17			DB13/T 5025.2—2019	石墨烯－碳纳米管复合导电浆料测定方法 第2部分：水分含量的测定	河北省市场监督管理局
18			DB13/T 5025.3—2019	石墨烯－碳纳米管复合导电浆料测定方法 第3部分：磁性异物含量的测定	河北省市场监督管理局
19			DB13/T 5025.4—2019	石墨烯－碳纳米管复合导电浆料测定方法 第4部分：金属元素含量的测定 电感耦合等离子体发射光谱法	河北省市场监督管理局
20			DB13/T 5026.1—2019	石墨烯导电浆料物理性质的测定方法 第1部分：浆料黏度的测定 旋转黏度计法	河北省市场监督管理局
21			DB13/T 5026.2—2019	石墨烯导电浆料物理性质的测定方法 第2部分：浆料细度的测定 刮板细度计法	河北省市场监督管理局
22			DB13/T 5026.3—2019	石墨烯导电浆料物理性质的测定方法 第3部分：浆料极片电阻率的测定 四探针法	河北省市场监督管理局
23			DB13/T 5255—2020	石墨烯导电油墨方阻的测定 四探针法	河北省市场监督管理局

续表 20

序号	国家或地区		标准号	标准名称	归口单位
24	中国内地标准	测试方法	DB23/T 2492—2019	石墨烯材料 碳、氮、氢、硫、氧元素含量测试方法	黑龙江省市场监督管理局
25			DB32/T 3595—2019	石墨烯材料 碳、氢、氮、硫、氧含量的测定 元素分析仪法	国家石墨烯产品质量监督检验中心（江苏）
26			DB32/T 3596—2019	石墨烯材料 热扩散系数及导热系数的测定 闪光法	国家石墨烯产品质量监督检验中心（江苏）
27			DB32/T 3792—2020	石墨烯薄膜透光率测试 透光率仪法	江苏省石墨烯标准化技术委员会
28			DB32/T 4026—2021	石墨烯材料热扩散系数测定 激光闪射法	江苏省石墨烯标准化技术委员会
29			DB32/T 4027—2021	石墨烯粉体电导率测定 动态四探针法	江苏省石墨烯标准化技术委员会
30			T/CGIA 003—2021	石墨烯产业技术创新成熟度评价指南	中关村华清石墨烯产业技术创新联盟
31			T/CGIA 011—2019	石墨烯材料碘吸附值的测定方法	中关村华清石墨烯产业技术创新联盟
32			T/CGIA 012—2019	石墨烯材料中金属元素含量的测定 电感耦合等离子体发射光谱法	中关村华清石墨烯产业技术创新联盟
33			T/CGIA 013—2019	石墨烯材料中硅含量的测定－硅钼蓝分光光度法	中关村华清石墨烯产业技术创新联盟
34			T/CGIA 014—2019	石墨烯导电浆料分散稳定性评价方法	中关村华清石墨烯产业技术创新联盟
35			T/CNTAC 21—2018	纤维中石墨烯材料的鉴别方法 透射电镜法	中国纺织工业联合会
36			T/CNTAC 70—2020	纤维中石墨烯材料的定量分析 元素分析法	中国纺织工业联合会
37			T/CSTM 00166.1—2020	石墨烯材料表征 第 1 部分 拉曼光谱法	中关村材料试验技术联盟

续表 20

序号	国家或地区		标准号	标准名称	归口单位
38	中国内地标准	测试方法	T/CSTM 00166.2—2020	石墨烯材料表征 第2部分 X射线衍射法	中关村材料试验技术联盟
39			T/CSTM 00166.3—2020	石墨烯材料表征 第3部分 透射电子显微镜法	中关村材料试验技术联盟
40			T/CSTM 00168—2020	石墨烯粉体材料判定指南	中关村材料试验技术联盟
41			T/CSTM 00197—2021	石墨烯量子点 蓝光发射相对荧光量子产率测定 分子荧光光谱法	中关村材料试验技术联盟
42			T/CSTM 00198—2021	石墨烯量子点 类酶活力测定 紫外/可见分光光度法	中关村材料试验技术联盟
43			T/CSTM 00229—2020	涂料中石墨烯材料的测定扫描电镜–能谱法	中关村材料试验技术联盟
44			T/CSTM 00591—2022	石墨烯–铜薄膜材料电导率测量 范德堡法	中关村材料试验技术联盟
45			T/GDASE 0007—2020	石墨烯粉体导热系数的测定	广东省特种设备行业协会
46			T/GDASE 0008—2020	石墨烯薄膜杨氏模量的测定 原子力显微镜法	广东省特种设备行业协会
47			T/GDASE 0010—2020	石墨烯薄膜电子迁移率的测定	广东省特种设备行业协会
48			T/GDASE 0011—2020	石墨烯粉体电导率的测定	广东省特种设备行业协会
49			T/QDAS 030—2019	叔胺及多胺类物质检测法 石墨烯电极电化学发光法	青岛市标准化协会
50			T/SPSTS 013—2019	石墨烯粉体材料中碳、氢、氧、氮、硫元素含量的测定方法 元素分析仪法	深圳市电源技术学会
51			T/ZGIA 001—2019	石墨烯测试方法 粉体电导率的测定 四探针法	中关村材料试验技术联盟
52			T/ZGIA 002—2020	石墨烯测试方法 功函数的测定 紫外光电子能谱法	中关村材料试验技术联盟

续表 20

序号	国家或地区		标准号	标准名称	归口单位
53	中国内地标准	测试方法	T/ZGIA 003—2020	石墨烯测试方法 复合纤维中石墨烯基材料的测定 涤纶	中关村材料试验技术联盟
54			T/ZGIA 005—2021	石墨烯测试方法 复合纤维中石墨烯基材料的测定 锦纶	中关村材料试验技术联盟
55			T/ZSA 39—2020	石墨烯测试方法 功函数的测定 紫外光电子能谱法	中关村标准化协会
56		产品标准	HG/T 5573—2019	石墨烯锌粉涂料	全国涂料和颜料标准化技术委员会
57			DB13/T 5256—2020	石墨烯改性导电聚苯乙烯材料通用技术规范	河北省市场监督管理局
58			DB1310/T 228—2020	地暖管用石墨烯改性耐热聚乙烯导热母粒技术规范	廊坊市市场监督管理局
59			DB1310/T 230—2020	矿井用石墨烯改性聚乙烯双抗料技术规范	廊坊市市场监督管理局
60			DB32/T 3874—2020	额定电压 35 kV 及以下挤包塑料绝缘电力电缆用石墨烯复合半导电屏蔽料通用要求	江苏省市场监督管理局
61			DB45/T 2014—2019	路面用石墨烯复合改性橡胶沥青技术要求	广西壮族自治区质量技术监督局
62			T/CCMA 0083—2019	工程机械用石墨烯增强极压锂基润滑脂	中国工程机械工业协会
63			T/CGIA 31—2019	工程机械用石墨烯增强极压锂基润滑脂	中关村华清石墨烯产业技术创新联盟
64			T/CGIA 032—2020	锂离子电池用石墨烯导电浆料	中关村华清石墨烯产业技术创新联盟
65			T/CGIA 033—2020	地暖用石墨烯电热膜	中关村华清石墨烯产业技术创新联盟
66			T/CGIA 034—2021	石墨烯抗菌防护口罩	中关村华清石墨烯产业技术创新联盟
67			T/CNCIA 01003—2017	环氧石墨烯锌粉底漆	中国涂料工业协会

续表 20

序号	国家或地区		标准号	标准名称	归口单位
68	中国内地标准	产品标准	T/CNCIA 01004—2017	水性石墨烯电磁屏蔽建筑涂料	中国涂料工业协会
69			T/CSTM 00028—2019	石墨烯改性无溶剂导静电涂料	中关村材料试验技术联盟
70			T/CSTM 00242—2021	油管石墨烯改性涂层质量要求及检验	中关村材料试验技术联盟
71			T/CSTM 00340—2020	石墨烯粉体材料中碳、氢、氧、氮、硫元素含量的测定方法 元素分析仪法	中关村材料试验技术联盟
72			T/CSTM 00341—2020	石墨烯导电浆料	中关村材料试验技术联盟
73			T/GDASE 0012—2020	石墨烯薄膜层数的测定 激光显微共焦拉曼光谱法	广东省特种设备行业协会
74			T/GDASE 0013—2020	石墨烯粉体缺陷程度的测定 激光显微共焦拉曼光谱法	广东省特种设备行业协会
75			T/GDID 1012—2019	石墨烯发热砖	广东省企业创新发展协会
76			T/HEBSME 001—2021	车用石墨烯润滑油 SM、SN 汽油机	河北省中小企业协会
77			T/LZBX 011—2020	工程机械用石墨烯增强液力传动油	柳州市标准技术协会
78			T/NTTIC 022—2019	石墨烯中空纱抗菌消臭纺织面料	南通市纺织工业协会
79			T/SBMIA 010—2019	石墨烯发热板地面辐射供暖系统技术规程	上海市建筑材料行业协会
80			T/SPSTS 014—2019	石墨烯导电浆料	深圳市电源技术学会
81			T/ZGIA 101—2019	石墨烯水系导电涂料	中关村石墨烯产业联盟
82			T/ZGIA 101—2017	石墨烯改性柔性电热膜	中关村石墨烯产业联盟

续表 20

序号	国家或地区		标准号	标准名称	归口单位
83	中国内地标准	产品标准	T/ZGIA 102—2019	石墨烯复合室内加热器	中关村石墨烯产业联盟
84			T/ZGIA 102—2018	石墨烯改性刚性电热板	中关村石墨烯产业联盟
85			T/ZGIA 103—2018	石墨烯涂层导电纤维	中关村石墨烯产业联盟
86			T/ZGIA 107—2021	换热管用石墨烯改性耐热聚乙烯导热母粒	中关村石墨烯产业联盟
87			T/ZSA 73—2019	石墨烯改性刚性电热板	中关村标准化协会
88			T/ZSA 74—2019	工程机械用石墨烯增强极压锂基润滑脂	中关村标准化协会
89			T/ZSA 81—2021	氧化石墨烯	中关村标准化协会
90			T/ZGIA 106—2020	氧化石墨烯	中关村石墨烯产业联盟
91			T/ZSA 12—2020	石墨烯改性柔性电热膜	中关村标准化协会
92			T/ZSA 46—2020	锂离子电池用石墨烯导电浆料	中关村标准化协会
93			T/ZTCA 003—2021	石墨烯远红外电热桌椅	中关村检验检测认证产业技术联盟
94			T/ZTCA 004—2021	柔性石墨烯复合电热模组	中关村检验检测认证产业技术联盟
95		生产技术要求	DB45/T 1422—2016	石墨烯三维构造粉体材料生产用聚合物	广西壮族自治区质量技术监督局
96			DB45/T 1423—2016	石墨烯三维构造粉体材料的检测与表征方法	广西壮族自治区质量技术监督局
97			DB45/T 1424—2016	石墨烯三维构造粉体材料生产用高温反应炉的设计规范	广西壮族自治区质量技术监督局
98			DB45/T 1425—2016	石墨烯三维构造粉体材料生产技术	广西壮族自治区质量技术监督局

续表 20

序号	国家或地区		标准号	标准名称	归口单位
99	国际标准	基础标准	ISO/TS 80004-3:2020	纳米技术 术语 第 3 部分：碳纳米物	—
100			ISO/TS 80004-13:2017	纳米技术 术语 第 13 部分：石墨烯及相关二维材料（GB/T 30544.13—2018 等同采用）	—
101		测试方法	IEC TS 62876-3-1:2022	纳米加工 可靠性评估 第 3-1 部分：石墨烯基材料 稳定性 温度和湿度测试	—
102		产品标准	ISO/TR 19733:2017	纳米技术 石墨烯及相关二维材料的性质和测试技术矩阵	—
103			ISO/TS 21356-1:2021	纳米技术 石墨烯结构特性 第 1 部分：石墨烯粉末及分散物	—
104		生产技术要求	IEC/TS 62607-6-1:2016	纳米加工 关键控制特性 第 6-1 部分：石墨烯基材料 体电阻率	—
105			IEC TS 62607-6-3:2020	纳米加工 关键控制特性 第 6-3 部分：石墨烯基材料 磁畴尺寸 衬底氧化	—
106			IEC TS 62607-6-4:2016	纳米加工 关键控制特性 第 6-4 部分：石墨烯谐振腔表面电导测量	—
107			IEC TS 62607-6-6:2021	纳米加工 关键控制特性 第 6-6 部分：石墨烯 应变均匀性 拉曼光谱	—
108			IEC TS 62607-6-9:2021	纳米加工 关键控制特性 第 6-9 部分：石墨烯基材料 薄板电阻 涡流法	—
109			IEC TS 62607-6-10:2021	纳米加工 关键控制特性 第 6-10 部分：石墨烯基材料 薄片电阻 太赫兹时域光谱法	—
110			IEC TS 62607-6-11:2021	纳米加工 关键控制特性 第 6-11 部分：石墨烯 缺陷密度 拉曼光谱	—

续表 20

序号	国家或地区		标准号	标准名称	归口单位
111	国际标准	生产技术要求	IEC TS 62607-6-13:2021	纳米加工 关键控制特性 第6-13部分：石墨烯粉末 氧官能团含量 Boehm滴定法	—
112	国际标准	生产技术要求	IEC TS 62607-6-14:2021	纳米加工 关键控制特性 第6-14部分：石墨烯基材料 缺陷水平 拉曼光谱	—
113	国际标准	生产技术要求	IEC TS 62607-6-19:2021	纳米加工 关键控制特性 第6-19部分：石墨烯基材料 元素组成：CS分析仪 ONH分析仪	—

【案例13】无人智能飞行器

自2010年以来，我国无人智能飞行产业发展迅速，应用范围不断扩展，产业结构逐渐完善，商业模式也持续创新，成为中国制造的新名片。目前，中国有400多个无人机制造商，供应了全球70%的无人机需求市场，其中处于粤港澳区域的深圳地区在全球无人机领域中的市场份额接近60%，大疆、亿航、极飞等无人机公司凭借着自身的技术和产品优势，在海外市场发展势头良好。

我国内地，特别是粤港澳区域内的广东企业，在无人机国际市场的开拓以及参与和引领国际标准方面已经取得了一定的成绩，但无人机国际标准和国际市场的竞争仍然非常激烈。我国内地针对无人机应用的多个领域，已经分别研制和发布了数百条标准，包括基础通用标准、专用无人机产品技术标准、检测标准和产品应用技术规范、培训技术规范、使用人员的资质要求等（见表21）。香港和澳门尚未建立本地无人机技术标准。对无人机应用的安全监管，《香港法例》第448E章《飞航（飞行禁制）令》中要求无人机不得超越禁区飞行，澳门于1995年发布、2010年修订的《受航空役权约束之澳门国际机场周边区域》中包含了无人驾驶飞行器在机场周边的管理。

国际标准化组织ISO于2014年成立了ISO/TC 20/SC 16无人机标准化技术分委员会，其秘书处设在美国国家标准学会（ANSI）。全球24个国家或地区参与到了无人机国际标准的制定中，还有11个国家或地区作为观察员参与了活动。无人机标准化技术分委员会的8个工作小组中有3个工作小组是由我国内地的企业或机构的人员作为召集人的。目前该组织已发布了7项标准（见表22），在研的有24项标准。

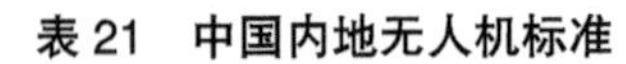

表21 中国内地无人机标准

序号	标准类型	标准号	标准名称	归口单位
1	基础标准	GB/T 38905—2020	民用无人机系统型号命名	全国航空器标准化技术委员会
2		GB/T 41300—2022	民用无人机唯一产品识别码	全国信息技术标准化技术委员会
3		MH/T 2008—2017	无人机围栏	中国民航科学技术研究院
4		MH/T 2009—2017	无人机云系统接口数据规范	中国民航科学技术研究院
5		MH/T 2011—2019	无人机云系统数据规范	中国民航科学技术研究院
6		T/CAGIS 3—2020	无人机遥感数据编目	中国地理信息产业协会
7		T/CESA 1161—2021	民用无人机唯一产品识别码	中国电子工业标准化技术协会
8	生产技术或零部件标准	GB/T 39567—2020	多旋翼无人机用无刷伺服电动机系统通用规范	全国微电机标准化技术委员会
9		GB/T 38909—2020	民用轻小型无人机系统电磁兼容性要求与试验方法	全国航空器标准化技术委员会
10		GB/T 38931—2020	民用轻小型无人机系统安全性通用要求	全国航空器标准化技术委员会
11		GB/T 38997—2020	轻小型多旋翼无人机飞行控制与导航系统通用要求	全国航空器标准化技术委员会
12		GB/T 38996—2020	民用轻小型固定翼无人机飞行控制系统通用要求	全国航空器标准化技术委员会
13		GB/T 38954—2020	无人机用氢燃料电池发电系统	全国燃料电池及液流电池标准化技术委员会
14		T/CEEIA 264—2017	无人机燃料电池发电系统技术规范	中国电器工业协会
15		T/CEEIA 265—2017	无人机燃料电池燃料系统技术规范	中国电器工业协会
16		T/SDIE 13—2019	无人机载多光谱相机	山东电子学会

续表 21

序号	标准类型	标准号	标准名称	归口单位
17	产品标准	GA/T 1411.1—2017	警用无人机驾驶航空器系统 第 1 部分：通用技术要求	全国警用装备标准化技术委员会
18		T/CAOE 22—2020	海洋无人机系统通用要求	中国海洋工程咨询协会
19		T/JSAMIA 2—2017	农用植保无人机技术要求及测试方法	江苏省农业机械工业协会
20		T/SHFIA 000003—2018	消防用投送式多旋翼灭火无人机系统技术规范	上海应急消防工程设备行业协会
21		T/SZUAVIA 001—2017	电池动力单轴农用植保无人机系统通用要求	深圳市无人机行业协会
22		T/SZUAVIA 002—2017	多轴农用植保无人机系统通用要求	深圳市无人机行业协会
23		T/SZUAVIA 003—2017	多轴无人机系统通用技术要求	深圳市无人机行业协会
24		T/SZUAVIA 004—2017	公共安全无人机系统通用要求	深圳市无人机行业协会
25		T/SZUAVIA 005—2017	消防用多旋翼无人机系统技术要求	深圳市无人机行业协会
26		T/SZUAVIA 006—2017	单旋翼无人直升机系统技术要求	深圳市无人机行业协会
27		T/SZUAVIA 007—2017	固定翼无人机系统技术要求	深圳市无人机行业协会
28		T/SZUAVIA 008—2017	民用无人机系统通用技术要求	深圳市无人机行业协会
29	测试方法	GB/T 38058—2019	民用多旋翼无人机系统试验方法	全国航空器标准化技术委员会
30		GB/T 38924.1—2020	民用轻小型无人机系统环境试验方法 第 1 部分：总则	全国航空器标准化技术委员会
31		GB/T 38924.2—2020	民用轻小型无人机系统环境试验方法 第 2 部分：低温试验	全国航空器标准化技术委员会
32		GB/T 38924.3—2020	民用轻小型无人机系统环境试验方法 第 3 部分：高温试验	全国航空器标准化技术委员会

续表 21

序号	标准类型	标准号	标准名称	归口单位
33	测试方法	GB/T 38924.4—2020	民用轻小型无人机系统环境试验方法 第 4 部分：温度和高度试验	全国航空器标准化技术委员会
34		GB/T 38924.5—2020	民用轻小型无人机系统环境试验方法 第 5 部分：冲击试验	全国航空器标准化技术委员会
35		GB/T 38924.6—2020	民用轻小型无人机系统环境试验方法 第 6 部分：振动试验	全国航空器标准化技术委员会
36		GB/T 38924.7—2020	民用轻小型无人机系统环境试验方法 第 7 部分：湿热试验	全国航空器标准化技术委员会
37		GB/T 38924.8—2020	民用轻小型无人机系统环境试验方法 第 8 部分：盐雾试验	全国航空器标准化技术委员会
38		GB/T 38924.9—2020	民用轻小型无人机系统环境试验方法 第 9 部分：防水性试验	全国航空器标准化技术委员会
39		GB/T 38924.10—2020	民用轻小型无人机系统环境试验方法 第 10 部分：砂尘试验	全国航空器标准化技术委员会
40		GB/T 38930—2020	民用轻小型无人机系统抗风性要求及试验方法	全国航空器标准化技术委员会
41		T/CAGIS 4—2021	无人机综合验证场一般要求	中国地理信息产业协会
42		T/GDEIIA 6—2020	小型无人机环境条件与试验程序	广东省电子信息行业协会
43		T/SDAQI 023—2021	无人机环境适应性试验规范	山东质量检验协会
44		T/SZUAVIA 009.1—2019	多旋翼无人机系统实验室环境试验方法 第 1 部分：通用要求	深圳市无人机行业协会
45		T/SZUAVIA 009.2—2019	多旋翼无人机系统实验室环境试验方法 第 2 部分：抗风试验	深圳市无人机行业协会
46		T/SZUAVIA 009.3—2019	多旋翼无人机系统实验室环境试验方法 第 3 部分：低气压试验	深圳市无人机行业协会
47		T/SZUAVIA 009.4—2019	多旋翼无人机系统实验室环境试验方法 第 4 部分：低温试验	深圳市无人机行业协会
48		T/SZUAVIA 009.5—2019	多旋翼无人机系统实验室环境试验方法 第 5 部分：高温试验	深圳市无人机行业协会

续表 21

序号	标准类型	标准号	标准名称	归口单位
49	测试方法	T/SZUAVIA 009.6—2019	多旋翼无人机系统实验室环境试验方法　第 6 部分：湿热试验	深圳市无人机行业协会
50		T/SZUAVIA 009.7—2019	多旋翼无人机系统实验室环境试验方法　第 7 部分：温度变化试验	深圳市无人机行业协会
51		T/SZUAVIA 009.8—2019	多旋翼无人机系统实验室环境试验方法　第 8 部分：振动试验	深圳市无人机行业协会
52		T/SZUAVIA 009.9—2019	多旋翼无人机系统实验室环境试验方法　第 9 部分：冲击试验	深圳市无人机行业协会
53		T/SZUAVIA 009.10—2019	多旋翼无人机系统实验室环境试验方法　第 10 部分：盐雾试验	深圳市无人机行业协会
54		T/SZUAVIA 009.11—2019	多旋翼无人机系统实验室环境试验方法　第 11 部分：淋雨试验	深圳市无人机行业协会
55		T/SZUAVIA 009.12—2019	多旋翼无人机系统实验室环境试验方法　第 12 部分：砂尘试验	深圳市无人机行业协会
56		T/SZUAVIA 010—2019	多旋翼无人机系统安全性分析规范	深圳市无人机行业协会
57		T/SZUAVIA 011—2019	多旋翼无人机系统可靠性评价方法	深圳市无人机行业协会
58		T/UAV 5—2021	民用无人机系统地面试验通用规范	福建省民用无人飞机协会
59		T/UAV 6—2021	民用无人机系统飞行试验通用规范	福建省民用无人飞机协会
60		T/UAV 7—2021	民用无人机系统评测规范	福建省民用无人飞机协会
61	应用标准	HJ 1233—2021	入河（海）排污口排查整治　无人机遥感航测技术规范	生态环境部
62		HJ 1234—2021	入河（海）排污口排查整治　无人机遥感解译技术规范	生态环境部
63		LY/T 3028—2018	无人机释放赤眼蜂技术指南	国家林业和草原局
64		QX/T 466—2018	微型固定翼无人机机载气象探测系统技术要求	中国气象局

续表 21

序号	标准类型	标准号	标准名称	归口单位
65	应用标准	QX/T 614—2021	多旋翼无人机机载气象探测系统技术要求	中国气象局
66		SN/T 5314—2021	无人机在水尺计重中的应用规程	海关总署
67		SY/T 7344—2016	油气管道工程无人机航空摄影测量规范	国家能源局
68		YZ/T 0172—2020	无人机快递投递服务规范	全国邮政业标准化技术委员会
69		T/AOPA 0001—2020	无人机搭载红外热像设备检测建筑外墙及屋面作业	中国航空器拥有者及驾驶员协会
70		T/AOPA 0002—2017	民用无人机驾驶员训练机构合格审定规则	中国航空器拥有者及驾驶员协会
71		T/AOPA 0006—2020	民用无人机驾驶员合格评定规则	中国航空器拥有者及驾驶员协会
72		T/AOPA 0008—2020	民用无人机驾驶员训练机构合格审定规则	中国航空器拥有者及驾驶员协会
73		T/AOPA 0008—2019	民用无人机驾驶员合格审定规则	中国航空器拥有者及驾驶员协会
74		T/AOPA 0009—2019	职业教育无人机应用技术 第 3 部分：教学设备	中国航空器拥有者及驾驶员协会
75		T/AOPA 0010—2019	职业教育无人机应用技术 第 4 部分：实训室	中国航空器拥有者及驾驶员协会
76		T/AOPA 0011—2019	民用无人机系统专业工程师资质管理规则	中国航空器拥有者及驾驶员协会
77		T/AOPA 0017—2021	无人机安全操作能力评估系统技术规范	中国航空器拥有者及驾驶员协会
78		T/CATAGS 6—2020	轻小型无人机技术标准（UTC）驾驶员培训考核体系基本要求	中国航空运输协会
79		T/CECS G：V50-01—2021	公路无人机系统通用作业技术标准	中国工程建设标准化协会
80		T/CECS G：V50-02—2021	公路无人机系统飞行平台适用性标准	中国工程建设标准化协会
81		T/CES 074—2021	电力无人机巡检作业人员培训基地建设导则	中国电工技术学会

续表 21

序号	标准类型	标准号	标准名称	归口单位
82	应用标准	T/CMSA 0021—2021	民用无人机作业气象条件等级植保	中国气象服务协会
83		T/CSF 002—2018	无人机遥感监测异常变色木操作规程	中国林学会
84		T/CSF 008—2021	无人机倾斜摄影测量人工林单木参数提取技术规程	中国林学会
85		T/DSIA 1001—2018	基于无人机平台的水样采集技术规程	大连软件行业协会
86		T/DSIA 1002—2018	无人机松材线虫病枯死松树普查技术规程	大连软件行业协会
87		T/GDAQI 059—2021	微型多旋翼无人机数字航空摄影测量外业技术规范	广东省质量检验协会
88		T/GDAQI 060—2021	微型多旋翼无人机数字航空摄影测量内业技术规范	广东省质量检验协会
89		T/GDAQI 061—2021	微型多旋翼无人机数字航空摄影测量系统一般要求	广东省质量检验协会
90		T/GDC 136—2021	无人机超低容量喷雾防治蚊子成虫的技术要求	广东省产品认证服务协会
91		T/GMES 018—2020	植保无人机消毒作业技术规范	甘肃省机械工程学会
92		T/KCH 002—2020	可编程无人机赛技术规范	杭州市科技合作促进会
93		T/HBAS 005—2021	无人机电力巡检培训　总则	湖北省标准化学会
94		T/HBJS UACI02—2021	建设行业无人机系统驾驶员培训要求	河北省建设机械协会
95		T/HBJS UACI03—2021	建设行业无人机系统　施工场地安全生产规范	河北省建设机械协会
96		T/HNJB 3—2019	固定翼无人机发射与回收专用车	河南省机械工业标准化技术协会
97		T/ITSS 000005—2020	风电场无人机巡检作业技术规范	上海市信息服务业行业协会

续表 21

序号	标准类型	标准号	标准名称	归口单位
98	应用标准	T/NANTEA 0001—2021	植保无人机操控人员培训规范	南通市农业新技术推广协会
99		T/NANTEA 0001—2019	植保无人机农药喷雾安全作业规范	南通市农业新技术推广协会
100		T/NANTEA 0002—2019	植保无人机喷雾防治水稻病虫作业规范	南通市农业新技术推广协会
101		T/NANTEA 0013—2020	植保无人机农药喷雾安全作业规范	南通市农业新技术推广协会
102		T/NTRPTA 0030—2020	无人机精准测绘技术规范	南通市农村专业技术协会
103		T/SDIE 16—2021	松材线虫病变色立木无人机多光谱遥感监 测技术导则	山东电子学会
104		T/SHUAJQ 001—2022	无人机编队飞行表演技术规范	上海市无人机产业协会
105		T/SHUAV 1—2021	无人机编队表演安全运营通用要求	上海市无人机安全管理协会
106		T/SHZSAQS 00056—2022	新疆棉花农业无人机化学打顶技术规程	石河子市质量标准化协会
107		T/SHZSAQS 00057—2022	新疆棉花农业无人机脱叶技术规程	石河子市质量标准化协会
108		T/SZUAVIA 001—2021	低慢小无人机探测反制系统通用要求	深圳市无人机行业协会
109		T/TJUAV 0001.1—2022	天津市无人机从业应用保险标准	天津市无人机应用协会
110		T/TJUAV 0001.1—2020	天津市青少年无人机航空科技（技术水平）评级应用标准	天津市无人机应用协会
111		T/TJUAV 0001.2—2020	天津市青少年无人机航空科技（教学教师）评级应用标准	天津市无人机应用协会
112		T/TJUAV 0001.3—2020	天津市青少年无人机航空科技（教学单位）评级应用标准	天津市无人机应用协会
113		T/UAV 2—2021	民用无人机飞行训练、测试基地管理规范	福建省民用无人飞机协会

续表 21

序号	标准类型	标准号	标准名称	归口单位
114	应用标准	T/UAV 3—2021	民用无人机驾驶员技术等级规范	福建省民用无人飞机协会
115		T/UAV 4—2021	民用旋翼无人机系统飞行安全操作规范	福建省民用无人飞机协会
116		T/ZNX 001—2021	茶园病虫害无人机飞防技术规程	浙江省农药工业协会

表 22 无人机 ISO 标准

序号	标准号	标准名称	工作组	召集人
1	ISO 21384-2:2021	无人机系统 第 2 部分：无人机组件	WG6	Mr. Jiaxing Che
2	ISO 21384-3:2019	无人机系统 第 3 部分：操作流程	WG3	Mr. Robert Garbett
3	ISO 21384-4:2020	无人机系统 第 3 部分：术语	WG1	Mr. Dr. Frank Fuchs
4	ISO 21895:2020	民用无人机系统的分类和分级	WG6	Mr. Jiaxing Che
5	ISO/TR 23629-1:2020	无人机系统空中交通管理（UTM）第 1 部分：UTM 的调查结果	WG4	Dr. Masahide Okamoto
6	ISO 23629-7:2021	无人机系统空中交通管理（UTM）第 7 部分：空间数据模型	WG4	Dr. Masahide Okamoto
7	ISO 23665:2021	无人机系统 UAS 操作人员培训	WG5	Mr. Zhenjie Shu

关于信息技术、智能制造、生物技术、新材料等战略性新兴产业的标准化工作，全球都在摸索和快速发展过程中，粤港澳三地在战略性新兴产业的多个领域已经达到了引领全球发展潮流的水平。参与先进标准的制定，是一流产业抢占国际市场和国际地位的重要渠道。在标准制修订方面，广东地区具备了国家和地方支持的标准化工作基础，港澳主要依靠企业自行制定或采用标准，参与国际市场和国际标准的竞争。在战略性新兴产业领域，广东地区在参与或主导国际标准的制定、开拓国际市场方面已经具有显著的优势和一定的发展基础，而港澳能够以其国际港口优势、先进的金融服务业优势为内地的战略性新兴产业的发展注入动力。协同推进、实施区域战略性新兴产业标准，是粤港澳合力建立新兴产业国际形象的重要路径。

第二节　传统产业

我国内地传统产业的标准，大多经历了从“赶超国际标准”转向“引领国际标准”的发展路径，如小家电、灯具、玩具、服装纺织、金属型材等广东省传统优势产业，经过艰难的转型后逐渐形成了一批能够引领国际标准的先进技术和标准。香港和澳门作为国际港口城市，来自各个国家传统产品的进出口或离岸贸易频繁，也形成了一直以来世界各地标准共存的情况。政府部门将与安全相关的指标纳入香港法例或澳门行政法规、行政命令等文件中，而其他与质量水平相关的指标则由市场竞争优胜劣汰。我国内地传统产品在港澳市场面临的竞争环境不亚于国际市场，但传统产品在粤港澳三地的质量水平还是有差异的，因而目前尚未能在国际上树立相关产品的粤港澳区域“品牌印象”。

第三章
服　务　业

与我国内地相比，我国香港和澳门的服务业体系与其他发达国家和地区的相似度更高，服务内容和管理体系也更加完善，特别是香港地区的金融、科技等现代服务业和澳门地区的旅游休闲服务业。我国内地的服务产业起步较晚，但发展迅速，传统服务业的现代化水平不断接近或赶超发达国家和地区，现代服务业也在快速发展，有中国特色的服务业体系不断现身世界舞台。同时，由于我国内地政治经济体制的特色，内地的部分服务行业发展具有典型的中国特色，使得内地服务业体系的建设和运行机制、运维意识与港澳地区已建立的服务业运维机制和服务意识有差异。

广东地区毗邻香港和澳门，在内地的管理体制下，服务业的发展最接近港澳模式，但同样由于粤港澳三地体制机制的差异、执行标准和服务理念的不同，在服务业标准上的差异依然存在。

第一节　公共行政服务

【案例 14】工伤保险

劳动者在劳动过程中经常会因为各种各样的原因遭受伤害。18 世纪末到 19 世纪初的资本主义国家首先认识到需要干预发生在企业和受伤害职工之间的工伤纠纷。德国于 1884 年颁布了全球第一部《工伤保险法》，目前大部分国家和地区都有与工伤管理相关的法律法规制度。

在香港，按照《香港法例》第 282 章《雇员补偿条例》的规定，香港的工伤保险事务由劳工处负责。《雇员补偿条例》中没有对工伤的定义，也没有工伤认定的原则或参考案例，但规定了发生死亡或伤害时的补偿标准、工伤保险缴纳的事项等。香港的工伤认定也由劳工处负责，劳工处处长依据申请人和雇主能够达成一致的认定结果发出证明书。对于申请人和雇主不能达成一致，或者劳工处处长认为不应由他来发出证明书的案例，可向法律援助署申请法律援助或向法院提出申请。因此，香港的工伤认定机制，是在行政处置的基础上，由司法程序进行后续保障的机制。工伤相关司法案件的处置往往有别于其他民事诉讼：首先，受到伤害的申请人很多情况下处于经济和资源的弱势地位，没有足够的时间、精力和能力完成正常的诉讼过程；其次，工伤认定的依据不应按照“谁的责任谁承担”的法律逻辑来认定，对于难以划分责任或由于技术工作操作不熟练、疲劳、过劳等受伤害员工自身原因造成的伤害，国际惯例中也应当认定为工作伤害。因此，对于受伤害员工和雇主（或其代理人）不能达成一致而诉诸法律的工伤案件，劳工处会指引和帮助相关人员到法律援助署进行法律诉讼，或直接提起诉讼，或自行聘请律师提起诉讼。

澳门工伤相关行政管理工作由劳工事务局负责。目前可以查到的第一部工伤相关制度是 1927 颁布的。现行有效的《工作意外及职业病法律制度》制定于 1995 年，该法例列明了“工作意外”的 5 种判定案例和“职业病”的定义，还列出了 5 种不予认定的情况，同时详细列出了工作意外和职业病的伤害类型。澳门的《工作意外及职业病法律制度》这种规定方式与其将工伤认定职责给予医院的机制相关。该制度的具体实施过程中，劳工事务局只负责监督用人单位的安全状况、研究职业伤害的安全因素和采集工伤数据，不介入具体工伤案例的办理。工伤案例的处置由医院和法院共同负责，保险机构和劳工事务局参与其中。劳工事务局负责完成数据的收集和统计，保险机构依据判决结果开展理赔。在工伤认定过程中，医院的职责较重，需要负责案例的诊治、工伤的判定。对工伤情况有纠纷的案件，需要召开“医院会议”来解决问题。不管对医院工伤判定结果有无异议，案例信息均会上报给法院，由法院做出工伤认定和最终补偿裁定。对于有购买保险的雇主，按法规要求需要在伤害发生第一时间通知保险公司，保险公司的理赔需要依据法院的判决来支付。雇主还应将案件汇报给劳工事务局，用于数据统计研究和行业企业安全监管。由此可以看出，澳门的工伤认定职责在医院，工伤判定职责在法院，完全实现了“各专业办各专业的事”。但其弊端是，法院需要处置每一个工伤案例，医院也需要增加一部分职责来开展工伤调查、认定和纠纷调解，法院和医院的工作量会增多。

我国第一部与工伤相关的制度是 2003 年 4 月由国务院颁布、2004 年 1 月 1 日实施、2010 年 12 月 20 日（国务院令 2010 年第 586 号）修订的《工伤保险条例》，该条例与 2010 年 12 月 31 日由人力资源和社会保障部颁布的《工伤认定办法》共同支撑我国在全国范围内开展的工伤认定事项。《工伤保险条例》中指明了工伤保险事务处置的原则，以举例的方式列出了予以认定的 7 种情况、视同工伤认定的 3 种情况和不予认定的 3 种情况，共计 13 种认定案例。工伤保险相关事务由人力资源和社会保障部及各地方、基层的人力资源和社会保障厅、人力资源和社会保障局负责。人社部门依据申请单位提交的材料展开调查并进行工伤认定，申请人及相关人员对工伤认定结果不认可时可申请行政复议，对复议结果不认可的可申请行政诉讼，对诉讼结果仍不认可的，可再向高一级法院申请诉讼。但行政诉讼的结果只对行政行为做出判定，不会对工伤认定的结果进行判定。因而，如果行政诉讼做出撤销原工伤认定结果的判决，工伤认定过程就会再次回到人社部门进行重新认定，案件会进入反复的阶段。对以上结果均不认可的，还可以重新提起民事诉讼。

与香港和澳门的工伤认定流程相比，对相关方持不同意见的案例，内地的处理流程较长。我国内地的工伤认定职责设在人社部门，该部门依据《工伤保险条例》中规定的判定原则和 13 种案例进行工伤认可判定。不过在工伤认定的具体实施过程中，实际情况远比这 13 种案例更为复杂，且需要医学、法律等专业知识的运用。基层行政机构在开展工伤认定的过程中，常常存在行政复议、反复认定、行政诉讼、民事诉讼等耗时耗力的环节，特别是在工伤数量多且造成工伤行为复杂的机器化、智能化时代，工伤认定事务为行政管理和司法程序增加了很多重复性工作。由于认定事项由行政部门负责，认定过程需要开展的调查涉及的专业范围广，调查结果容易受到专业性质疑。总的来看，对于争议性工伤，我国香港交予法院由各方举证，我国澳门交予医院和法院共同做出判定，我国内地由行政部门牵头开展调查并做出判定。

香港的工伤认定机制事实上是将工伤纠纷全部交给法院来判定。由于法律流程的费用、时间等问题，将工伤案件交给法律流程，不利于处于弱势的受伤害者获得权益。即使有法律援助署的帮助，类似情况也不会得到根本改变。雇主关于主动预防和减少工伤发生的动力也会相对小。这也是香港工伤率较高的原因之一。澳门的工伤认定机制更加专业，但增加了法院和医院的负担。特别是在人口多、工业化程度高、工伤案例高发的地区，澳门的模式并不适用。

由此可以看出，粤港澳三地的工伤保险流程、工伤认定机制有差异，且各有优点和弊端。随着三地人才流动的日益频繁，在处理工伤问题上，三地流程标准的差异问题被进一步放大。雇主有购买工伤保险的情况相对容易处置，但来自不同区域的雇主可能会由于不明白所在地的工伤认定流程、不知道确切的工伤认定机构导致理赔延误或由于相关部门的资料不齐备而难以赔付。雇主没有购买保险且不能对工伤结果形成一致意见的情况则更加复杂。

建设宜居宜业的国际化大湾区，完备的工伤保障制度是留住人才的重要因素之一。与发达资本主义国家已发展得相对成熟的工伤保险制度相比，当前粤港澳区域的工伤保险机制均有不足之处，不利于区域内人才的安全保障，同时，三地的工伤保险机制不同，也对三地人才的流通造成了障碍。

【案例 15】食品标签管理制度

食品标签是向消费者展示产品质量等级的窗口之一，是欧美国家食品质量安全监管的重要环节。中国内地法律、法规、规章及标准中均有与食品标签标识相关的规定，涉及的法律有《中华人民共和国食品安全法》《中华人民共和国广告法》《中华人民共和国商标法》《中华人民共和国产品质量法》，涉及的法规、规章有《中华人民共和国食品安全法实施条例》《食品标识管理规定》《新食品原料安全性审查管理办法》等，涉及的标准包括通用标准《食品安全国家标准 预包装食品标签通则》（GB 7718—2011）、《食品安全国家标准 预包装食品营养标签通则》（GB 28050—2011）及具体产品的质量标准《食品安全国家标准 发酵酒及其配制酒》（GB 2758—2012）等。我国内地的食品标签标准法规涵盖了普通预包装食品、散装食品、农产品、特殊膳食食品等类别。另外，针对食品标签中转基因、菌种和食品添加剂标识等法规中不明确的细节方面，原农业部、原国家卫生和计划生育委员会（卫生部）和原国家食品药品监督管理总局会发布相关的办法、问答、复函或通知，指导食品企业工作，促进食品标签合规。例如《农业转基因生物标识管理办法》《〈预包装食品标签通则〉（GB7718—2011）问答》《卫生部办公厅关于预包装饮料酒标签标识有关问题的复函》（卫办监督函〔2012〕851 号）、《关于食品中使用菌种标签标示有关问题的复函》（卫办监督函〔2013〕367 号）、《关于进一步规范保健食品命名有关事项的公告》（2016 年第 43 号）等。

香港地区对食品标签的规定主要在《香港法例》第 132W 章《食物及药物（成分组合及标签）规例》中，食品的宣传广告同时需要符合《香港法例》第 231 章《不良医药广告条例》，禁止宣传能够预防或治疗条例中规定的疾病。另外，《公众卫生及市政条例》第 61 条规定禁止食品的标签及宣传品对消费者具有误导性。为了帮助食品企业的标签合规，食物安全中心还就营养标签、营养声称、过敏原和转基因等发布了一系列指引，包括《营养标签及营养声称技术指引》《婴儿配方产品、较大婴儿及幼儿配方产品及预先包装婴幼儿食物的营养成分组合及营养标签技术指引》《有关食物致敏物、食物添加剂及日期格式的标签指引》《预先包装食物营养标签的食用分量业界指引》《营养标签小量豁免申请指引》《制备可阅的食物标签业界指引》《基因改造食物自愿标签指引》等。

澳门政府于 1992 年制定并发布了《订定供应予消费者之熟食产品标签所应该遵守之条件》，并于 1994 年和 2004 年对此法规先后进行了两次修订。无论是本地食品还是进口食品，无论是预包装食品还是非预包装食品，均要按照该法规进行规范管理。

粤港澳三地的食品标签标准对比见表 23。

表 23　粤港澳三地的食品标签标准对比

序号	对比指标	广东	香港	澳门	对比结果
		GB 7718—2011	《香港法例》第 132W 章	第 50/92/M 号法令 第 56/94/M 号法令 第 7/2004 号行政法规	
1	标识项目	（1）食品名称； （2）配料表； （3）配料的定量标示； （4）净含量和规格； （5）生产者、经销商的名称、地址和联系方式； （6）日期标示； （7）贮存条件； （8）辐照食品； （9）转基因食品； （10）营养标签； （11）质量（品质）等级； （12）批号； （13）食用方法； （14）致敏物质	（1）产品名称； （2）配料表； （3）“此日期前最佳”的说明； （4）特别贮存方式或使用指示的陈述； （5）制造商或包装商的姓名或名称及地址； （6）数量、重量或体积。另，分 10 类产品分别指明标签应涵盖的特殊内容，包括产品指定名称、加工处理方法、加工处理者的名称和地址、可供食用年龄等	（1）出售名称； （2）成分名目； （3）基本保存期限； （4）负责人或进口商的姓名、商业名称或公司名称及住址； （5）净重； （6）批次； （7）原产国； （8）保存或使用特别条件； （9）食用方法	指标项目名称有差异，指标类型有差异
2	名称	（1）应在食品标签的醒目位置清晰地标示反映食品真实属性的专用名称； （2）标示“新创名称”“奇特名称”“音译名称”“牌号名称”“地区俚语名称”或“商标名称”时，应在所示名称的同一展示版面标示 4.1.2.1 规定的名称； （3）为不使消费者误解或混淆食品的真实属性、物理状态或	（1）食物名称或称号不得在任何方面就食物的性质有虚假、误导或诈骗成分，如任何牌子名称或商标，相当可能在食物性质的任何方面误导买方，则须紧接在该名称或商标之后印上“牌子”（Brand）或“商标”（TM），字体必须可阅及高度不少于 3 mm。 （2）已在香港用作某一食物的习惯名称或传统名称，可继续用作该食物的名称。	（1）必须使购买者能识别产品的真实性质，不得为虚假或具误导性，且应与其可混淆的产品区别； （2）出售名称不得以制造商标、商业商标或任何想象的名称代替，但知名及易于与有关产品联想的商标不在此限； （3）产品的出售名称如无相应指示，尤其是薰、浓缩、再制、重配、粉状化、干化、急冻等，将误导	说法不同，对名称的要求相似

续表 23

序号	对比指标	广东	香港	澳门	对比结果
		GB 7718—2011	《香港法例》第 132W 章	第 50/92/M 号法令 第 56/94/M 号法令 第 7/2004 号行政法规	
2	名称	制作方法，可以在食品名称前或食品名称后附加相应的词或短语，如干燥的、浓缩的、复原的、熏制的、油炸的、粉末的、粒状的等	（3）遗漏以下说明便会误导买方，食物的名称须包括或附有以下说明：食物是粉状的或在其他状态；食物经弄干、冻干、冷凝、浓缩或烟熏，或经其他方法处理	购买者时，应包括或附同食品状况和处理方式	说法不同，对名称的要求相似
3	配料标识	（1）各种配料应按制造或加工食品时加入量的递减顺序一一排列，加入量不超过2% 的配料可以不按递减顺序排列； （2）在食品制造或加工过程中，加入的水应在配料表中标示，在加工过程中已挥发的水或其他挥发性配料不需要标示； （3）食品添加剂应当标示其在 GB 2760 中的食品添加剂通用名称或国际编码； （4）可食用的包装物也应在配料表中标示原始配料； （5）列出了几种配料的标识方法	（1）各种配料须按其用于食物包装时所占的重量或体积，由大至小依次表列（占食物体积不足 5% 的水分除外）； （2）如某种配料是以浓缩或脱水的形式用于食物，并会于食物配制供人食用时恢复水分，则决定该种配料在配料表上排列次序的重量或体积，可按其浓缩或脱水前的重量或体积计算； （3）如拟以加水方法将浓缩或脱水的食物恢复水分，而该食物配料表的标题包括或附有“恢复水分产品的配料”或“即食产品的配料”类似字样； （4）致敏物质名称须在配料表中指明	（1）在食品“成分”的名目下应列出该食品的所有成分及添加剂的特定名称； （2）列出添加剂的特定名称时，需指出其性质； （3）食品添加剂的特定名称，以及添加剂的分类方式，按行政长官批示标识	（1）内地和香港的要求较澳门高，但侧重点有差别； （2）致敏物质，国家标准单独列出，香港列在配料表中，澳门标准没有特别指出

续表 23

序号	对比指标	广东	香港	澳门	对比结果
		GB 7718—2011	《香港法例》第 132W 章	第 50/92/M 号法令 第 56/94/M 号法令 第 7/2004 号行政法规	
4	不需标注配料的情况	无	(1) 饮食供应机构售出以供即时食用的预先包装食物; (2) 独立花巧包装并拟作单份出售的甜点; (3) 独立包装并拟作单份出售的凉果，而其本身是再无其他包装的; (4) 包装在容器内的预先包装食物，而容器的最大平面面积小于 10 cm^2 ; (5) 新鲜水果及新鲜蔬菜; (6) 除二氧化碳外并无添加任何其他配料的汽水; (7) 单一种基本产品经发酵作用而衍生的醋; (8) 乳酪、牛油、发酵奶类及发酵忌廉，仅包含乳酸产品、酵素及必需的微生物、盐; (9) 含有单一种配料的食物; (10) 调味料	(1) 由单一成分制成的产品; (2) 新鲜水果及蔬菜; (3) 除二氧化碳外未加入其他成分的汽水; (4) 单一基础生产的醋; (5) 经发酵的奶及奶油、牛油、干酪等只包含奶类产品、酵素及必需的微生物培养基、盐外，不包含其他成分	香港要求指标多，且香港部分要求与澳门类似；国家标准没有要求
5	保存期限	(1) 应清晰标示预包装食品的生产日期和保质期; (2) 日期标示不得另外加贴、补印或篡改;	(1) 一般标识方式为"此日期前最佳"(best before) 日期;	(1) 易变质食品应标识"此日期前食用"; (2) 指明可食用月和日的食品应标识"最佳在此日期前食用";	香港和澳门的标识类似；国家标准要求与港澳标准有较大差别

续表 23

序号	对比指标	广东	香港	澳门	对比结果
		GB 7718—2011	《香港法例》第 132W 章	第 50/92/M 号法令 第 56/94/M 号法令 第 7/2004 号行政法规	
5	保存期限	(3)当同一预包装内含有多个标示了生产日期及保质期的单件预包装食品时，外包装上标示的保质期应按最早到期的单件食品的保质期计算； (4)应按年、月、日的顺序标示日期，如果不按此顺序标示，应注明日期标示顺序	(2)如预先包装食物从微生物观点看是非常易毁消的，因此在一段短时期之后相当可能对人类健康构成即时的危险，则须说明“此日期或之前食用”(use by)日期； (3)日期需以阿拉伯数字或中英文表示，以日、月、年表达； (4)食品保存期少于三个月，只需指出日和月； (5)食品保存期在三个月至十八个月，以月及年表达； (6)食品保存期 18 个月以上，以月和年或以年表达	(3)其他情况标识“最佳在此日期底前食用”； (4)保存期限以阿拉伯数字按日、月、年顺序标识，月份以葡文或英文标识； (5)食品保存期少于三个月，只需指出日和月； (6)食品保存期在三个月至十八个月，只需指出月和年； (7)产品保存期在十八个月以上的，只需指出生产日期	香港和澳门的标识类似，国家标准要求与港澳标准有较大差别
6	不需标注保存期限的情况	(1)酒精度大于等于 10% 的饮料酒； (2)食醋； (3)食用盐； (4)固态食糖类； (5)味精	(1)新鲜水果及新鲜蔬菜； (2)从单一种基本产品经发酵作用而衍生的醋，不加任何其他配料； (3)烹饪用的盐； (4)除防腐剂外不加任何配料的糖； (5)香口胶及其他类似产品	(1)新鲜水果及蔬菜； (2)面包、糕点、饼类产品，其他因其性质一般在制造后 24 小时内食用的产品； (3)醋； (4)盐； (5)固体糖； (6)以糖、香料及/或色素组成的糖果类产品； (7)香口胶及其他口嚼类产品；	三地对醋、盐和糖的要求一致，其他免除标注的情况均有差异

续表 23

序号	对比指标	广东	香港	澳门	对比结果
		GB 7718—2011	《香港法例》第 132W 章	第 50/92/M 号法令 第 56/94/M 号法令 第 7/2004 号行政法规	
6				（8）产品保存期在18个月以上的，只需指出生产日期	
7	净含量	规定了详细的标识单位和表示方法	（1）预先包装食物须加上标记或标签，清楚列明内含物质的数量或食物的净重量或净体积； （2）在切实可行的范围内，净重量及净体积均须按照《度量衡条例》（第 68 章）或《十进制条例》（第 214 章）附表 1 所列的国际单位制表示	液体产品按容量标示，其他产品按重量标示	国家标准的规定更加明确、详细
8	生产者、经销商的名称、地址和联系方式	（1）应当标注生产者的名称、地址和联系方式，生产者名称和地址应当是依法登记注册、能够承担产品安全质量责任的生产者的名称、地址； （2）依法承担法律责任的生产者或经销者的联系方式应标示以下至少一项内容：电话、传真、网络联系方式等，或与地址一并标示的邮政地址	（1）需加上可阅的标记或标签，列明制造商或包装商的全名或商业名称及其注册或主要办事处的全址或详情； （2）列明不需标注的两种情况	无	国家标准的规定更加明确、细致

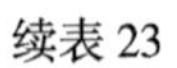

续表 23

序号	对比指标	广东	香港	澳门	对比结果
		GB 7718—2011	《香港法例》第 132W 章	第 50/92/M 号法令 第 56/94/M 号法令 第 7/2004 号行政法规	
8	生产者、经销商的名称、地址和联系方式	（3）进口预包装食品应标示原产国国名或地区区名（如香港、澳门、台湾），以及在中国依法登记注册的代理商、进口商或经销者的名称、地址和联系方式，可不标示生产者的名称、地址和联系方式			
9	批次	根据产品需要，可以标示产品的批号	无	（1）按照情况，由生产者、制造人或包装人制定； （2）批次前增加标识“L”，但有关标识界限清楚时不需增加	批次在三地都不是必须的条件
10	酒精类产品标识	酒精度大于等于 10% 的饮料酒，不需标注保存期限	（1）以容积计算的酒精浓度超过 1.2% 但少于 10%，只需标识配料表和保存期限； （2）葡萄酒、甜酒、有气葡萄酒、加香葡萄酒、果酒、有气果酒和其他以容积计算的酒精浓度达到或超过 10% 的饮品，只需标注配料表	酒精含量超过 5% 的饮料，不在法规约束范围内	三地对标准约束范围内的酒精度要求不同，免除的标识内容也有差异
11	食品添加剂	食品添加剂应当标示其在 GB 2760 中的食品添加剂通用名称或国际编码	须列明该添加剂的作用类别及其本身所用名称、在食物添加剂国际编码系统中的识别编号	（1）需指出添加剂性质； （2）添加剂名称和分类方式按行政长官批	香港和澳门标准需要列出的内容较多，

续表 23

序号	对比指标	广东	香港	澳门	对比结果
		GB 7718—2011	《香港法例》第 132W 章	第 50/92/M 号法令 第 56/94/M 号法令 第 7/2004 号行政法规	
11	食品添加剂			示标识； （3）不包括为提高营养价值而添加在食品中的物质	且澳门免除了增加营养价值类添加剂的标识
12	小体积免除标识	当预包装食品包装物或包装容器的最大表面面积小于 10 cm^2 时（最大表面面积计算方法见该文件附录 A），可以只标示产品名称、净含量、生产者（或经销商）的名称和地址	无	无	国家标准有要求，港澳没有
13	制裁	无	（1）违反本法规可处第 5 级罚款及监禁 6 个月； （2）规定了无责辩护的条件	（1）标识不正确，罚款 1000 ～ 50000 澳门元； （2）过期产品出售，罚款 1000 ～ 10000 澳门元； （3）阻碍消费者阅读，罚款 1000 ～ 10000 澳门元； （4）上述三种情况食品应扣押； （5）未满 1 年内再犯为累犯，最低罚款额上调 1/4	港澳与法律制裁接轨，国家标准没有

【案例 16】食品添加剂监管标准

关于食品添加剂的安全标准，我国内地有 2014 年发布的强制性国家标准 GB 2760—2014《食品添加剂使用标准》，包含了甜味剂、防腐剂、增稠剂、乳化剂、稳定剂、抗氧化剂等食品添加剂类型及其使用剂量。香港食品添加剂标准包含在《香港法例》第 132 章的 6 个附属法规中，分别规定了甜味剂、防腐剂等添加剂的允许添加类型和使用限量（见表 24）。澳门通过 5 项行政法规，规定了甜味剂、防腐剂等添加剂的允许添加类型和使用限量。粤港澳三地的食品添加剂标准中使用的添加剂中文和英文名称、俗称有差异，但均标明了每种添加剂的国际编码（INS 编号），使三地食品添加剂的名称具有一定的连通性，但三地在食品添加剂计量要求方面的规定形式和剂量要求仍有差异（见表 25，部分甜味剂和防腐剂限量）。

月饼是食品添加剂使用量较高的产品之一。粤港澳三地的标准对其添加剂的使用限量要求不同。如防腐剂苯甲酸的使用量，国家标准 GB 2760 中规定，在月饼中不允许使用苯甲酸及其钠盐；香港的《食物内防腐剂规例》和澳门的《食品中防腐剂及抗氧化剂使用标准》中均规定，月饼中苯甲酸的限量是 1000 mg/kg。山梨糖醇和 D- 甘露糖醇这类常用甜味剂，国家标准和澳门法规中均允许使用，但香港法例的允许列表中不包含这两类添加剂。由于食品添加剂限量要求不同导致的食品安全监管水平不一致，会在一定程度上影响区域产品安全保障市场机制及区域市场品牌的建立和维护。

表 24　食品添加剂相关法律法规和标准

广东	香港	澳门
1）GB 2760—2014《食品添加剂使用标准》； 2）食品添加剂质量规格及相关标准 646 项	1）《香港法例》第 132H 章《食物内染色剂规例》； 2）《香港法例》第 132U 章《食物内甜味剂规例》； 3）《香港法例》第 132AF 章《食物内有害物质规例》； 4）《香港法例》第 132AR 章《食物内矿物油规例》； 5）《香港法例》第 132BD 章《食物内防腐剂规例》	1）第 12/2018 号行政法规《食品中甜味剂使用标准》； 2）第 7/2019 号行政法规《食品中防腐剂及抗氧化剂使用标准》； 3）第 30/2017 号行政法规《食品中食用色素使用标准》； 4）第 6/2014 号行政法规《食品中禁用物质清单》； 5）第 556/2009 号行政长官批示《一般食品添加剂的特定名称及按食品添加剂的使用性质而定的功能及其子功能分类表》

表 25 食品添加剂标准指标对比

单位：g/kg

序号	对比指标	国际编码	国家标准	香港	澳门	对比结果
1	山梨酸及其盐类	200 ～ 203	0.075 ～ 2.0	0.4 ～ 3.0	0.2 ～ 3.0	三地要求基本一致，个别指标有差异，如预制水产品国家标准限量 0.075，香港限量 1.0，澳门限量 1.0
2	苯甲酸及其盐类	210 ～ 213	0.2 ～ 2.0	0.16～5.0	0.25 ～ 5.0	三地要求基本一致，个别指标有差异，如果蔬汁（浆）类饮料国家标准限量 1.0，香港和澳门限量 0.16 ～ 0.8
3	山梨糖醇	420	按生产需要	无	允许使用	国家标准和澳门要求一致，香港没有列出
4	D- 甘露糖醇	421	按生产需要	无	允许使用	国家标准和澳门要求一致，香港没有列出
5	安赛蜜	950	0.3 ～ 4.0	允许使用	0.3 ～ 5.0	澳门限量要求普遍偏低；如胶基糖果国家标准限量 4，澳门限量 5；烘焙食品国家标准限量 0.3，澳门限量 1.0
6	阿斯巴甜	951	0.3 ～ 10.0	允许使用	0.3 ～ 10.0	国家标准和澳门要求基本一致，部分食物类型有差异
7	甜蜜素	952	0.65 ～ 8.0	允许使用	0.65 ～ 8.0	国家标准和澳门要求基本一致，澳门食品分类与国家标准稍有差异
8	异麦芽酮糖	953	按生产需要	无	允许使用	国家标准和澳门要求一致，香港没有列出
9	糖精钠	954	0.15 ～ 5.0	允许使用	0.08 ～ 5.0	国家标准和澳门要求基本一致，澳门食品分类更细

续表 25

序号	对比指标	国际编码	国家标准	香港	澳门	对比结果
10	蔗糖素	955	0.3 ～ 5.0	允许使用	0.3 ～ 5.0	部分食品类型的澳门限量要求更低，如冷冻饮品国家标准限量 0.25，澳门限量 0.32；烘焙食品国家标准限量 0.25，澳门限量 0.65 或 0.7；醋国家标准限量 0.25，澳门限量 0.4
11	阿力甜	956	0.1 ～ 0.3	允许使用	0.04 ～ 0.3	国家标准和澳门要求基本一致，澳门食品分类更细
12	索马甜	957	0.025	允许使用	按生产需要	国家标准有限量要求，香港和澳门都没有
13	甘草酸铵	958	按生产需要	无	无	国家标准有列出，港澳标准没有列出
14	甜菊糖苷	960	0.2 ～ 10.0	允许使用	0.2 ～ 3.5	国家标准和澳门要求基本一致，澳门食品分类更细，国家标准增加了茶制品分类，限量 10
15	纽甜	961	0.02 ～ 1.0	允许使用	0.02 ～ 1.0	国家标准和澳门要求基本一致，澳门食品分类更细
16	阿斯巴甜－乙酰磺胺酸盐	962	0.2 ～ 5.0	允许使用	0.2 ～ 5.0	部分食品类型的澳门限量要求低，如：果酱国家标准限量 0.68，澳门限量 1.0；冷冻饮品国家标准限量 0.68，澳门限量 2.2
17	聚葡萄糖醇液	964	无	无	允许使用	澳门有列出，国家标准和香港法规没有列出
18	麦芽糖醇	965	按生产需要	无	允许使用	国家标准和澳门要求一致，香港没有列出
19	乳糖醇	966	按生产需要	无	允许使用	国家标准和澳门要求一致，香港没有列出

续表 25

序号	对比指标	国际编码	国家标准	香港	澳门	对比结果
20	木糖醇	967	按生产需要	无	允许使用	国家标准和澳门要求一致，香港没有列出
21	赤藓糖醇	968	按生产需要	无	允许使用	国家标准和澳门要求一致，香港没有列出
22	爱德万甜	969	无	无	允许使用	澳门有列出，国家标准和香港法规没有列出
23	罗汉果甜苷	无	按生产需要	无	无	国家标准有列出，香港和澳门没有列出

【案例 17】土地规划

我国内地的城市规划管理主要依据《中华人民共和国城市规划法》和国务院颁布的《城市规划条例》，在一定的原则要求下，由各地市根据其地域特点自行制定规划条例并报上级管理部门批准实施。粤港澳大湾区的在粤 9 个地市均有已发布并在实施的当地城市规划条例。城市规划条例均为框架性的规范文件，不涉及具体的规划项目和指标。我国内地有强制性标准作为配套文件使用，但标准文件只对土地分类等内地基本可以通用的标准指标进行规定，并没有涉及具体的标准指标，如最早的规划标准 GBJ 137—1990《城市用地分类与规划建设用地标准》于 1991 年开始实施，修订后的 GB 50137—2011《城市用地分类与规划建设用地标准》于 2012 年 1 月 1 日开始实施，另外还有 GB 50180—2018《城市居住区规划设计标准》等，均为强制性国家标准。我国内地各地市的城市规划管理依据，由当地城市规划条例下的各类规划文件组成，如广州市的城市规划文件包括《新河浦历史文化保护区保护规划》《农林上路历史文化保护区保护规划》《广州市国土空间总体规划（2018—2035 年）》（草案）、《白云新城云城中一路以北区域控制性详细规划》等。

澳门的城市规划，历史上分别由《都市建筑总章程》《文化遗产保护法》《土地法》《道路交通规章》等法规来规范。第一部《城市规划法》于 2013 年发布，2014 年又发布了《城市规划法施行细则》。当前澳门的城市规划工作由澳门行政区政府城市规划委员会负责。澳门地区的《城市规划法》发布时间较晚，与内地的《城市规划条例》内容性质相近，为框架性规范文件，具体的实施要求由各类具体法规来约束。

香港的城市规划工作从 1965 年开始，首部《土地利用计划书》于 6 年后完成并在 1972 年经当时的行政局通过。目前城市规划管理的标准制修订工作由规划署负责，相应文件易名为《香港规划标准与准则》，列明了香港城市的住宅密度、社区设施等 12 章的规划内容。《香港规划标准与准则》修订频繁，仅 2018 年就公布了 3 次修订结果，从 2014 年至今共公布了修订结果 14 次。《香港规划标准与准则》规划了城市建设的各项具体指标和设计要求，内容从框架到细致的指标要求均全面覆盖。

表 26 和表 27 列出了中国内地和港澳地区在城市规划领域的基本原则差异和分类差异。粤港澳三地在城市规划领域的差异存在于多个具体的规划文件中，部分差异来源于城市发展的特点，但城市规划原则和土地性质分类等顶层设计的不一致，可能会导致粤港澳大湾区建设过程中各城市规划水平不协调，规划数据难统筹管理，同一性质地块的科技运用能力、水平和先进经验难以在区域内推广等问题。

表 26　中国内地和港澳地区城市规划目的和原则对比

原则	国务院《城市规划条例》	《广州市城市规划条例》	《香港规划标准与准则》	澳门《城市规划法》
城市规划目的	把我国的城市建设成为现代化的、高度文明的社会主义城市，不断改善城市的生活条件和生产条件，促进城乡经济和社会发展	加强城乡规划管理，优化城乡空间布局，改善人居环境，促进城乡经济、社会、环境全面协调可持续发展	（1）确保政府可保留足够的土地进行社会和经济发展，以及提供合适的公众设施配合市民需要；（2）提供一个公平的基础；（3）可作为工具，为各类发展规划提供指引；（4）厘清各区发展的缓急次序；（5）提高香港居民的生活质素	（1）促进城市和谐及可持续发展；（2）促进保护属文化遗产的被评定的不动产；（3）促进改善居住环境；（4）合理使用和利用土地；（5）促进保育大自然和维护环境平衡
规划原则	（1）从实际出发、正确处理城市与乡村、生产和生活、局部与整体、近期与远期、平时和战时、经济建设与国防建设、需要与可能的关系，并且考虑治安的需要以及地震、洪涝等自然灾害因素；（2）必须合理、科学地安排城市各项建设用地，城市建设应当节约土地，	（1）坚持多中心、组团式、网络型的城市空间结构，引导城市各功能区合理分工、协调发展，构建城乡一体发展的市域城镇体系；（2）科学控制人口和用地规模，加强城乡空间管制，划定城市开发边界、生态控制线，加强生态隔离，推进绿色建筑和建筑节能；	规划标准通常为最低标准，旨在用作一般参考	（1）谋求公共利益原则；（2）平衡利益原则；（3）合法性及公正原则；（4）法律安定性原则；（5）可持续发展原则；（6）切实有效利用土地原则；

续表 26

原则	国务院 《城市规划条例》	《广州市城市规划条例》	《香港规划标准与准则》	澳门 《城市规划法》
规划原则	尽量利用荒地、劣地，少占耕地、菜地、园地和林地； （3）必须切实保护和改善城市生态环境，防止污染和其他公害，保护城市绿地，搞好绿化建设； （4）应当切实保护文物古迹，保持与发扬民族风格和地方特色； （5）必须因地制宜，各项定额指标和建设标准，应当考虑城市的长远发展，并与国家和地方的经济技术发展水平和人民生活水平相适应	（3）城市新区的规划建设应当科学确定城市功能，紧凑布局，集聚发展，同步配套建设公共服务设施和基础设施； （4）旧城区的规划建设应当注重优化城市功能和改善人居环境，增加基础设施和公共空间，严格控制居住人口和建设总量； （5）保护历史文化名城，加强历史城区、历史文化街区、历史风貌区、名镇名村、不可移动文物、历史建筑、传统风貌建筑和自然遗产等的保护； （6）加强国家中心城市的辐射带动功能，推进广州与珠江三角洲城镇群的区域协调发展		（7）限制土地重新分类原则； （8）保护环境原则； （9）透明和促进公众参与原则； （10）公开原则

表 27　中国内地和港澳地区土地分类标准对比

序号	GB 50137—2011		香港	澳门
	城乡建设土地分类	城市建设土地分类		
1	城乡居民点建设用地	居住用地	住宅	居住区
2	无	公共管理与公共服务用地	无	无
3	无	无	社区设施	无
4	无	绿地与广场用地	康乐、休憩用地及绿化	旅游娱乐区
5	无			绿地或公共开放空间区
6	无	工业用地	工业	工业区

续表 27

序号	GB 50137—2011		香港	澳门
	城乡建设土地分类	城市建设土地分类		
7	无	商业服务业设施用地	零售	商业区
8	区域公用设施用地	公用设施用地	公用设施 2	公共基础设施区
9				公用设施区
10	区域交通设施用地	道路与交通设施用地	内部运输	无
11	水域	无	环境	生态保护区
12	无	无	自然保育及文物保护	无
13	农林用地	无	无	无
14	特殊用地	无	无	无
15	采矿用地	无	无	无
16	其他建设用地	无	无	无
17	其他非建设用地	无	无	无

表 26 显示，香港地区的规划目的更加细致和明确，规划原则简明；国务院和广州市的规划目的更加宏观，规划原则实现了一定程度的细化，但总体较为宏观；澳门地区的规划目的和规划原则介于香港和内地之间，规划目的和规划原则均在寻找宏观和指标细化之间的平衡点。目标和原则的不同导致了部分具体实施标准的差异，如对于属于政策顶层设计的土地分类标准，澳门地区缺乏道路和交通设施用地的分类，具体操作时会使用公共基础设施区或公用设施区；香港地区有“社区设施”用地，内地和澳门地区没有单独分类，一般按“公共设施用地”来处理；内地的标准中有“公共管理和公共服务用地”，香港和澳门地区均没有。土地分类性质的差异，可能会导致粤港澳大湾区进行城市规划或建筑、生态、公共服务等专业数据统计时，数据口径不一致，在不同的操作环境下数据报送范围不稳定。例如，内地没有“文物保护”的土地性质，目前文物保护多按照“居住用地”处理，文物性质的房屋有时可交易，或混杂在“绿地与广场用地”分类中，在进行“绿地和广场用地”重新规划时容易被遗漏。再如，香港和澳门有“环境用地”或“生态保护区”，内地没有这一分类，生态保护区的土地性质混杂在“绿地与广场用地”和“农林用地”中。土地用途的混杂，容易导致生态保护工作受到区域内土地再规划和土地性质变更的影响，不利于生态保护工作的可持续开展，不利于粤港澳区域“推进生态文明建设”任务的开展。从香港土地分类的不利因素来看，香港的“工业”和“零售”用地分类，与内地和澳门不同，在数据统计的时候，对于仓储、服务业等商业用地的归类，有时归为零售、有时归为工业，这也不利于区域整体统计数据的汇总分析。

【案例 18】证券行业监管

证券行业的发展和监管，起源于发达资本主义国家。社会主义国家布局证券市场是最近三十几年的事情。1990 年 12 月 19 日上海证券交易所成立和 1991 年 7 月 30 日深圳证券交易所成立，标志着中国内地规范的证券市场开始运营。随着中国内地经济和金融事业的高速发展，中国内地的证券市场逐渐加入到争夺全球证券资源的行列中。中国香港是世界金融发展的重要地区之一，早已依据国际惯例建立了一套运行良好的证券监管体系。由于政治经济体制的不同，中国内地的证券监管制度与香港相比，以及与世界其他国家和地区相比，都有差异。

证券监管中对关联交易的监管，是反映证券监管严密等级的一个显性指标。中国的证券监管制度中对关联交易的监管非常细致，也非常严格。第一，中国内地是唯一明确要求某些关联交易需要股东大会审批的国家，纳入监管的关联交易既包括一般性关联交易，也包括董事和高管薪酬的关联交易。第二，中国内地对董事和高管的诚信、利益冲突极端关注，管制严格。即便根据纽约证券交易所的“道德规范”来审查潜在利益冲突交易，也没有像中国审查得这么严格，需要把公司的供应商、客户通通梳理一遍，要求董事和高管确认和他们没有关联关系和利益输送关系。第三，中国内地对关联交易的披露要求严格，监管制度假设了“存在关联交易就没有好事”这一前提，要求公司披露减少关联交易的措施。可以说中国证券监管市场对关联交易的监管是全球最严格的。

香港作为自由贸易港，既要维护自身金融体系的安全，又需要保护客户的投资积极性，因而采用了一种折中的做法。香港不强制性要求非香港公司完全遵守香港的公司治理要求，但额外规定了一些公司治理和股东保护的测试标准，要求非香港公司遵守这些“底线”标准，如果非香港公司无法完全遵守这些标准，也可以启动交易所的豁免程序。

与全球其他发达国家的证券监管体系相比，中国内地和香港地区的监管机制均相对严格。美国的证券监管市场在经历了数次与关联交易相关的证券监管问题后也进行了制度修正，对关联交易有所管制，但基于美国金融领域“大佬们”的实力雄厚，目前的体制修正结果还没有达到很严格的监管状态，与中国相比，美国的管制显得非常宽松。瑞士基本上是一个与中国做法完全相反的国家，即没有对关联交易进行监管，其对来自全球的客户持完全信任和开放的态度；法国在关联交易管制方面与中国有很大的相似性，宽严程度类似，但仍然不如中国内地细致和严格（见表 28）。

金融领域的监管问题是一个全球性的问题。谁的监管方式更加科学、更加合理，目前还没有明确的答案。利益和安全共存，是任何一个国家和地区的金融行业，也是任何一个金融客户都在寻找的平衡点。香港是世界金融中心之一，我国内地的金融市场也正在走向国际市场，参与竞争国际金融资源。同处于核心区域的深圳证券交易所和香港证券交易所，既可以成为行业竞争对手，又有希望在粤港澳大湾区的建设框架下，发挥各自所长，实现金融领域的协同发展，为全球金融行业建立更加开放、安全的金融市场。但当前金融监管领域标准不一致、不能够协同互补的运行机制现状，显然不利于粤港澳三地合力拓展国际金融市场，有待进一步的发展。

表 28　证券监管制度对比

序号	项目	中国内地	中国香港	瑞士	法国	美国
1	关联交易及关联方的界定	以下文件中均有详细定义:《中华人民共和国公司法》、中国的会计准则、中国证券监督管理委员会的招股书披露规则、交易所的上市规则	香港证券和期货委员会与香港联交所 2007 年 3 月联合颁布的《有关海外公司香港上市的联合政策声明》	没有这一概念，主要通过公司治理的一般性规则处理	《商法典》对关联方做出了相对较为明确的界定，既包括董事、高管等自然人，也包括股东	—
2	关联交易的披露	披露时间：招股书中，年报/半年报/重大事项报告。 披露内容：招股书中，要求披露的信息，如将关联交易分成经常性关联交易和偶发性关联交易，并披露规则要求的交易相关信息；以及要求发行人披露公司减少关联交易的具体措施（中国证券监督管理委员会的招股书披露规则）。 对公司上市后关联交易的公开报告，要具体要求在什么情况下应该报告，采取什么格式报告，报告的信息有哪些，关联交易是其中重要的报告交易类型（交易所要求）	需要经过公司治理测试	《瑞士公司治理最佳行为准则》第Ⅱ.d.16 条，“董事会成员和高级管理人员应当尽可能避免与公司利益冲突”，关联人士具有向董事会通知的义务，而董事会审议时，关联人员不能参与决定	要求关联方必须向董事会通报关联交易的情况	原则性规定： 公司必须制定并披露其审议、批准和认可该等关联方/关联人交易的政策和程序［美国证监会颁布的《S–K 条例》第 404（b）条］； 上市公司必须适当审查并持续监督关联交易（纽约证券交易所上市公司守则第 314.00 条）； 公司必须制定“道德规范”以解决包括关联交易在内的利益冲突等问

续表 28

序号	项目	中国内地	中国香港	瑞士	法国	美国
2	关联交易的披露					题（纽约证券交易所上市公司守则第303A.10条）
3	关联交易的董事会审批和股东会审批	关联交易审批既包括董事会审批，也包括股东会审批；上市公司的章程中一般会做出规定，明确哪些交易应由董事会审批，哪些交易可以由管理层决定（中国证监规则）。 上市公司为关联人提供担保，无论金额大小，都需要提交股东大会审批，上市公司从事其他关联交易，金额在3000万元以上且占上市公司资产净值5%以上的，也需要提交股东大会审批，并需要在会前聘请第三方对交易标的进行评估；对一些不需要股东大会审批的关联交易，也有豁免性规定（交易所规定）	需要经过公司治理测试	根据瑞士法的规定，除保留给股东大会的决议外，不会仅因一项交易存在可能的利益冲突而要求该交易经过股东大会特别批准；恰恰相反，根据瑞士法的规定，如果决定某项交易是董事会的职权，那么不管该交易是否存在潜在利益冲突，股东大会都无权对其做出决定； 瑞士属于“股东权力主义”倾向较为突出的国家，其法律对股东会应该批准的事项做了详细的列举性规定，股东会批准某些关联交易也没有被列入证券法管制的范畴	董事长必须向审计人员通报所有经董事会批准的关联交易情况，审计人员必须据此向年度股东大会提交一份特殊报告，该报告须经股东大会批准；关联方不得参加股东大会对关联交易的表决，且在计算法定出席股份数或者多数表决要求的股份数时，不应将关联方所持有的股份计算在内	—

续表 28

序号	项目	中国内地	中国香港	瑞士	法国	美国
4	关联交易审批中关联人的回避	在董事会审议和批准关联交易时，关联董事需要回避表决；在股东会审批和批准关联交易事项时，关联股东需要回避表决	需要经过公司治理测试	没有管制	董事会审议时，关联方必须回避	—

第二节　社会服务

【案例 19】社会工作服务业

社会工作起源于英、美、澳、加等发达国家，经实践证明，它是解决社会矛盾和社会问题的有效途径。香港的社会工作从 20 世纪 80 年代开始，政府大力推进了服务热线和社会工作转介机构的建设，社会福利行业着手建立了社会工作者注册制度；至 90 年代，香港完成了社会工作的立法。目前香港的社会工作运行机制的完善程度居全球前列，关于从业人员的监管和保护、接受服务人员的权益保障都能基本实现，注册社工的数量有 26643 人（香港社工注册局 2022 年 4 月 20 日数据），按香港人口 748.18 万（2020 年香港统计年鉴数据）计算，平均每千人有 3.5 个注册的社会工作者为其提供服务。社会工作机构或服务者作为现代公共服务业的参与者，参与了市场竞争，同时满足政府作为购买服务方的要求，接受行业督导和被服务者的监督。香港社会工作行业的运行相对规范、有序。澳门的社会工作基本依赖并聘用香港成熟的社工师资和机构来开展。

我国内地的社会工作起步较晚。与发达国家的发展历程不同，我国内地经历了先有社会工作专业教育，再到政策推行，最后进行产业布局的过程。由于缺乏充足的实践基础，在理论和政策的建立初期，政策内的框架性内容较多，对实践过程的具体指导和工作标准要求在后期才逐渐完善，在行业实践过程中还需要继续调整和优化。在很长一段时间内，内地的社会工作行业规范和标准水平并不能被港澳地区认可。在社工教育领域，我国内地培育的社会工作专业的学历、学位或实践经验，也不能获得香港社工注册局的认可。内地社会工作专业毕业生的就业难度大，最先开展社会工作本科教育的中山大学已于 2017 年停止了该专业的招生，其他内地高校也在频频观望。目前粤港澳区域社会工作专业的教育质量打通和教育标准化问题凸显。从社工就业意愿的角度来看，内地的社会工作服务业在政府的布局下大力发展，但专业人才紧缺和人才就业难问题同时出现。由于目前的行业发展主要依赖政府推动，行业不能集聚人才的原因也可追溯到现行政策对于人才聚集效应的不足。相较于香港从1.5万元到3万元的月薪水平，内地从业人员的薪资预算水平低也是人才流失的原因之一，因而，内地急需借鉴香港的经验进行行业发展和监管政策的标准化融合，以保障政策资金能够出成效。另外，从社工从业者的意识形态看，社会工作服务是需要用“心”开展的工作，事务性、流程化的工作方式未必能取得良好的效果。社会工作的教育、实施应将“以人为本”的理念贯穿始终；监管过程和考核指标的设立，应以服务效果作为重点，弱化对具体环节的“指挥”，充分调动从业者的工作积极性和提升业务能力的需求，通过社会工作从业者的人文素养影响基层人民的精神面貌。目前内地在“以人为本”方面的精神素养，还不能得到港澳地区社工行业的认可。

广东地区借鉴香港和澳门的社会工作经验，已经由民政厅牵头建立了比较完整的社会工作服务体系，其服务质量水平、管理水平和行业成熟度还在继续提升的过程中，在服务意识和服务标准方面还未能与香港、澳门的社工行业互通。同时，由于广东以外内地社会工作的行业成熟程度不足，广东地区社工专业技术人员的就业和流动受限，不利于广东本地社工人才的培育。

“促进社会保障和社会治理合作”是粤港澳大湾区的建设目标之一，应充分推动粤港澳三地社会保障和社会治理产业优势与经验的借鉴和互融互通，借鉴香港在社会工作服务领域的成熟经验，培育广东、澳门地区的社会工作行业体系，提升湾区整体的社会保障和社会治理水平，为打造优质生活圈提供基础保障。

【案例20】早教服务

20世纪80年代以来，加强早期教育成为世界未来教育的主要目标之一，早期教育也逐步被纳入义务教育和终身教育体系。各国教育部门通过制定项目实施计划、立法监督、教师培训等多种制度保障对婴幼儿的早期教育。1965年，美国开始执行“开端计划”，即从生命的第一天就开始的婴儿教育计划，目前美国还在不断完善早期教育的体系，如开展婴儿及其家庭特殊教育赠款项目、儿童早期教育从业者职业开发项目等。2008年9月，英国颁布了新的儿童早期基础阶段学前教育课程，完整地建立起0岁至5岁幼儿学习、发展和保育统一的课程框架。2013年9月，英国启动了幼儿教师计划，为0岁至2岁婴幼儿保教培训优秀教师。同处亚洲的韩国和日本，也各自设立了专门机构来管理早期教育。韩国采用“幼儿之家”的教育模式，其课程安排主要分为半日制、全日制、时间制和24小时制四种类型。日本的学前教育课程编辑委员会制定了“以发展学前儿童心理为保教重点”的教育计划方案，强调乳婴儿是活动主体，并为0个月至15个月、15个月至2岁、2岁至3岁三个年龄阶段提出了培养目标和指导重点。同为发展中国家的印度也很重视早教。印度妇女和儿童发展部于1975年出台了“免费儿童发展综合服务”计划。该计划是迄今为止全球最大的早期儿童发展项目，涵盖了保健和教育的早期儿童综合发展服务。

我国香港和澳门地区均已将幼儿早教服务纳入了政府法律框架，并实行了政府补贴计划。香港于1997年出台了《幼儿服务条例》，对早教机构的建立、早教人员和机构的管理都进行了规范。澳门于1999年制定了《托儿所之设立及运作之规范性规定》，将早教机构的建立和管理纳入了法律框架。目前香港注册的早教机构有570间，可提供超过5万个托儿学位。香港的早教费用为每个月3500～5500元人民币，低收入家庭可申请减免费用，每年约有2.5万个幼儿获得学费减免。澳门现有政府资助早教机构40所，私立早教机构21所，提供了大约0.5万个托儿学位，公立机构的收费为每个月1600～2100元人民币，私立机构的收费为每个月2500～8700元人民币。我国内地的婴幼教育规划，目前按照市场化运作开展，早教机构的注册、登记和运行均按照市场化行为进行，长期缺乏由政府牵头的专业人员的指导和监督。目前我国内地纳入教育体系的只包括3周岁以上的幼儿教育，0～3岁的早教服务按政府行政职能划分不属于教育部门而归卫生健康部门管理。2019年，广州市卫生健康委员会已经牵手广州市人民政府开始推动0～3岁的托幼计划，在越秀区首次试点招收了25个公益托幼名额，但这还远远不能满足托幼学位的需求。托幼机构的建设和运营标准，目前还存在大量空白。广东地区的托幼服务体系还需要从师资、机构建设、机构运行等多个方位构建完善。香港和澳门的托幼计划为广东地区的托幼服务业提供了经验，但还没有形成系统的技术和管理标准，因此，加快粤港澳区域优质生活圈的建设，应推动粤港澳三地优势和经验的借鉴和互融互通，培育广东地区的早教行业体系。

第三节　现代服务业

【案例21】金融设备运营服务

金融自助设备作为集安全可靠、7×24小时不间断服务、可提供现金及实物凭证三大特点为一体的提供个人金融业务的服务终端，遍布银行和各类公共场所。粤港澳大湾区的金融自助设备保有量超过10万台，承载了30%以上的金融服务。广电运通、深圳怡化和广州御银这三家广东省大型的ATM（自动柜员机）生产企业占据了国内金融自助设备市场约45%的份额（见图1）。香港卫安、澳门卫安和澳门天基数码科技有限公司占据了港澳地区30%～50%的份额。金融自助设备的正常运转离不开运营维护，目前区域内金融自助设备厂商的运维服务标准不一，给地缘毗邻的三地协同监管，以及银行客户的使用体验都带来了一定的困扰。为了打击洗钱犯罪行为，中国澳门特别行政区在2017年5月宣布要在澳门ATM上装人脸识别系统，内地银行卡的持卡者在澳门ATM上提现时必须进行人脸识别。澳门的1200台标有银联标记的ATM都按要求加装了人脸识别系统，然而，监管机构的这一举措却引发了另一种现象：香港ATM出现了“提现潮”，大量的中国银联卡在香港ATM上提取现金。这个现象就是三地ATM标准不统一所致。另外，技术支持团队、服务网络、备件体系、设备故障率、维修周期、用户体验等方面三地运维服务质量水平和要求不统一，运维商也在参与市场竞争过程中各自为政。广东省三大金融设备运营商的服务优势虽有所显现，但还不能充分反映在市场占有数据中，且香港和澳门市场仍然是以外资品牌为主。

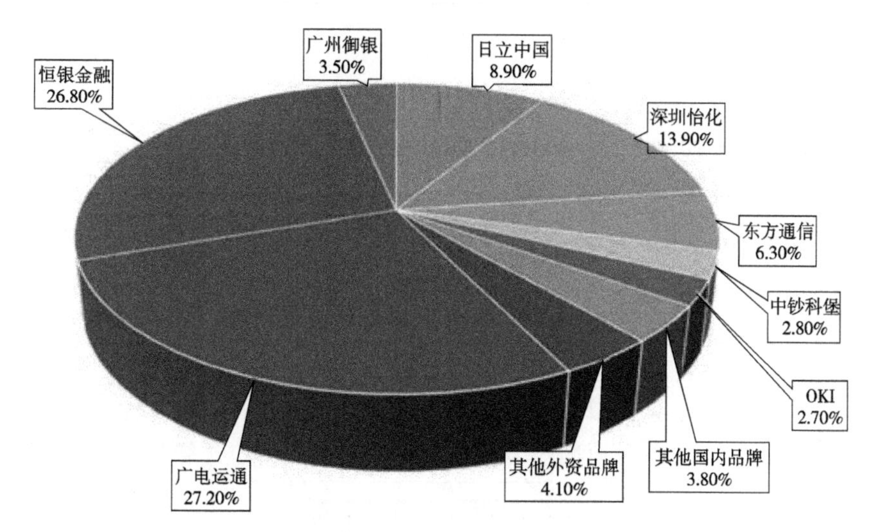

图 1　中国内地金融设备运营服务市场占有情况

我国金融自助设备领域的标准（见表 29）数量还较少，在与国际先进服务标准进行市场竞争时，容易处于劣势。团体标准《金融自助设备外包服务规范 维保服务》和《金融自助设备外包服务规范 现金服务》汇集了金融自助设备涉及的服务领域、服务交付、服务流程的基本要求，且对服务质量评价与改进做了相应的规范，在行业内特别是在粤港澳区域得到了高度认可。我国金融设备服务领域的企业标准水平，事实上已经具备参与国际竞争的实力。

表 29　中国内地金融设备运营服务标准

序号	标准分类	标准编号	标准名称	归口单位
1	国家标准	GB/T 18789.1—2013	信息技术 自动柜员机通用规范 第 1 部分：设备	全国信息技术标准化技术委员会
2		GB/T 18789.2—2016	信息技术 自动柜员机通用规范 第 2 部分：安全	
3		GB/T 18789.3—2016	信息技术 自动柜员机通用规范 第 3 部分：服务	
4		GB 16999—2010	人民币鉴别仪通用技术条件	全国防伪标准化技术委员会
5		GB 23647—2009	自助服务终端通用规范	全国服务标准化技术委员会

续表 29

序号	标准分类	标准编号	标准名称	归口单位
6	行业标准	GA 1280—2015	自动柜员机安全性要求	全国安全防范报警系统标准化技术委员会
7		JR/T 0002—2016	银行卡自动柜员机（ATM）终端技术规范	全国金融标准化技术委员会
8		JR/T 0154—2017	人民币现金机具鉴别能力技术规范	全国金融标准化技术委员会
9	地方标准	DB4403/T 128—2020	金融自助终端应用系统技术要求	深圳市地方金融监督管理局
10	团体标准	T/CAS 285—2017	金融自助设备运维服务规范	中国标准化协会
11		T/GDJR 001—2019	金融自助设备运维服务规范	广东省金融科技学会
12		T/GZBC 9—2019	金融自助设备外包服务规范 维保服务	广州市标准化促进会
13		T/GZBC 11—2019	金融自助设备外包服务规范 现金服务	广州市标准化促进会
14		T/GZBC 24—2019	金融自助设备运维服务规范	广州市标准化促进会
15		T/PCAC 00004—2018	银行卡自动柜员机（ATM）终端检测规范	中国支付清算协会
16		T/SZAS 12—2019	金融自助设备运维服务规范	深圳市标准化协会

粤港澳区域内，香港的资金流通自由、金融市场发达，金融业占 GDP 的比重高达 18%；澳门的资金充沛，对外联系广泛；广东一直以来也是金融大省，金融机构总资产、存贷款余额、金融自助设备存量等指标稳居内地省市前列。粤港澳区域具备冲顶世界金融枢纽的政治体制优势和金融行业发展经验优势，但三地金融现代服务业标准的不一致，成为三地发挥各自优势、建立区域全球领先的金融服务体系的障碍。

【案例 22】食品冷链运输服务业

依据《关于建立更紧密经贸关系的安排》（CEPA），粤港澳三地的食品供给和流通已经经过了近 20 年的发展和完善。冷链运输是随着科技的进步逐渐发展起来的一种现代服务行业。目前珠江三角洲地区、港澳两地的冷链运输总量均超过了 2000 万吨。通过对运输所有环节的温度控制来保障食品的安全性，是冷链运输过程的技术关键。但一般冷冻制品的运输过程，需要经历冷库保存、运输、装卸等环节，在不同的供应链环节，保存、运输和装卸的方式都会依据产品特性和体积大小有所不同。实现对每一个环节、每一类产品特性、每一种体积类型的温度严格管理，具有一定的难度，特别是涉及粤港澳三地的冷链运输，因三地实行不同的冷链运输标准、运输接驳环节增加、不同的第三方服务提供商带来不同的服务质量等，都容易引起冷链运输过程的食品安全风险。如新鲜牛奶或固体奶制品从广东地区出厂经转运、仓储、再加工、配送到港澳门店再到消费者手中的过程中，需要经历 3 ~ 5 次装卸过程、3 ~ 4 次储存过程、1 ~ 2 次加工过程，每一个过程的操作人员都可能不同，每个环节遵循的温度标准也不一样。新鲜牛奶的运输过程要求温度保持在 2 ~ 4℃，冰淇淋运输公司 A 的配送车辆温度要求低于 -18℃，冰淇淋运输公司 B 将冰淇淋分为高脂冰淇淋和低脂冰淇淋，配送车辆温度分别要求达到低于 -24℃和 -18℃。运输公司在执行运输任务的过程中，有时不一定按照要求设定安全温度。如冷藏货柜从香港入关，有发生过货柜未插电，未能达到控温的事件。然而粤港澳三地的食品检验方法并未能检测出生产和销售环节“断冷”和“不冷”的情况。缺乏行业统一的冷链服务标准的第三方仓储、第三方运输，均是造成目前粤港澳三地冷链运输服务过程安全风险的因素。在粤港澳区域制定统一的冷链运输服务标准，规范第三方冷库、运输、装卸过程中的技术要求和服务质量要求，是保障粤港澳三地食品安全的重要环节和紧迫需求。

第四章

生 态 环 境

作为位置相邻的地区，粤港澳三地的生态环境关联性强，生态监测、灾害预防、生态保护等工作难以做到独善其身，难以仅依靠自身力量达到超过区域平均水平的生态环境质量。粤港澳三地很早就认识到在生态环境领域协同管理的重要性，政府监管层面持续相互寻求合作。如2005年11月启用的“粤港澳珠三角区域空气监测网络”，分别由广东省生态环境监测中心、香港环境保护署、澳门环境保护局和澳门地球物理暨气象局分别负责三地监测子站的协调、管理和运作，并持续每年公布珠三角地区的监测结果及长期污染趋势分析，每季度发布监测数据的统计概要，显示出三地在空气质量监测方面的同进退趋势；为监测香港地区的闪电威胁，香港的闪电监测网点在广东省的阳江、惠东和三水均有布局。但目前粤港澳三地在生态环境方面的协同发展，还不能满足粤港澳区域建设高质量湾区的要求。在海洋水资源、生活水资源、海洋生物、气象灾害等方面的管理机制有差异，标准要求不同，对区域生态环境的高质量发展形成了阻碍。

第一节　海洋生态

【案例 23】中华白海豚保护

广东地区的中华白海豚自然保护区共有 2 个，即珠江口保护区和江门保护区，分别由广东省海洋与渔业厅设立专门的管理机构进行管理，管理措施包括日常巡逻、开展海洋生态宣传教育、对海洋建设工程进行监管、与香港渔农署进行沟通并联合开展工作等。在香港，当地政府于 1995 年制定了《海岸公园条例》，给予渔农自然护理署法定权力，将香港数个海域划为海岸公园和海岸保护区。而在 1996 年 7 月颁布的《海岸公园及海岸保护区规例》，限制了可以在海岸公园和海岸保护区内进行的活动（例如不能捕鱼）。1996 年年底规划的沙洲及龙鼓洲海岸公园和正在规划中的分流海岸公园、索罟海岸公园都处于珠江口中华白海豚的栖息地沿岸，由渔农署派人定期巡逻，禁止船只在海岸公园内高速航行及一切可能伤害中华白海豚的活动。澳门也从 2014 年开始联合研究机构开展周边海域中华白海豚的调查和保护工作。

虽然粤港澳三地都在中华白海豚保护领域积极启动了保护措施，但自然环境中的中华白海豚数量依然保持在低位，近年在澳门、香港、深圳、广州、珠海都发现过中华白海豚的尸体，它们大多死于身体的割裂伤，澳门地区发现的一例中华白海豚尸体就位于污水厂的排水口附近。中华白海豚的保护工作还未显示出显著成效，有两大国家级保护区建立时间不长的原因，也有粤港澳三地具体实施的保护措施没有形成数据互通和行政干预合力的因素。中华白海豚的栖息地范围覆盖了粤港澳区域多个水域范围，任何一个环节的保护措施不协调，都可能影响整体的保护成效。粤港澳区域的中华白海豚保护，需要粤港澳三地保护方法和过程的协调一致。

【案例 24】渔港管理

广东省从 1994 年开始实施省人大提出的《关于加强渔港建设的议案》,《广东省渔港管理条例》《广东省渔港标准管理规范》等系列渔港管理制度也逐步颁布和实施。广东省海洋与渔业厅以“推进渔港管理、资源管理、安全监管、清理取缔涉渔‘三无’船舶和‘绝户网’等”为重点，不断推进渔港的运营安全和生态安全管理，通过信息化监管系统，精确掌握渔船进出渔港以及渔业资源的交易情况，精准掌控危险源和渔业资源的分布情况。广东省在海洋大数据建设中走在全国前列，未来将实现信息技术与海洋环境、装备和活动深度结合，构建以海洋信息基础设施为依托，整合各类信息资源的海洋信息体系。

香港的渔业捕捞主要以多种作业形式的舢板以及其他小型非拖网渔船为主。拖网渔船及较大型的非拖网渔船一般在南海一带水域作业。香港的小型渔港以“渔港的自然发展”为主要形式，大型渔港则由私人企业有计划地组织运营。渔业分署的职责主要是执行《渔业保护条例》，保护海洋生态。渔港的管理由渔港所属的企业自行负责。澳门没有专门负责渔业管理的部门，海事和水务局有促进渔业发展的职能，环境保护局负责与生态平衡相关的事务。澳门的渔港事务由私人所有并负责管理。香港和澳门目前还没有与政府合作、针对海洋信息系统建设的项目。

在粤港澳大湾区的建设项目中，建设现代化、文明美丽渔港，打造生态良好、环境优越、具有区域独特美丽的新渔港，是重要的内容之一。粤港澳区域现代化新渔港国际形象的建立，需要融合三地的建设经验，建立、试行和完善国际高标准，需要粤港澳三地渔业管理机制的协同改革和推进。

【案例 25】海洋水资源监测

目前粤港澳三地的海洋水质监测标准不一致（见表 30）。我国内地的污染物排放标准和海水水质标准相对细致，如《海水水质标准》中规定了有毒物质监测的具体种类，几项强制性标准中均规定了排放物的具体项目及其排放指标。但内地海洋水质标准的更新速度慢，且需均衡领土范围内各个海域的水质特点，对粤港澳附近的海域不具有针对性，《海水水质标准》的制定时间是 1997 年。香港的《水污染管制条例》针对每条水域单独制定了针对性水质标准。在禁止排放的污染物中，规定“任何废物或污染物质”“任何会阻碍正常水流的物质”均不得排放到管制水域，没有指明具体的监测物质。但香港法例的开放性，有利于香港按照国际最新要求及时更新水质标准要求。澳门目前还没有明确的对海洋水质进行监测的制度。

珠江口及附近海岸线的海洋生态保护，离不开沿线城市的共治，且与粤港澳三地的生态文明协同发展息息相关。生态文明协同共治，不仅需要有统一的监测标准，还需要有统一协调的共治机制和行动措施。

表 30　海水水质监测标准对比

<table>
<tr><th>序号</th><th>GB 3097—1997</th><th>香港</th><th>澳门</th></tr>
<tr><td>1</td><td>色、臭、味</td><td rowspan="2">美观程度（气味、颜色；油状残渣、浮木、玻璃、塑料、橡胶或其他漂浮物；矿物油、污水衍生物、沉积物）</td><td>—</td></tr>
<tr><td>2</td><td>漂浮物</td><td>—</td></tr>
<tr><td>3</td><td>溶解氧</td><td>溶解氧（海床等多个指标）</td><td>—</td></tr>
<tr><td>4</td><td>无机氮</td><td>无机氮</td><td>—</td></tr>
<tr><td>5</td><td>生化需氧量</td><td>—</td><td>—</td></tr>
<tr><td>6</td><td>化学需氧量</td><td>—</td><td>—</td></tr>
<tr><td>7</td><td>非离子氨</td><td>非离子氨氮</td><td>—</td></tr>
<tr><td>8</td><td>大肠菌群</td><td>大肠杆菌</td><td>—</td></tr>
</table>

续表 30

序号	GB 3097—1997	香港	澳门
9	粪大肠菌群	—	—
10	病原体	—	—
11	活性磷酸盐	—	—
12	—	酸碱值	—
13	—	盐度	—
14	水温	温度	—
15	悬浮物质	悬浮固体	—
16	贡、镉、铅、铬、砷、铜、锌、硒、镍、氰化物、硫化物、挥发性酚、石油类、六六六（HCH）、滴滴涕（DDT）、马拉硫磷、甲基对硫磷、苯并芘、阴离子表面活性剂、放射性核素	毒物	—
17	—	叶绿素 -a	—

第二节　气象灾害应急管理

【案例 26】气象灾害预警

粤港澳三地地处低纬，濒临海洋，热带气旋、暴雨、低温、干旱等灾害发生频率高。在全球气候变暖的大背景下，各类极端天气气候事件更加频繁。对突发事件预警信息的发布和灾害处理能力，是凸显区域管理水平和保障区域经济生活安全的重要内容。

香港天文台建于 1883 年，较早地实现了 11 种气象灾害的预警，包括等级划分和香港市民常见的预警标识。部分预警项目是内地尚未建立预警标准的项目，如强烈季候风预警；但也有部分项目是内地开展但没有在香港开展的预警，如大雾预警、灰霾预警、森火预警等。广东地区的气象预警服务在国家标准的要求上，进行了地域优化，形成了广东特色的气象预警服务标准体系，包含 9 类灾害的风险等级划分及其预警标识。澳门地球物理暨气象局预警的气象灾害有 5 种，风暴潮是香港和广东地区的监测网络中没有的指标。除了预警项目类型的差异，粤港澳三地对热带气旋、炎热、寒冷、雷暴、暴雨等气象信息的预警等级划分和标识也均有差异（见表 31）。

区域气候差异导致的气象预警差异是有必要的，但同一类自然灾害的等级划分、预警方式的不同，可能导致气象信息交换不畅，如不能进行基础数据的交换。作为毗邻的省市，粤港澳三地的气候变化是紧密相关的。如香港的闪电监测网点，需要布局在广东省的阳江、惠东和三水，以监测香港地区的闪电威胁。粤港澳三地在气象灾害和生态环境保护方面，应作为一个整体，建立传输气象数据和进行灾害预警联动的机制，这一机制的建立离不开基础数据的标准化，或联动协调机制的标准化。

粤港澳三地在空气质量监测领域已经实现了统一监测、标准化计算和信息发布，其他环境气象领域的区域联通和贯通受到了使用习惯等因素的影响，推动进度稍慢，但粤港澳大湾区建立宜居城市和生态文明建设的目标，对建立气象数据互通、环境联动保护的机制有了更迫切的要求，气象信息标准化工作应加速推进。

表 31　粤港澳三地气象预警差异

<table>
<tr><td rowspan="2">气象预警项目</td><td colspan="3">广东</td><td colspan="3">香港</td><td rowspan="2">澳门</td></tr>
<tr><td>预警等级</td><td colspan="2">内容</td><td>预警等级</td><td colspan="2">内容</td></tr>
<tr><td rowspan="6">热带气旋等级（风暴中心平均风速，m/s）</td><td>热带低气压</td><td colspan="2">10.8 ～ 17.1</td><td>热带低气压</td><td colspan="2">11.4 ～ 17.2</td><td rowspan="11">同香港一致</td></tr>
<tr><td>热带风暴</td><td colspan="2">17.2 ～ 24.4</td><td>热带风暴</td><td colspan="2">17.5 ～ 24.2</td></tr>
<tr><td>强烈热带风暴</td><td colspan="2">24.5 ～ 32.6</td><td>强烈热带风暴</td><td colspan="2">24.4 ～ 32.5</td></tr>
<tr><td>台风</td><td colspan="2">32.7 ～ 41.4</td><td>飓风</td><td colspan="2">32.8 ～ 41.4</td></tr>
<tr><td>强台风</td><td colspan="2">41.5 ～ 50.9</td><td>强飓风</td><td colspan="2">41.7 ～ 51.1</td></tr>
<tr><td>超强台风</td><td colspan="2">≥ 51.0</td><td>超强飓风</td><td colspan="2">≥ 51.4</td></tr>
<tr><td rowspan="5">台风（风速，m/s）</td><td>白色</td><td> </td><td>—</td><td>1</td><td></td><td>—</td></tr>
<tr><td>蓝黄</td><td> </td><td>10.8 ～ 17.1</td><td>3</td><td></td><td>11.4 ～ 17.2</td></tr>
<tr><td>黄色</td><td> </td><td>17.2 ～ 24.4</td><td>8</td><td> </td><td>17.5 ～ 24.2</td></tr>
<tr><td>橙色</td><td> </td><td>24.5 ～ 32.6</td><td>9</td><td></td><td>17.5 ～ 24.2 显著加强</td></tr>
<tr><td>红色</td><td> </td><td>>32.7</td><td>10</td><td></td><td>>24.4</td></tr>
<tr><td>炎热</td><td colspan="3"></td><td colspan="3"></td><td>无</td></tr>
</table>

续表 31

气象预警项目	广东		香港		澳门	
	预警等级	内容	预警等级	内容		
寒冷	℃ 寒冷 黄 COLD ℃ 寒冷 橙 COLD ℃ 寒冷 红 COLD		冷 COLD		无	
雷雨大风/雷暴	雷雨大风 黄 THUNDER GUST 雷雨大风 橙 THUNDER GUST 雷雨大风 红 THUNDER GUST		雷暴 Thunderstorm 雷暴			
暴雨	暴雨 黄 RAINSTORM	预计有	黄色暴雨警告信號	监测到或预计 30 ~ 50 mm/h		预计 >50 mm/2 h
	暴雨 橙 RAINSTORM	监测到 50 mm/3 h	紅 红色暴雨警告信號	监测到或预计 50 ~ 70 mm/h		
	暴雨 红 RAINSTORM	监测到 100 mm/3 h	黑 黑色暴雨警告信號	监测到或预计 >70 mm/h		
强烈季候风（接近海平面风速，m/s）	无		季候風 Monsoons	11.1		11.4

第五章

农　业

中国内地每年为港澳输送了大量农副产品，仅2021年，中国内地输往中国香港的动物产品金额就达到了169亿元人民币，植物产品达到了234亿元人民币，其他食品类达到了277亿元人民币；中国内地输往中国澳门的动物产品金额达12亿元人民币，植物产品达3亿元人民币，其他食品类达13亿元人民币。新鲜农产品对通关效率的要求高，深圳、珠海和香港、澳门海关均已形成了成熟的查验和管控机制。但即使已有较大量的产品流通，也仍然存在粤港澳三地标准障碍的问题，主要体现在三地法律法规标准中的指标差异，以及区域内产品质量的不均衡。区域内农产品及其副产品在法律法规和强制性标准的基本要求下，品牌类型多样，标准类型多样，质量水平要求也不一致，对区域整体农产品市场环境的质量提升和质量形象塑造有深远影响。

【案例 27】生猪

我国内地畜牧业中，猪肉、牛肉、羊肉的产量比例约为 20 ∶ 3 ∶ 2（国家统计局 2020 年度数据），猪肉产量达到了 4113 万吨。广东省的肉羊、肉牛相对较少，2020 年年底猪肉的产量为 192 万吨，牛肉和羊肉合计约为 6 万吨。香港市场，2020 年屠宰了 756669 头猪（包括本地生猪和进口生猪），折合供应约 5 万吨新鲜猪肉。澳门的猪肉市场完全依赖于外部输入。

美国农业部的数据显示，我国是全球最大的猪肉消费国，占全球猪肉消费市场约一半；全球消费排名第二的欧盟消费量仅为我国的一半；美国排第三，其消费量约为我国的 1/3；排名在之后的巴西、日本、越南、韩国、墨西哥、菲律宾、加拿大，消费量均不到我国的 1/10。我国 2020 年猪肉消费量为 3502 万吨，其中广东省为 327 万吨。香港 2020 年人口为 750.7 万，按照人均 25 kg 猪肉的需求量计算，香港猪肉市场的需求量为 18.7 万吨。澳门 2020 年人口为 68.31 万，其猪肉市场需求量为 1.7 万吨。粤港澳三地的猪肉市场，本地生产量均不能满足消费需求，需要省外输入和国外进口的冷冻猪肉补充。

在产品市场监管方面，粤港澳三地针对区域内流动猪肉和进出口猪肉都有各自的法律法规和标准（见表 32、表 33、表 34），主要是针对兽药残留的安全限量要求，其中我国国家标准的兽药残留限量包含 104 种化学物质，香港法律包含 35 种与猪肉相关的化学物质，澳门行政法规中包含 14 种与猪肉相关的化学物质。将三地的兽药限量进行对比发现，香港对猪肉脂肪中的兽药残留均不做要求，而国家标准和澳门标准均涉及猪肉脂肪中的兽药限量；三地同时限量的化学物质仅有 13 种，限量要求相同的仅 6 种；对于金霉素、土霉素、链霉素和四环素 4 种化学物质的限量要求，香港更加严格。国家标准对新霉素在肝中的限量为 5500 μg/kg，而港澳的限量严格到 500 μg/kg；国家标准对伊维菌素在肌肉、脂肪、肝、肾中均有限量要求，香港仅对肝有要求，澳门仅对脂肪和肝有要求，但港澳对肝中伊维菌素的限量严格到 15 μg/kg，国家标准限量为 100 μg/kg。另外，国家标准对新霉素在肾中的限量为 9000 μg/kg，而港澳的限量宽松到 10000 μg/kg；国家标准对达氟沙星在肌肉、脂肪、肝、肾中均有限量要求，香港对脂肪不做要求，澳门对肝不做要求。除指标水平差异外，还有 77 种化学物质限量在国家标准中有限量要求，而在香港法例和澳门行政法规中没做要求；香港法例中有 8 种化学物质在国家标准和澳门行政法规中没做要求；澳门行政法规中有 1 种化学物质在国家标准和香港法例中没做要求（见表 35）。除此以外，粤港澳兽药限量化学物质的中文名称也不一致。

我国的非强制性国家标准、行业标准、地方标准和团体标准中，有大量的行业规范、养殖场所规范的标准，以及指导种猪培育、生产加工、运输储存、销售、人才培养、设备安全等上下游产业的标准（见表 36）。香港有养猪产业，但未建立本地技术标准；澳门没有养猪产业，也未建立相关标准。港澳均通过对市场上猪肉的安全监管来实现猪肉的产业监督和管理。

从目前粤港澳三地的猪肉流通市场来看，虽然输港猪肉兽药残留超标的案例偶有发生，但由于猪肉产品的需求量旺盛、内地对输港澳产品的检验检疫措施充足等因素，三地法律法规和标准的不一致问题并没有严重影响到三地的猪肉流通。但“不影响”是有前提的，是不稳定状态，且对粤港澳区域猪肉质量水平的国际口碑有影响。随着猪肉产品追溯体系的建立和监督能力的提升，这一问题随时可能凸显。

内地有相对完整的覆盖养猪产业产前、产中、产后的指导性标准，包括行业基础标准，以及养殖场/屠宰场、种猪、饲料、防疫、养殖技术、加工技术、产品质量、包装、流通、销售、人才培养以及农业机械等标准，对于行业质量水平的提升和稳定有基础保障作用。在产品追溯体系逐渐完善和进入市场监管要求的情况下，港澳对产品质量的要求需要跟随有生产性标准的区域进行补充。粤港澳大湾区猪肉产品质量水平的提升，需要产前、产中、产后标准水平的支撑。

表32　香港畜牧业相关法律法规和标准

文件编号	文件名称	指标条款	指标要求
《香港法例》第132V章	食物掺杂（金属杂质含量）	第2部分	锑、砷、镉、铬、铅、汞限量
《香港法例》第139N章（附表1和附表2也可见《香港法例》第132AF章）	公众卫生（动物及禽鸟）（化学物残余）规例	第3条　食用动物体内存有违禁化学物	（1）除第17（6）条另有规定外，任何食用动物饲养人所饲养的食用动物如含有任何违禁化学物，该饲养人即属犯罪 （2）除第17（6）条另有规定外，任何食用动物贩商明知而故意饲养任何含有违禁化学物的食用动物，该动物贩商即属犯罪
		第4条　最高残余限量	见附表2
		第5条　限制组织内存有农业及兽医用化学物残余	（1）任何食用动物饲养人如向任何食用动物贩商供应食用动物以供人食用、供应食用动物予任何屠房，或供应食用动物予任何零售或批发市场，而该动物的组织含有超逾最高残余限量的农业及兽医用化学物，该饲养人即属犯罪 （2）任何食用动物贩商明知而故意供应予屠房或零售或批发市场的食用动物，或在屠房或零售或批发市场饲养的食用动物，而该动物的组织含有超逾最高残余限量的农业及兽医用化学物，该动物贩商即属犯罪
		第7条　指明食用动物的识别	（1）食用动物饲养人在将附表4第（1）栏内指明的食用动物供应给人食用前，须按照与这些动物相对列于第（2）栏内的规定，将这些动物加上标签或记号或以其他方式识别

续表 32

文件编号	文件名称	指标条款	指标要求
《香港法例》第 139N 章（附表 1 和附表 2 也可见《香港法例》第 132AF 章）	公众卫生（动物及禽鸟）（化学物残余）规例	第 7 条 指明食用动物的识别	（2）除非指明食用动物已按照附表 4 加上标签或记号或以其他方式识别，否则任何人不得携带或安排携带该动物进入任何屠房或批发市场 （3）任何人如在任何指明食用动物上标示或附加他明知是虚假的字母、记号、数目或其他识别，或以任何方式促致、怂使、协助、教唆或以从犯身份犯有（a）段所指的罪行，即属犯罪
		第 8 条 进口食用动物须附有证明书	该动物必须附有由出口来源地的合资格兽医当局发出的有效证明书，证明无理由怀疑：该食用动物含有任何违禁化学物；以及该食用动物体内组织的农业及兽医用化学物的浓度超逾最高残余限量
		附表 1 违禁化学品	阿伏霉素 盐酸克仑特罗 氯霉素 己二烯雌酚［（E，E）-4，4'-（二亚乙基烯）联苯酚］包括其盐类及酯类 己烯雌酚［（E）-α β-二乙基反二苯代乙烯-4，4'-二醇］包括其盐类及酯类 己烷雌酚［介-4，4'-（1，2-二乙基乙烯）联苯酚］包括其盐类及酯类 沙丁胺醇
		附表 2 食用动物组织内的最高残余限量（MRL）	35 种与猪肉相关的限量化学品 34 种与家禽相关的限量化学品 28 种与牛肉相关的限量化学品
		附表 4 食用动物的识别	每一只动物必须由最少一个文身记号加以识别，该记号须由最少 5 个独立的字母或号码字元组成 用于每一只动物的文身记号必须经高级兽医官批准，并必须可以识别有关动物的原产农场 文身记号必须以黑、深蓝或深紫色的无毒性墨水加于该动物的臀部或背部 文身记号的每个字母或号码字元的尺寸不得小于 1.5 cm × 2 cm

续表 32

文件编号	文件名称	指标条款	指标要求
《香港法例》第 139L 章	公众卫生（动物及禽鸟）（禽畜饲养的发牌）规例	第 3 条 任何人除非获授权或获批给牌照否则不得饲养禽畜	应按照署长发出的牌照，在附表 1 和附表 2 所指的禽畜废物限制区或禽畜废物管制区内领有牌照的处所饲养禽畜
《香港法例》第 421A 章	狂犬病规例	第 11 条 对输入动物、动物尸体及动物产品的限制	任何人除非根据及按照特准人员发给的许可证而办理，否则不得将动物、动物尸体或动物产品输入香港，亦不得促使、容受或准许他人将其输入香港

表 33 澳门畜牧业产品相关法律法规和标准

文件类型	编号	名称	相关指标
法律	第 9/2021 号	消费者权益保护法	—
	第 5/2013 号	食品安全法	—
	第 7/2003 号	对外贸易法	—
	第 40/99/M 号	商法典	—
行政法规	第 23/2018 号	食品中重金属污染物最高限量	共 3 种与猪肉相关（mg/kg）： 砷（0.5） 镉（0.1/0.5） 铅（0.2/0.5）
	第 16/2014 号	食品中放射性核素最高限量	碘 -131（100 Bq/kg） 铯 -134，铯 -137（1000 Bq/kg）
	第 6/2014 号 第 3/2016 号	食品中禁用物质清单	孔雀石绿、硝基呋喃类、己烯雌酚、氯霉素、三聚氰胺、苏丹红、硼砂或硼酸
	第 13/2013 号	食品中兽药最高残留限量	14 种与猪肉相关的限量化学品 16 种与牛肉相关的限量化学品 12 种与禽肉相关的限量化学品

表 34　中国内地畜牧业及其产品相关法律法规和强制性标准

文件类型		文件名称	
法律		中华人民共和国农产品质量安全法	
		食品安全法	
		畜牧法	
		动物防疫法	
行政法规		生猪屠宰管理条例	
		兽药管理条例	
部门规章		农产品质量安全监测管理办法	
		兽药进口管理办法	
强制性国家标准	生产加工隔离场所	GB 18596—2001	畜禽养殖业污染物排放标准
	种苗	GB 4143—2008	牛冷冻精液
		GB 23238—2021	种猪常温精液
	饲料	GB 7300 系列、GB 7295 等 52 项	饲料添加剂
		GB 13078 系列	饲料卫生标准
		GB 10648—2013	饲料标签
		GB 26418—2010	饲料中硒的允许量
		GB 26419—2010	饲料中铜的允许量
		GB 26434—2010	饲料中锡的允许量
	产品质量	GB 14891.1—1997	辐照熟畜禽肉类卫生标准
		GB 14891.6—1994	辐照猪肉卫生标准
		GB 14891.7—1997	辐照冷冻包装畜禽肉类卫生标准
		GB 16869—2005	鲜、冻禽产品
		GB 18393—2001	牛羊屠宰产品品质检验规程
		GB 18394—2020	畜禽肉水分限量
		GB 31650—2019	食品中兽药最大残留限量
	农业机械	GB 10395 系列	农用机械 安全
		GB 4706.47—2014	家用和类似用途电器的安全 动物繁殖和饲养用电加热器的特殊要求

表 35　猪肉中兽药残留限量对比

单位：μg/kg

序号	限量指标	标准中排序	国家标准	香港	澳门	对比结论
1	青霉素	国 12 澳 1 港 4	肌肉：50 脂肪：无要求 肝：50 肾：50	肌肉：50 脂肪：无要求 肝：50 肾：50	肌肉：50 脂肪：无要求 肝：50 肾：50	√
2	头孢噻林	国 17 澳 2 港 6	肌肉：1000 脂肪：2000 肝：2000 肾：6000	肌肉：1000 脂肪：无要求 肝：2000 肾：6000	肌肉：1000 脂肪：2000 肝：2000 肾：6000	√
3	金霉素	国 79 澳 3 港 7	肌肉：200 脂肪：无要求 肝：600 肾：1200	肌肉：100 脂肪：无要求 肝：300 肾：600	肌肉：200 脂肪：无要求 肝：600 肾：1200	× 香港严格
4	达氟沙星	国 27 澳 4 港 10	肌肉：100 脂肪：100 肝：50 肾：200	肌肉：100 脂肪：无要求 肝：50 肾：200	肌肉：100 脂肪：100 肝：无要求 肾：200	× 国家标准项目多
5	氟甲喹	国 52 澳 5 港 17	肌肉：500 脂肪：1000 肝：500 肾：3000	肌肉：500 脂肪：无要求 肝：500 肾：3000	肌肉：500 脂肪：1000 肝：500 肾：3000	√
6	庆大霉素	国 55 澳 6 港 20	肌肉：100 脂肪：100 肝：2000 肾：5000	肌肉：100 脂肪：无要求 肝：2000 肾：5000	肌肉：100 脂肪：100 肝：2000 肾：5000	√
7	伊维菌素	国 59 澳 7 港 21	肌肉：30 脂肪：10 肝：100 肾：30	肌肉：无要求 脂肪：无要求 肝：15 肾：无要求	肌肉：无要求 脂肪：20 肝：15 肾：无要求	× 国家标准项目多，但单个指标宽松
8	林可霉素	国 64 澳 8 港 24	肌肉：200 脂肪：100 肝：500 肾：1500	肌肉：100 脂肪：无要求 肝：500 肾：1500	肌肉：200 脂肪：100 肝：500 肾：1500	√

续表 35

序号	限量指标	标准中排序	国家标准	香港	澳门	对比结论
9	新霉素	国 72 澳 9 港 26	肌肉：500 脂肪：500 肝：5500 肾：9000	肌肉：500 脂肪：无要求 肝：500 肾：10000	肌肉：500 脂肪：500 肝：500 肾：10000	× 国家标准有的指标宽松，有的指标更严格
10	土霉素	国 79 澳 10 港 28	肌肉：200 脂肪：无要求 肝：600 肾：1200	肌肉：100 脂肪：无要求 肝：300 肾：600	肌肉：200 脂肪：无要求 肝：600 肾：1200	× 香港严格
11	大观霉素	国 89 澳 12 港 30	肌肉：500 脂肪：2000 肝：2000 肾：5000	肌肉：500 脂肪：无要求 肝：2000 肾：5000	肌肉：500 脂肪：2000 肝：2000 肾：5000	√
12	链霉素	国 91 澳 13 港 31	肌肉：600 脂肪：600 肝：600 肾：1000	肌肉：500 脂肪：无要求 肝：500 肾：1000	肌肉：600 脂肪：600 肝：600 肾：1000	× 香港严格
13	四环素	国 79 澳 14 港 33	肌肉：200 脂肪：无要求 肝：600 肾：1200	肌肉：100 脂肪：无要求 肝：300 肾：600	肌肉：200 脂肪：无要求 肝：600 肾：1200	× 香港严格
14	阿莫西林	国 3 港 1	肌肉：50 脂肪：50 肝：50 肾：50	肌肉：50 脂肪：无要求 肝：50 肾：50	—	√
15	氨苄西林	国 4 港 2	肌肉：50 脂肪：50 肝：50 肾：50	肌肉：50 脂肪：无要求 肝：50 肾：50	—	√
16	杆菌肽	国 11 港 3	可食组织：500	肌肉：50 脂肪：无要求 肝：50 肾：50	—	× 香港严格

续表 35

序号	限量指标	标准中排序	国家标准	香港	澳门	对比结论
17	氨唑西林	国 21 港 8	肌肉：300 脂肪：300 肝：300 肾：300	肌肉：300 脂肪：无要求 肝：300 肾：300	—	√
18	黏菌素	国 22 港 9	肌肉：150 脂肪：150 肝：150 肾：200	肌肉：150 脂肪：无要求 肝：150 肾：200	—	√
19	多西环素	国 40 港 14	肌肉：100 皮 + 脂肪：300 肝：300 肾：600	肌肉：100 脂肪：无要求 肝：300 肾：600	—	√
20	恩诺沙星	国 41 港 15	肌肉：100 脂肪：100 肝：200 肾：300	肌肉：100 脂肪：无要求 肝：200 肾：300	—	√
21	红霉素	国 43 港 16	肌肉：200 脂肪：200 肝：200 肾：200	肌肉：400 脂肪：无要求 肝：400 肾：400	—	× 国家标准严格
22	恶喹酸	国 78 港 27	肌肉：100 脂肪：50 肝：150 肾：150	肌肉：100 脂肪：无要求 肝：150 肾：150	—	√
23	磺胺类	国 93 港 32	肌肉：100 脂肪：100 肝：100 肾：100	肌肉：100 脂肪：无要求 肝：100 肾：100	—	√
24	泰妙菌素	国 96 港 34	肌肉：100 脂肪：无要求 肝：500 肾：无要求	肌肉：100 脂肪：无要求 肝：500 肾：无要求	—	√

续表 35

序号	限量指标	标准中排序	国家标准	香港	澳门	对比结论
25	甲氧苄啶	国 101 港 35	肌肉：50 皮＋脂肪：50 肝：50 肾：50	肌肉：50 皮＋脂肪：无要求 肝：50 肾：50	—	√
26	泰乐菌素	国 102 港 36	肌肉：100 脂肪：100 肝：100 肾：100	肌肉：200 脂肪：无要求 肝：200 肾：200	—	× 国家标准严格
27	维吉尼亚霉素	国 104 港 37	肌肉：100 皮＋脂肪：400 肝：300 肾：400	肌肉：100 皮＋脂肪：无要求 肝：300 肾：400	—	√

注：“×”表示有差异，“√”表示差异小或无差异。

表 36 中国内地猪肉产品相关标准

序号	标准类别	标准号	标准名称	以往版本	归口单位
1	基础标准	GB/T 35567—2017	鲁农Ⅰ号猪配套系	—	全国畜牧业标准化技术委员会
2		GB/T 36189—2018	畜禽品种标准编制导则 猪	—	全国畜牧业标准化技术委员会
3		NY/T 3394—2018	猪副产品利用技术规范	SB/T 10910—2012	农业农村部
4		NY/T 3874—2021	种猪术语	—	全国畜牧业标准化技术委员会
5		DB11/T 499.1—2018	北京黑猪饲养管理技术规范 第 1 部分：品种	—	北京市农业局
6	生产加工隔离场所	GB/T 17823—2009	集约化猪场防疫基本要求	1999	全国动物卫生标准化技术委员会

续表 36

序号	标准类别	标准号	标准名称	以往版本	归口单位
7	生产加工隔离场所	GB/T 17824.1—2008	规模猪场建设	GB/T 17824.1—1999，GB/T 17824.3—1999	全国畜牧业标准化技术委员会
8		GB/T 17824.3—2008	规模猪场环境参数及环境管理	—	全国畜牧业标准化技术委员会
9		GB/T 32149—2015	规模猪场清洁生产技术规范	—	全国畜牧业标准化技术委员会
10		GB/T 41249—2021	产业帮扶“猪—沼—果（粮、菜）”循环农业项目运营管理指南	—	中国标准化研究院
11		NY/T 1568—2007	标准化规模养猪场建设规范	—	农业农村部
12		SN/T 2032—2007	进境种猪临时隔离场建设规范	—	国家认证认可监督管理委员会
13		NY/T 2076—2011	生猪屠宰加工场（厂）动物卫生条件	—	农业农村部
14		NY/T 2077—2011	种公猪站建设技术规范	—	农业农村部
15		NY/T 2078—2011	标准化养猪小区项目建设规范	—	农业农村部
16		NY/T 2241—2012	种猪性能测定中心建设标准	—	农业农村部
17		NY/T 2661—2014	标准化养殖场　生猪	—	农业农村部
18		NY/T 2968—2016	种猪场建设标准	2005	农业农村部
19		NY/T 3348—2018	生猪定点屠宰厂（场）资质等级要求	SB/T 10396—2011、2005	农业农村部
20		SN/T 2032—2021	进境种猪指定隔离检疫场建设规范	2007、2019	国家认证认可监督管理委员会
21		DB22/T 3095—2020	生猪屠宰厂（场）等级评定	—	吉林省畜牧业管理局

续表 36

序号	标准类别	标准号	标准名称	以往版本	归口单位
22	生产加工隔离场所	DB34/T 3017—2017	规模养殖场沼气清洁生产技术规范	—	安徽省农业标准化技术委员会
23		DB45/T 2356—2021	屠宰场非洲猪瘟功能实验室建设规范	—	广西壮族自治区市场监督管理局
24		DB46/T 379.1—2016	畜禽屠宰企业等级要求 第1部分：生猪屠宰企业	—	海南省农业厅
25	种苗	GB 23238—2021	种猪常温精液	2009	全国畜牧业标准化技术委员会
26		GB/T 25172—2020	猪常温精液生产与保存技术规范	2010	全国畜牧业标准化技术委员会
27		NY/T 636—2021	猪人工授精技术规程	2002	农业农村部
28		NY/T 822—2004	种猪生产性能测定规程	—	农业农村部
29		NY/T 1670—2008	猪雌激素受体和卵泡刺激素β亚基单倍体型检测技术规程	—	农业农村部
30		SN/T 1696—2006	进出境种猪检验检疫操作规程	—	国家认证认可监督管理委员会
31		DB11/T 499.2—2018	北京黑猪饲养管理技术规范 第2部分：选育	—	北京市农业局
32		DB32/T 1535—2009	种猪精液质量检验方法	—	江苏省质量技术监督局
33		DB45/T 2354—2021	桂科种猪饲养管理技术规范	—	广西壮族自治区市场监督管理局
34		DB51/T 2209—2016	种猪精液质量控制规范	—	四川省农业厅
35	肥料或饲料	GB/T 5915—2020	仔猪、生长育肥猪配合饲料	1993、2008	全国饲料工业标准化技术委员会
36		GB/T 21101—2007	动物源性饲料中猪源性成分定性检测方法 PCR 方法	—	全国饲料工业标准化技术委员会
37		GB/T 26438—2010	畜禽饲料有效性与安全性评价 全收粪法测定猪饲料表观消化能技术规程	—	全国饲料工业标准化技术委员会

续表 36

序号	标准类别	标准号	标准名称	以往版本	归口单位
38	肥料或饲料	GB/T 33914—2017	饲料原料 喷雾干燥猪血浆蛋白粉	—	全国饲料工业标准化技术委员会
39		GB/T 40830—2021	猪饲料真可消化氨基酸测定技术规程（简单 T 型瘘管法）	—	全国饲料工业标准化技术委员会
40		NY/T 1029—2006	仔猪、生长肥育猪维生素预混合饲料	—	农业农村部
41		NY 5030—2001	无公害食品 生猪饲养兽药使用准则	—	农业农村部
42		DB34/T 1567—2011	安庆六白猪 育肥猪饲养管理技术规范	—	安徽省农业标准化技术委员会
43		DB34/T 1568—2011	安庆六白猪 仔猪饲养管理技术规程	—	安徽省农业标准化技术委员会
44		DB34/T 3920—2021	生猪饲料清洁生产技术规范	—	安徽省农业标准化技术委员会
45		DB44/T 670—2009	猪用 4% 复合预混合饲料	—	广东省质量技术监督局
46		DB46/T 125—2008	热带地区瘦肉型生长育肥猪饲养标准	—	海南省质量技术监督局
47		DB61/T 507.2—2011	无公害育肥猪饲养管理技术规程	—	陕西省农业厅
48		DB61/T 507.3—2011	无公害生猪种猪饲养管理技术规程	—	陕西省农业厅
49		DB61/T 507.4—2011	无公害生猪饲料使用技术规程	—	陕西省农业厅
50		DB65/T 2661—2006	生长育肥猪饲养管理规范	—	新疆维吾尔自治区质量技术监督局
51	病虫害疫情控制	GB/T 16551—2020	猪瘟诊断技术	2008	全国动物卫生标准化技术委员会

续表 36

序号	标准类别	标准号	标准名称	以往版本	归口单位
52	病虫害疫情控制	GB/T 18090—2008	猪繁殖与呼吸综合征诊断方法	—	全国动物卫生标准化技术委员会
53		GB/T 18644—2020	猪囊尾蚴病诊断技术	2002	全国动物卫生标准化技术委员会
54		GB/T 18648—2020	非洲猪瘟诊断技术	2002	全国动物卫生标准化技术委员会
55		GB/T 19915.3—2005	猪链球菌 2 型 PCR 定型检测技术	—	全国动物卫生标准化技术委员会
56		GB/T 19915.4—2005	猪链球菌 2 型三重 PCR 检测方法	—	全国动物卫生标准化技术委员会
57		GB/T 19915.6—2005	猪源链球菌通用荧光 PCR 检测方法	—	全国动物卫生标准化技术委员会
58		GB/T 19915.9—2005	猪链球菌 2 型溶血素基因 PCR 检测方法	—	全国动物卫生标准化技术委员会
59		GB/T 21674—2008	猪圆环病毒聚合酶链反应试验方法	—	全国动物卫生标准化技术委员会
60		GB/T 22914—2008	SPF 猪病原的控制与监测	—	全国动物卫生标准化技术委员会
61		GB/T 22917—2008	猪水泡病病毒荧光 RT-PCR 检测方法	—	全国动物卫生标准化技术委员会
62		GB/T 27517—2011	鉴别猪繁殖与呼吸综合征病毒高致病性与经典毒株复合 RT-PCR 方法	—	全国动物卫生标准化技术委员会
63		GB/T 27521—2011	猪流感病毒核酸 RT-PCR 检测方法	—	全国动物卫生标准化技术委员会
64		GB/T 27535—2011	猪流感 HI 抗体检测方法	—	全国动物卫生标准化技术委员会
65		GB/T 27536—2011	猪流感病毒分离与鉴定方法	—	全国动物卫生标准化技术委员会
66		GB/T 27540—2011	猪瘟病毒实时荧光 RT-PCR 检测方法	—	全国动物卫生标准化技术委员会

续表 36

序号	标准类别	标准号	标准名称	以往版本	归口单位
67	病虫害疫情控制	GB/T 34729—2017	猪瘟病毒阻断 ELISA 抗体检测方法	—	全国动物卫生标准化技术委员会
68		GB/T 34745—2017	猪圆环病毒 2 型 病毒 SYBR Green Ⅰ实时荧光定量 PCR 检测方法	—	全国动物卫生标准化技术委员会
69		GB/T 34750—2017	副猪嗜血杆菌检测方法	—	全国动物卫生标准化技术委员会
70		GB/T 34756—2017	猪轮状病毒病 病毒 RT-PCR 检测方法	—	全国动物卫生标准化技术委员会
71		GB/T 34757—2017	猪流行性腹泻 病毒 RT-PCR 检测方法	—	全国动物卫生标准化技术委员会
72		GB/T 35901—2018	猪圆环病毒 2 型荧光 PCR 检测方法	—	全国动物卫生标准化技术委员会
73		GB/T 35906—2018	猪瘟抗体间接 ELISA 检测方法	—	全国动物卫生标准化技术委员会
74		GB/T 35909—2018	猪肺炎支原体 PCR 检测方法	—	全国动物卫生标准化技术委员会
75		GB/T 35910—2018	猪圆环病毒 2 型阻断 ELISA 抗体检测方法	—	全国动物卫生标准化技术委员会
76		GB/T 35912—2018	猪繁殖与呼吸综合征病毒荧光 RT-PCR 检测方法	—	全国动物卫生标准化技术委员会
77		GB/T 36871—2018	猪传染性胃肠炎病毒、猪流行性腹泻病毒和猪轮状病毒多重 RT-PCR 检测方法	—	全国动物卫生标准化技术委员会
78		GB/T 36875—2018	猪瘟病毒 RT-nPCR 检测方法	—	全国动物卫生标准化技术委员会
79		NY/T 537—2002	猪放线杆菌胸膜肺炎诊断技术	—	农业农村部
80		NY/T 544—2015	猪流行性腹泻诊断技术	2002	农业农村部
81		NY/T 545—2002	猪痢疾诊断技术	—	农业农村部

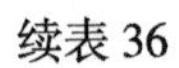

续表 36

序号	标准类别	标准号	标准名称	以往版本	归口单位
82	病虫害疫情控制	NY/T 546—2015	猪传染性萎缩性鼻炎诊断技术	2002	农业农村部
83		NY/T 548—2015	猪传染性胃肠炎诊断技术	2002	农业农村部
84		NY/T 564—2016	猪巴氏杆菌病诊断技术	2002	农业农村部
85		NY/T 1186—2017	猪支原体肺炎诊断技术	—	农业农村部
86		NY/T 1953—2010	猪附红细胞体病诊断技术规范	—	农业农村部
87		NY/T 1958—2010	猪瘟流行病学调查技术规范	—	农业农村部
88		NY/T 1981—2010	猪链球菌病监测技术规范	—	农业农村部
89		NY/T 2840—2015	猪细小病毒间接 ELISA 抗体检测方法	—	农业农村部
90		NY/T 2841—2015	猪传染性胃肠炎病毒 RT-nPCR 检测方法	—	农业农村部
91		NY/T 3190—2018	猪副伤寒诊断技术	—	农业农村部
92		NY/T 3237—2018	猪繁殖与呼吸综合征间接 ELISA 抗体检测方法	—	农业农村部
93		SB/T 10463—2008	猪肺炎支原体检验方法	—	商务部
94		SN/T 0762—2011	猪瘟病毒荧光 RT-PCR 检测方法	—	国家认证认可监督管理委员会
95		SN/T 1207—2011	猪痢疾检疫技术规范	2003	国家认证认可监督管理委员会
96		SN/T 1247—2007	猪繁殖和呼吸综合征检疫规范	SN/T 1247.1—2003；SN/T 1247.2—2003	国家认证认可监督管理委员会
97		SN/T 1379—2010	古典猪瘟检疫规程	SN/T 1379.1—2004；SN/T 1379.2—2005；SN/T 1379.3—2006	国家认证认可监督管理委员会

续表 36

序号	标准类别	标准号	标准名称	以往版本	归口单位
98	病虫害疫情控制	SN/T 1446—2010	猪传染性胃肠炎检疫规范	SN/T 1446.1—2004；SN/T 1446.2—2006；SN/T 1697—2006	国家认证认可监督管理委员会
99		SN/T 1447—2011	猪传染性胸膜肺炎检疫技术规范	SN/T 1447.1—2004；SN/T 1447.2—2004	国家认证认可监督管理委员会
100		SN/T 1559—2010	非洲猪瘟检疫技术规范	2005	国家认证认可监督管理委员会
101		SN/T 1574—2005	猪旋毛虫病酶联免疫吸附试验操作规程	—	国家认证认可监督管理委员会
102		SN/T 1699—2017	猪流行性腹泻检疫技术规范	SN/T 1699.1—2006；SN/T 1699.2—2006；SN/T 1699.3—2006	国家认证认可监督管理委员会
103		SN/T 1842—2006	美丽猪屎豆检疫鉴定方法	—	国家认证认可监督管理委员会
104		SN/T 1919—2016	猪细小病毒病检疫技术规范	SN/T 1874—2007；SN/T 1919—2007	国家认证认可监督管理委员会
105		SN/T 2871—2011	猪萎缩性鼻炎检疫技术规范	—	国家认证认可监督管理委员会
106		SN/T 2987—2011	猪囊尾蚴血清抗体胶体金斑点检测方法	—	国家认证认可监督管理委员会
107		SN/T 3198—2012	猪盖塔病 RT-PCR 检测技术规范	—	国家认证认可监督管理委员会
108		SN/T 3327—2012	猪瘟病毒逆转录环介导等温核酸扩增检测方法	—	国家认证认可监督管理委员会

续表 36

序号	标准类别	标准号	标准名称	以往版本	归口单位
109	病虫害疫情控制	SN/T 3488—2013	猪劳森氏胞内菌荧光 PCR 检疫技术规范	—	国家认证认可监督管理委员会
110		SN/T 3972—2014	猪流感病毒病检疫技术规范	—	国家认证认可监督管理委员会
111		SN/T 4104—2015	猪支原体肺炎检疫技术规范	—	国家认证认可监督管理委员会
112		SN/T 4230—2015	副猪嗜血杆菌病检疫技术规范	—	国家认证认可监督管理委员会
113		SN/T 4235—2015	猪戊型肝炎检疫技术规范	—	国家认证认可监督管理委员会
114		SN/T 4299—2015	猪捷申病毒性脑脊髓炎检疫技术规范	—	国家认证认可监督管理委员会
115		SN/T 4750—2017	猪细环病毒检疫技术规范	—	国家认证认可监督管理委员会
116		SN/T 4920—2017	猪丹毒检疫技术规范	—	国家认证认可监督管理委员会
117		SN/T 5185—2020	猪副伤寒检疫技术规范	—	海关总署
118		SN/T 5196—2020	猪轮状病毒感染检疫技术规范	—	海关总署
119		SN/T 5335—2020	非洲猪瘟检测实验室生物安全操作技术规范	—	海关总署
120		SN/T 5336—2020	猪瘟病毒及非洲猪瘟病毒检测 微流控芯片法	—	海关总署
121		WS/T 381—2021	囊尾蚴病的诊断	2012	卫生部寄生虫病标准专业委员会
122		DB21/T 1887—2011	猪瘟野毒株与疫苗株鉴别诊断技术规范	—	辽宁省畜牧兽医局
123		DB41/T 2065—2020	非洲猪瘟消毒技术规范	—	河南省市场监督管理局
124		DB45/T 2352—2021	猪主要病毒性腹泻防控技术规范	—	广西壮族自治区市场监督管理局

续表 36

序号	标准类别	标准号	标准名称	以往版本	归口单位
125	病虫害疫情控制	DB45/T 2353—2021	猪主要病毒性腹泻鉴别检测 多重反转录聚合酶链反应法	—	广西壮族自治区市场监督管理局
126		DB51/T 2684—2020	非洲猪瘟防治技术规范	—	四川省农业农村厅
127	生产标准	GB/T 17824.2—2008	规模猪场生产技术规程	GB/T 17824.2—1999；GB/T 17824.5—1999	全国畜牧业标准化技术委员会
128		GB/T 20014.9—2013	良好农业规范 第 9 部分：猪控制点与符合性规范	2005，2008	国家标准化管理委员会农业食品部
129		GB/T 25883—2010	瘦肉型种猪生产技术规范	—	全国畜牧业标准化技术委员会
130		GB/T 39235—2020	猪营养需要量	—	全国畜牧业标准化技术委员会
131		LS/T 3401—1992	后备母猪、妊娠猪、哺乳母猪、种公猪配合饲料	SB/T 10075—1992	全国饲料工业标准化技术委员会
132		NY/T 65—2004	猪饲养标准	1987	农业农村部
133		NY/T 3048—2016	发酵床养猪技术规程	—	农业农村部
134		NY 5031—2001	无公害食品 生猪饲养兽医防疫准则	—	农业农村部
135		NY/T 5033—2001	无公害食品 生猪饲养管理准则	—	农业农村部
136		DB11/T 327—2005	生猪生产技术规范	—	北京市农业局
137		DB11/T 499.5—2018	北京黑猪饲养管理技术规范 第 5 部分：卫生防疫	—	北京市农业局
138		DB31/T 296—2003	规模化养猪场生产技术规范	—	上海市质量技术监督局
139		DB32/T 1394—2009	小梅山猪养殖技术规程	—	江苏省质量技术监督局
140		DB43/T 903—2014	湘西黑猪饲养管理规程	—	湖南省质量技术监督局

续表 36

序号	标准类别	标准号	标准名称	以往版本	归口单位
141	生产标准	DB44/T 1301—2014	生猪无抗养殖 中药材防病技术规范	—	广东省质量技术监督局
142		DB45/T 1676—2018	肉猪现代生态养殖规范	—	广西壮族自治区市场监督管理局
143		DB45/T 2301—2021	发酵桂闽引象草养猪技术操作规程	—	广西壮族自治区市场监督管理局
144	加工技术	GB/T 8211—2009	猪鬃	GB/T 8214—1987；GB/T 8211—1987；GB/T 8213—1987；GB/T 8212—1987	国家认证认可监督管理委员会
145		GB/T 8215—2009	猪鬃检验方法	1987	国家认证认可监督管理委员会
146		GB/T 8937—2006	食用猪油	1988	农业农村部
147		GB/T 9700—2009	盐湿猪皮检验方法	1988	国家认证认可监督管理委员会
148		GB/T 13213—2017	猪肉糜类罐头	2006，1991	全国食品工业标准化技术委员会
149		GB/T 13515—2008	火腿罐头	1992	全国食品工业标准化技术委员会
150		GB/T 14628—1993	猪原鬃	—	农业农村部
151		GB/T 17236—2019	畜禽屠宰操作规程 生猪	2008，1998	全国屠宰加工标准化技术委员会
152		GB/T 17996—1999	生猪屠宰产品品质检验规程	—	农业农村部
153		GB/T 18526.7—2001	冷却包装分割猪肉辐照杀菌工艺	—	农业农村部
154		GB/T 19479—2019	畜禽屠宰良好操作规范 生猪	2004	全国屠宰加工标准化技术委员会

续表 36

序号	标准类别	标准号	标准名称	以往版本	归口单位
155	加工技术	GB/T 20711—2006	熏煮火腿	—	全国肉禽蛋制品标准化技术委员会
156		GB/T 22289—2008	冷却猪肉加工技术要求	—	商务部
157		GB/T 40466—2021	畜禽肉分割技术规程　猪肉	—	全国屠宰加工标准化技术委员会
158		HJ/T 127—2003	清洁生产标准　制革行业（猪轻革）	—	生态环境部
159		NY/T 909—2004	生猪屠宰检疫规范	—	农业农村部
160		NY/T 3226—2018	生猪宰前管理规范	—	农业农村部
161		NY/T 3381—2018	生猪无害化处理操作规范	SB/T 10657—2012	农业农村部
162		QB 1352—1991	片装火腿罐头	—	轻工业部
163		QB 1353—1991	火腿午餐肉罐头	—	轻工业部
164		QB/T 1354—2014	卤猪杂罐头	1991	全国食品发酵标准化中心
165		QB/T 1356—2014	猪肉蛋卷罐头	1991	全国食品发酵标准化中心
166		QB 1357—1991	香菇猪脚腿罐头	—	轻工业部
167		QB 1358—1991	皱油猪蹄罐头	—	轻工业部
168		QB 1360—1991	五香猪排罐头	—	轻工业部
169		QB/T 1361—2014	红烧猪肉类罐头	QB/T 1361—1991；QB/T 1362—1991	全国食品发酵标准化中心
170		QB 1362—1991	红烧猪肉罐头	—	轻工业部
171		QB/T 1660—2010	猪鬃	1992	全国日用杂品标准化中心
172		QB 2299—1997	午餐肉	—	中国轻工总会

续表 36

序号	标准类别	标准号	标准名称	以往版本	归口单位
173	加工技术	QB/T 5505—2020	肉类罐头中牛、羊、猪、鸡、鸭源性成分检测方法 PCR 法	—	工业和信息化部
174		SB/T 10294—2012	腌猪肉	1998	工业和信息化部
175		DB22/T 2739—2017	生猪屠宰厂标准化屠宰检验操作规程	—	吉林省畜牧业管理局
176		DB22/T 3213—2020	生猪屠宰同步检验操作规范	—	吉林省畜牧业管理局
177		DB45/T 1683—2018	病死猪无害化堆肥技术规程	—	广西壮族自治区市场监督管理局
178	产品质量	GB/T 2417—2008	金华猪	1981	全国畜牧业标准化技术委员会
179		GB/T 2773—2008	宁乡猪	1981	全国畜牧业标准化技术委员会
180		GB/T 7223—2008	荣昌猪	1987	全国畜牧业标准化技术委员会
181		GB/T 8130—2021	二花脸猪	—	全国畜牧业标准化技术委员会
182		GB/T 8472—2021	北京黑猪	2008，1987	全国畜牧业标准化技术委员会
183		GB/T 8473—2008	上海白猪	1987	全国畜牧业标准化技术委员会
184		GB/T 8475—1987	三江白猪	—	农业农村部
185		GB/T 8476—2008	湖北白猪	1987	全国畜牧业标准化技术委员会
186		GB/T 8477—2008	浙江中白猪	1987	全国畜牧业标准化技术委员会
187		GB/T 8935—2006	工业用猪油	1988	中国商业联合会
188		GB/T 9959.1—2019	鲜、冻猪肉及猪副产品 第1部分：片猪肉	2001	全国屠宰加工标准化技术委员会
189		GB/T 9959.3—2019	鲜、冻猪肉及猪副产品 第3部分：分部位分割猪肉	—	全国屠宰加工标准化技术委员会

续表 36

序号	标准类别	标准号	标准名称	以往版本	归口单位
190	产品质量	GB/T 9959.4—2019	鲜、冻猪肉及猪副产品 第4部分：猪副产品	—	全国屠宰加工标准化技术委员会
191		GB 14891.6—1994	辐照猪肉卫生标准	—	国家卫生健康委员会
192		GB/T 20444—2006	猪组织中四环素族抗生素残留量检测方法 微生物学检测方法	—	农业农村部
193		GB/T 20743—2006	猪肉、猪肝和猪肾中杆菌肽残留量的测定 液相色谱－串联质谱法	—	国家标准化管理委员会农业食品部
194		GB/T 20746—2006	牛、猪的肝脏和肌肉中卡巴氧和喹乙醇及代谢物残留量的测定 液相色谱－串联质谱法	—	国家标准化管理委员会农业食品部
195		GB/T 20752—2006	猪肉、牛肉、鸡肉、猪肝和水产品中硝基呋喃类代谢物残留量的测定 液相色谱－串联质谱法	—	国家标准化管理委员会农业食品部
196		GB/T 20753—2006	牛和猪脂肪中醋酸美仑孕酮、醋酸氯地孕酮和醋酸甲地孕酮残留量的测定 液相色谱－紫外检测法	—	国家标准化管理委员会农业食品部
197		GB/T 20763—2006	猪肾和肌肉组织中乙酰丙嗪、氯丙嗪、氟哌啶醇、丙酰二甲氨基丙吩噻嗪、甲苯噻嗪、阿扎哌隆、阿扎哌醇、咔唑心安残留量的测定 液相色谱－串联质谱法	—	国家标准化管理委员会农业食品部
198		GB/T 20765—2006	猪肝脏、肾脏、肌肉组织中维吉尼霉素 M_1 残留量的测定 液相色谱－串联质谱法	—	国家标准化管理委员会农业食品部

续表 36

序号	标准类别	标准号	标准名称	以往版本	归口单位
199	产品质量	GB/T 20766—2006	牛猪肝肾和肌肉组织中玉米赤霉醇、玉米赤霉酮、己烯雌酚、己烷雌酚、双烯雌酚残留量的测定 液相色谱－串联质谱法	—	国家标准化管理委员会农业食品部
200		GB/T 23815—2009	猪肉制品中植物成分定性PCR检测方法	—	中国标准化研究院
201		GB/T 32763—2016	藏猪	—	全国畜牧业标准化技术委员会
202		GB/T 34753—2017	鲁莱黑猪	—	全国畜牧业标准化技术委员会
203		GB/T 36180—2018	鲁烟白猪	—	全国畜牧业标准化技术委员会
204		GB/T 36183—2018	大花白猪	—	全国畜牧业标准化技术委员会
205		GB/T 40155—2021	里岔黑猪	—	全国畜牧业标准化技术委员会
206		GB/T 40156—2021	梅山猪	—	全国畜牧业标准化技术委员会
207		GB/T 40157—2021	沙乌头猪	—	全国畜牧业标准化技术委员会
208		GB/T 24697—2009	湘西黑猪	—	全国畜牧业标准化技术委员会
209		NY 624—2002	军牧1号白猪	—	农业农村部
210		NY 625—2002	迪卡配套系猪种猪	—	农业农村部
211		NY 626—2002	深农系配套猪	—	农业农村部
212		NY/T 632—2002	冷却猪肉	—	农业农村部
213		NY 806—2004	光明配套系猪	—	农业农村部
214		NY 807—2004	苏太猪	—	农业农村部
215		NY 808—2004	香猪	—	农业农村部
216		NY/T 2823—2015	八眉猪	—	农业农村部

续表 36

序号	标准类别	标准号	标准名称	以往版本	归口单位
217	产品质量	NY/T 2824—2015	五指山猪	—	农业农村部
218		NY/T 2825—2015	滇南小耳猪	—	农业农村部
219		NY/T 2826—2015	沙子岭猪	—	农业农村部
220		NY/T 2894—2016	猪活体背膘厚和眼肌面积的测定 B 型超声波法	—	农业农村部
221		NY/T 2956—2016	民猪	—	农业农村部
222		NY/T 2993—2016	陆川猪	—	农业农村部
223		NY/T 3053—2016	天府肉猪	—	农业农村部
224		NY/T 3183—2018	圩猪	—	农业农村部
225		NY/T 3351—2018	猪原肠、半成品	SB/T 10041—1992	农业农村部
226		NY/T 3354—2018	猪大肠头	SB/T 10044—1992	农业农村部
227		NY/T 3355—2018	乳猪肉	SB/T 10293—2012	农业农村部
228		NY/T 3643—2020	晋汾白猪	—	农业农村部
229		NY/T 3644—2020	苏淮猪	—	农业农村部
230		NY/T 3653—2020	通城猪	—	农业农村部
231		NY/T 3794—2020	安庆六白猪	—	农业农村部
232		NY/T 3795—2020	撒坝猪	—	农业农村部
233		NY/T 3876—2021	猪肉中卡拉胶的检测 液相色谱 - 串联质谱法	—	全国屠宰加工标准化技术委员会
234		SN/T 4103—2015	猪及其加工产品中转基因成分定性 PCR 检测方法	—	国家认证认可监督管理委员会
235		SN/T 4737—2016	猪及其产品中特定转基因成分实时定量 PCR 检测方法	—	国家认证认可监督管理委员会
236		DB14/T 1301—2016	山西黑猪	—	山西省质量技术监督局

续表 36

序号	标准类别	标准号	标准名称	以往版本	归口单位
237	产品质量	DB22/T 2269—2018	吉神黑猪	—	吉林省质量技术监督局
238		DB31/T 18—1998	梅山猪	—	上海市质量技术监督局
239		DB31/T 21—2010	浦东白猪	1998	上海市质量技术监督局
240		DB32/T 1007—2006	梅山猪	—	江苏省质量技术监督局
241		DB32/T 1393—2009	小梅山猪	—	江苏省质量技术监督局
242		DB32/T 3203—2017	梅山猪（中型）	—	江苏省质量技术监督局
243		DB32/T 3679—2019	苏山猪	—	江苏省质量技术监督局
244		DB36/T 167—2019	滨湖黑猪	—	江西省质量技术监督局
245		DB36/T 278—2019	南昌白猪	1997	江西省质量技术监督局
246		DB37/T 2474—2014	烟台黑猪	—	山东省质量技术监督局
247		DB41/T 590—2009	豫南黑猪	—	河南省质量技术监督局
248		DB42/T 725—2011	恩施黑猪	—	湖北省质量技术监督局
249		DB43/T 424—2009	湘西黑猪	—	湖南省质量技术监督局
250		DB43/T 631—2011	湘白猪	—	湖南省质量技术监督局
251		DB45/T 239—2005	东山猪品种标准	—	广西壮族自治区水产畜牧局

续表 36

序号	标准类别	标准号	标准名称	以往版本	归口单位
252	产品质量	DB65/T 2552—1995	新疆白猪	—	新疆维吾尔自治区市场监督管理局
253	流通销售	SN/T 0420—2010	出口猪肉旋毛虫检验方法 磁力搅拌集样消化法	1995	国家认证认可监督管理委员会
254		SN/T 0940—2011	进出口盐湿猪皮检验检疫监管规程	2000	国家认证认可监督管理委员会
255		SN/T 1551—2005	供港澳活猪产地检验检疫操作规范	—	国家认证认可监督管理委员会
256		SN/T 1937—2007	进出口辐照猪肉杀囊尾蚴的最低剂量	—	国家认证认可监督管理委员会
257		SN/T 2702—2010	猪水泡病检疫技术规范	—	国家认证认可监督管理委员会
258		SN/T 2987—2011	猪囊尾蚴血清抗体胶体金斑点检测方法	—	国家认证认可监督管理委员会
259		SN/T 3155—2012	出口猪肉、虾、蜂蜜中多类药物残留量的测定 液相色谱－质谱/质谱法	—	国家认证认可监督管理委员会
260		SN/T 3260—2012	供港澳冰鲜猪肉检验检疫规程	—	国家认证认可监督管理委员会
261		SN/T 4679—2016	进口猪肉及猪肉制品检验检疫监管规程	—	国家认证认可监督管理委员会
262		DB13/T 1319—2010	超市生猪肉分割销售规范	—	河北省质量技术监督局
263	产品追溯	NY/T 820—2004	种猪登记技术规范	—	农业农村部
264		NY/T 2958—2016	生猪及产品追溯关键指标规范	—	农业农村部
265		NY/T 3372—2018	片猪肉激光灼刻标识码、印应用规范	SB/T 10570—2010	农业农村部
266		NY/T 3652—2020	种猪个体记录	—	农业农村部

续表 36

序号	标准类别	标准号	标准名称	以往版本	归口单位
267	产品追溯	SN/T 2983.1—2011	供港畜禽产地全程 RFID 溯源规程 第 1 部分：活猪	—	国家认证认可监督管理委员会
268	产品评价	GB/T 32759—2016	瘦肉型猪活体质量评定	—	全国畜牧业标准化技术委员会
269		GB/T 40945—2021	畜禽肉质量分级规程	—	全国屠宰加工标准化技术委员会
270		NY/T 821—2004	猪肌肉品质测定技术规范	—	农业农村部
271		NY/T 825—2004	瘦肉型猪胴体性状测定技术规范	—	农业农村部
272		NY/T 1759—2009	猪肉等级规格	—	农业农村部
273		NY/T 3380—2018	猪肉分级	SB/T 10656—2012	农业农村部
274		SB/T 10363—2012	猪屠宰分割安全产品质量认证评审准则	—	商务部
275	人才培养	NY/T 3189—2018	猪饲养场兽医卫生规范	—	农业农村部
276		NY/T 3349—2018	生猪屠宰加工职业技能岗位标准、职业技能岗位要求	SB/T 10353—2011；SB/T 10353—2003	农业农村部
277		NY/T 3350—2018	肉品品质检验人员岗位技能要求	SB/T 10359—2011；SB/T 10359—2003	农业农村部
278		NY/T 3382—2018	生猪副产品加工人员技能要求	—	农业农村部
279		NY/T 3385—2018	屠宰企业消毒人员技能要求	SB/T 10661—2012	农业农村部
280		NY/T 3396—2018	屠宰冷藏加工人员技能要求	SB/T 10912—2012	农业农村部
281		DB14/T 1833—2019	生猪养殖职业农民生产技能要求与评价	—	山西省农业标准化技术委员会

续表 36

序号	标准类别	标准号	标准名称	以往版本	归口单位
282	人才培养	DB4112/T 274—2020	生猪屠宰检疫技能竞赛操作规范	—	三门峡市市场监督管理局
283	设备装备	GB/T 22575—2008	猪电致昏设备	—	农业农村部
284		GB/T 30471—2013	规模养猪场粪便利用设备 槽式翻抛机	—	全国农业机械标准化技术委员会
285		GB/T 30958—2014	生猪屠宰成套设备技术条件	—	农业农村部
286		JB/T 9785—2017	养猪用自动饮水器	JB/T 9785.1—1999；JB/T 9785.2—1999	工业和信息化部 / 国家能源局
287		JB/T 12358—2015	肉类加工机械 猪肉去皮机	—	工业和信息化部 / 国家能源局
288		JB/T 12366—2015	畜类屠宰加工机械 猪胴体自动劈半机	—	工业和信息化部 / 国家能源局
289		JB/T 12367—2015	畜类屠宰加工机械 二分体猪肉转挂机	—	工业和信息化部 / 国家能源局
290		JB/T 12368—2015	畜类屠宰加工机械 生猪二氧化碳致昏机	—	工业和信息化部 / 国家能源局
291		JB/T 12871—2016	畜类屠宰加工机械 猪皮刮毛机	—	工业和信息化部 / 国家能源局
292		JB/T 12872—2016	畜类屠宰加工机械 猪头刨毛机	—	工业和信息化部 / 国家能源局
293		JB/T 12864—2016	畜类屠宰加工机械 螺旋猪蹄脱毛机	—	工业和信息化部 / 国家能源局
294		JB/T 13266—2017	猪胴体背膘厚度测量装置	—	工业和信息化部 / 国家能源局
295		JB/T 13267—2017	猪肉新鲜度光学检测装置	—	工业和信息化部 / 国家能源局
296		NY 817—2004	猪用手术隔离器	—	农业农村部
297		NY 818—2004	猪用饲养隔离器	—	农业农村部

续表 36

序号	标准类别	标准号	标准名称	以往版本	归口单位
298	设备装备	NY/T 1021—2006	生猪浸烫设备	—	农业农村部
299		NY/T 1022—2006	生猪刮毛设备	—	农业农村部
300		NY/T 3357—2018	畜禽屠宰加工设备 猪输送机	SB/T 10487—2008	农业农村部
301		NY/T 3358—2018	畜禽屠宰加工设备 洗猪机	SB/T 10488—2008	农业农村部
302		NY/T 3359—2018	畜禽屠宰加工设备 猪烫毛设备	SB/T 10489—2008	农业农村部
303		NY/T 3360—2018	畜禽屠宰加工设备 猪脱毛机	SB/T 10490—2008	农业农村部
304		NY/T 3361—2018	畜禽屠宰加工设备 猪燎毛炉	SB/T 10491—2008	农业农村部
305		NY/T 3362—2019	畜禽屠宰加工设备 猪抛光机	SB/T 10492—2008；SB/T 10492—2018	农业农村部
306		NY/T 3363—2019	畜禽屠宰加工设备 猪剥皮机	SB/T 10493—2008；SB/T 10493—2018	农业农村部
307		NY/T 3364—2018	畜禽屠宰加工设备 猪胴体劈半锯	SB/T 10494—2008	农业农村部
308		NY/T 3365—2020	畜禽屠宰加工设备 猪胴体输送轨道	NY/T 3365—2018；SB/T 10495—2008	农业农村部
309		NY/T 3399—2018	生猪屠宰加工周转箱清洗机	SB/T 10915—2012	农业农村部
310		NY/T 3403—2018	猪胴体自动劈半机	SB/T 11078—2013	农业农村部
311		NY/T 3404—2018	生猪屠宰猪皮与猪蹄脱毛设备	SB/T 11079—2013	农业农村部
312		SB/T 10486—2008	生猪屠宰成套设备技术条件	—	商务部

续表 36

序号	标准类别	标准号	标准名称	以往版本	归口单位
313	设备装备	SB/T 11078—2013	猪胴体自动劈半机	—	全国屠宰加工标准化技术委员会
314		SB/T 11079—2013	生猪屠宰猪皮与猪蹄脱毛设备	—	全国屠宰加工标准化技术委员会
315		DB44/T 1522—2015	养猪设备　干湿料槽	—	广东省市场监督管理局
316		DB44/T 2061—2017	养猪设备　母猪群养精准喂料机	—	广东省市场监督管理局
317		DB44/T 2062—2017	养猪设备　塞管式喂料机	—	广东省市场监督管理局
318		DB44/T 2063—2017	养猪设备　自动干湿料喂料机	—	广东省市场监督管理局
319		DB45/T 1875—2018	生猪网床生态养殖环境保护技术规范	—	广西壮族自治区市场监督管理局
320		DB45/T 2357—2021	养猪场异位发酵床建设与运行技术规范	—	广西壮族自治区市场监督管理局

【案例 28】禽类

禽类是我国南方地区非常受欢迎的肉类食品，禽蛋产品在我国南方地区的消费量超过了猪肉。据国家统计局数据显示，2020 年我国禽蛋类消费量为人均 25.5 千克，总消费量约为 3600 万吨。广东省 2020 年禽蛋人均消费为 41.0 千克，总消费量约为 506.2 万吨。香港和澳门消费的禽蛋来源多样，包括本地供应禽蛋、进口活禽、各种蛋和蛋制品、冷冻肉等。按照人均 40.0 千克的年消费量保守估计，香港的禽蛋年消费需求约为 29.9 万吨，澳门的禽蛋年消费需求约为 2.7 万吨。

我国的禽蛋年产量为 3468 万吨，略低于全国总销量。广东省的禽蛋产量 2020 年为 239.5 万吨，不足本地消费量的一半。香港本地 2020 年供应 439 万只鸡和 312 万只蛋，合计本地供应禽蛋为 1.1 万吨。澳门的禽蛋消费全部依靠外部输入。从全球范围看，美国、巴西是鸡肉生产和消费量最大的两个国家，其次为中国和欧盟。四个国家和地区的禽蛋产量占全球产量的 60%，消费量占全球的 57%。从目前我国的禽蛋产能看，我国还处于进口量高于出口量的阶段。

粤港澳三地进口禽蛋产品的标准，当前主要体现在兽药残留限量方面。针对禽蛋产品，三地同时限制的兽药种类共11种，其中对金霉素、土霉素、链霉素、四环素和杆菌肽的限量，香港的要求更高；对新霉素、红霉素、泰妙菌素和泰乐菌素的限量，国家标准的要求更高（见表37、表38）。港澳和广东地区市场的禽肉蛋产品，暂时也还未爆出兽药残留超标的情况。标准不一致暂时还没有影响到三地产品流通以及产品的进口。但这里的“不影响”同样是不稳定状态，且对粤港澳区域禽肉蛋产品质量水平的国际形象有影响。随着禽肉蛋产品追溯体系的建立和监督能力的提升，这一问题随时可能凸显。

表37　禽肉蛋中兽药残留限量对比

单位：μg/kg

序号	限量指标	标准中排序	国家标准	香港	澳门	对比结论
1	青霉素	国12 澳1 港4	肌肉：50 肝：50 肾：50 蛋：无要求	肌肉：50 肝：50 肾：50 蛋：无要求	肌肉：50 肝：50 肾：50 蛋：无要求	√
2	金霉素	国79 澳3 港7	肌肉：200 肝：600 肾：1200 蛋：400	肌肉：100 肝：300 肾：600 蛋：无要求	肌肉：200 肝：600 肾：1200 蛋：400	× 香港严格，但单项没有蛋指标限量
3	达氟沙星	国27 澳4 港10	肌肉：200 脂肪：100 肝：400 肾：400	肌肉：200 脂肪：无要求 肝：400 肾：400	肌肉：200 脂肪：100 肝：400 肾：400	√
4	氟甲喹	国52 澳5 港17	肌肉：500 脂肪：1000 肝：500 肾：3000	肌肉：500 脂肪：无要求 肝：500 肾：3000	肌肉：500 脂肪：1000 肝：500 肾：3000	√
5	林可霉素	国64 澳8 港24	肌肉：200 脂肪：100 肝：500 肾：500	肌肉：100 脂肪：无要求 肝：500 肾：1500	肌肉：200 脂肪：100 肝：500 肾：500	× 香港宽松
6	新霉素	国72 澳9 港26	肌肉：500 脂肪：500 肝：5500 肾：9000 蛋：500	肌肉：500 脂肪：无要求 肝：500 肾：10000 蛋：无要求	肌肉：500 脂肪：500 肝：500 肾：10000 蛋：无要求	× 国家标准有的指标宽松，有的指标更严

续表 37

序号	限量指标	标准中排序	国家标准	香港	澳门	对比结论
7	土霉素	国 79 澳 10	肌肉：200 肝：600	肌肉：100 肝：300	肌肉：200 肝：600	×
7	土霉素	港 28	肾：1200 蛋：400	肾：600 蛋：无要求	肾：1200 蛋：400	香港严格，但对蛋没有要求
8	沙拉沙星	国 87 澳 11 港 29	肌肉：10 脂肪：20 肝：80 肾：80	肌肉：10 脂肪：无要求 肝：80 肾：80	肌肉：10 脂肪：20 肝：80 肾：80	√
9	大观霉素	国 89 澳 12 港 30	肌肉：500 脂肪：2000 肝：2000 肾：5000 蛋：2000	肌肉：500 脂肪：无要求 肝：2000 肾：5000 蛋：2000	肌肉：500 脂肪：2000 肝：2000 肾：5000 蛋：2000	√
10	链霉素	国 91 澳 13 港 31	肌肉：600 脂肪：600 肝：600 肾：1000	肌肉：500 脂肪：无要求 肝：500 肾：1000	肌肉：600 脂肪：600 肝：600 肾：1000	× 香港严格
11	四环素	国 79 澳 14 港 33	肌肉：200 脂肪：无要求 肝：600 肾：1200 蛋：400	肌肉：100 脂肪：无要求 肝：300 肾：600 蛋：无要求	肌肉：200 脂肪：无要求 肝：600 肾：1200 蛋：400	× 香港严格，但对蛋没有要求
12	阿莫西林	国 3 港 1	肌肉：50 脂肪：50 肝：50 肾：50	肌肉：50 脂肪：无要求 肝：50 肾：50	—	√
13	氨苄西林	国 4 港 2	肌肉：50 脂肪：50 肝：50 肾：50	肌肉：50 脂肪：无要求 肝：50 肾：50	—	√

续表 37

序号	限量指标	标准中排序	国家标准	香港	澳门	对比结论
14	杆菌肽	国 11 港 3	可食组织：500	肌肉：50 脂肪：无要求 肝：50 肾：50	—	× 香港严格
15	氨唑西林	国 21 港 8	肌肉：300 脂肪：300 肝：300 肾：300	肌肉：300 脂肪：无要求 肝：300 肾：300	—	√
16	黏菌素	国 22 港 9	肌肉：150 脂肪：150 肝：150 肾：200 蛋：300	肌肉：150 脂肪：无要求 肝：150 肾：200 蛋：无要求	—	√
17	多西环素	国 40 港 14	肌肉：100 皮+脂肪：300 肝：300 肾：600	肌肉：100 脂肪：无要求 肝：300 肾：600	—	√
18	恩诺沙星	国 41 港 15	肌肉：100 脂肪：100 肝：200 肾：300	肌肉：100 脂肪：无要求 肝：200 肾：300	—	√
19	红霉素	国 43 港 16	肌肉：200 脂肪：200 肝：200 肾：200	肌肉：400 脂肪：无要求 肝：400 肾：400	—	× 国家标准严格
20	恶喹酸	国 78 港 27	肌肉：100 脂肪：50 肝：150 肾：150	肌肉：100 脂肪：无要求 肝：150 肾：150	—	√
21	磺胺类	国 93 港 32	肌肉：100 脂肪：100 肝：100 肾：100	肌肉：100 脂肪：无要求 肝：100 肾：100	—	√

续表 37

序号	限量指标	标准中排序	国家标准	香港	澳门	对比结论
22	泰妙菌素	国 96 港 34	肌肉：100 脂肪：100 肝：1000 肾：1000 火鸡肝：300	肌肉：100 脂肪：无要求 肝：1000 肾：无要求	—	× 国家标准严格
23	甲氧苄啶	国 101 港 35	肌肉：50 皮＋脂肪：50 肝：50 肾：50	肌肉：50 皮＋脂肪：无要求 肝：50 肾：50	—	√
24	泰乐菌素	国 102 港 36	肌肉：100 脂肪：100 肝：100 肾：100 蛋：300	肌肉：200 脂肪：无要求 肝：200 肾：200	—	× 国家标准严格
25	维吉尼亚菌素	国 104 港 37	肌肉：100 皮＋脂肪：400 肝：300 肾：400	肌肉：100 皮＋脂肪：无要求 肝：300 肾：400	—	√

注：“×”表示有差异，“√”表示差异小或无差异。

表 38　中国内地家禽产业上下游相关标准

序号	标准类型	标准号	标准名称	替代标准	归口单位
1	基础标准	GB/T 24707—2009	邵伯鸡（配套系）	—	全国畜牧业标准化技术委员会
2		GB/T 25168—2010	畜禽 cDNA 文库构建与保存技术规程	—	全国畜牧业标准化技术委员会
3		GB/T 25170—2010	畜禽基因组 BAC 文库构建与保存技术规程	—	全国畜牧业标准化技术委员会
4		GB/T 35024—2018	常见畜禽动物成分检测方法 液相芯片法	—	全国生物芯片标准化技术委员会
5		GB/T 36177—2018	畜禽品种标准编制导则 家禽	—	全国畜牧业标准化技术委员会
6		GB/T 38164—2019	常见畜禽动物源性成分检测方法 实时荧光 PCR 法	—	全国生化检测标准化技术委员会

续表 38

序号	标准类型	标准号	标准名称	替代标准	归口单位
7	基础标准	NY 814—2004	新杨褐壳蛋鸡配套系	—	农业农村部
8		NY/T 1901—2010	鸡遗传资源保种场保护技术规范	—	农业农村部
9		NY/T 2764—2015	金陵黄鸡配套系	—	农业农村部
10		SN/T 5199—2020	家畜家禽成分 DNA 条形码检测技术规范	—	海关总署
11	生产加工隔离场所	GB/T 19525.1—2004	畜禽环境　术语	—	农业农村部
12		GB/T 19525.2—2004	畜禽场环境质量评价准则	—	农业农村部
13		GB/T 24876—2010	畜禽养殖污水中七种阴离子的测定　离子色谱法	—	全国畜牧业标准化技术委员会
14		GB/T 25171—2010	畜禽养殖废弃物管理术语	—	全国畜牧业标准化技术委员会
15		GB/T 25246—2010	畜禽粪便还田技术规范	—	农业农村部
16		GB/T 25886—2010	养鸡场带鸡消毒技术要求	—	全国畜牧业标准化技术委员会
17		GB/T 26623—2011	畜禽舍纵向通风系统设计规程	—	全国畜牧业标准化技术委员会
18		GB/T 27522—2011	畜禽养殖污水采样技术规范	—	全国畜牧业标准化技术委员会
19		GB/Z 35042—2018	蛋鸡产业项目运营管理规范	—	国家标准化管理委员会
20		GB/T 36195—2018	畜禽粪便无害化处理技术规范	—	全国畜牧业标准化技术委员会
21		NY/T 1566—2007	标准化肉鸡养殖场建设规范	—	农业农村部
22		NY/T 1620—2016	种鸡场动物卫生规范	2008	农业农村部
23		NY/T 2664—2014	标准化养殖场　蛋鸡	—	农业农村部
24		NY/T 2666—2014	标准化养殖场　肉鸡	—	农业农村部
25		NY/T 2969—2016	集约化养鸡场建设标准	2005	农业农村部
26		NY/T 3071—2016	家禽性能测定中心建设标准　鸡	—	农业农村部

续表 38

序号	标准类型	标准号	标准名称	替代标准	归口单位
27	生产加工隔离场所	NY/T 3384—2021	畜禽屠宰企业消毒规范	—	全国屠宰加工标准化技术委员会
28		NY/T 3877—2021	畜禽粪便土地承载力测算方法	—	全国畜牧业标准化技术委员会
29	种苗	GB/T 40184—2021	畜禽基因组选择育种技术规程	—	中国标准化研究院
30		GB/T 40188—2021	畜禽分子标记辅助育种技术规程	—	中国标准化研究院
31		NY/T 3458—2019	种鸡人工授精技术规程	—	农业农村部
32		DB44/T 1130.1—2013	信宜怀乡鸡　第 1 部分：种鸡	—	广东省质量技术监督局
33		DB44/T 1962—2017	沙栏鸡种鸡饲养管理技术规程	—	广东省质量技术监督局
34	饲料	GB/T 5916—2020	产蛋鸡和肉鸡配合饲料	2004	全国饲料工业标准化技术委员会
35		GB/T 40837—2021	畜禽饲料安全评价　蛋鸡饲养试验技术规程	—	全国饲料工业标准化技术委员会
36		GB/T 22544—2008	蛋鸡复合预混合饲料	—	全国饲料工业标准化技术委员会
37		GB/T 26437—2010	畜禽饲料有效性与安全性评价　强饲法测定鸡饲料表观代谢能技术规程	—	全国饲料工业标准化技术委员会
38		GB/T 40837—2021	畜禽饲料安全评价　蛋鸡饲养试验技术规程	—	全国饲料工业标准化技术委员会
39		GB/T 40942—2021	畜禽饲料安全评价　肉鸡饲养试验技术规程	—	全国饲料工业标准化技术委员会
40		NY/T 903—2004	肉用仔鸡、产蛋鸡浓缩饲料和微量元素预混合饲料	—	农业农村部
41	病虫害疫情防控	GB/T 18643—2021	鸡马立克氏病诊断技术	2002	全国动物卫生标准化技术委员会

续表 38

序号	标准类型	标准号	标准名称	替代标准	归口单位
42	病虫害疫情防控	GB/T 18936—2020	高致病性禽流感诊断技术	2003	全国动物卫生标准化技术委员会
43		GB/T 19438.2—2004	H5 亚型禽流感病毒荧光 RT-PCR 检测方法	—	国家认证认可监督管理委员会
44		GB/T 19438.3—2004	H7 亚型禽流感病毒荧光 RT-PCR 检测方法	—	国家认证认可监督管理委员会
45		GB/T 19438.4—2004	H9 亚型禽流感病毒荧光 RT-PCR 检测方法	—	国家认证认可监督管理委员会
46		GB/T 19439—2004	H5 亚型禽流感病毒 NASBA 检测方法	—	国家认证认可监督管理委员会
47		GB/T 22468—2008	家禽及禽肉兽医卫生监控技术规范	—	全国动物卫生标准化技术委员会
48		GB/T 22469—2008	禽肉生产企业兽医卫生规范	—	全国动物卫生标准化技术委员会
49		GB/T 23197—2008	鸡传染性支气管炎诊断技术	—	全国动物卫生标准化技术委员会
50		GB/T 25169—2010	畜禽粪便监测技术规范	—	全国畜牧业标准化技术委员会
51		GB/T 26436—2010	禽白血病诊断技术	—	全国动物卫生标准化技术委员会
52		GB/T 27527—2011	禽脑脊髓炎诊断技术	—	全国动物卫生标准化技术委员会
53		GB/T 27644—2011	禽疱疹病毒 2 型荧光 PCR 检测方法	—	全国动物卫生标准化技术委员会
54		GB/T 36873—2018	原种鸡群禽白血病净化检测规程	—	全国动物卫生标准化技术委员会
55		GB/T 40049—2021	鸡肠炎沙门氏菌 PCR 检测方法	—	全国动物卫生标准化技术委员会
56		NY/T 536—2017	鸡伤寒和鸡白痢诊断技术	2002	农业农村部
57		NY/T 538—2015	鸡传染性鼻炎诊断技术	2002	农业农村部

续表 38

序号	标准类型	标准号	标准名称	替代标准	归口单位
58	病虫害疫情防控	NY/T 540—2002	鸡病毒性关节炎琼脂凝胶免疫扩散试验方法	—	农业农村部
59		NY/T 556—2020	鸡传染性喉气管炎诊断技术	2002	农业农村部
60		NY/T 905—2004	鸡马立克氏病强毒感染诊断技术	—	农业农村部
61		NY/T 1187—2019	鸡传染性贫血诊断技术	—	农业农村部
62		NY/T 3791—2020	鸡心包积液综合征诊断技术	—	农业农村部
63		NY 5036—2001	无公害食品 肉鸡饲养兽医防疫准则	—	农业农村部
64		NY 5041—2001	无公害食品 蛋鸡饲养兽医防疫准则	—	农业农村部
65		SN/T 1172—2014	鸡白血病检疫技术规范	2003	国家认证认可监督管理委员会
66		SN/T 1173—2015	鸡病毒性关节炎检疫技术规范	2003	国家认证认可监督管理委员会
67		SN/T 1221—2016	鸡传染性支气管炎检疫技术规范	—	国家认证认可监督管理委员会
68		SN/T 1222—2012	禽伤寒和鸡白痢检疫技术规范	2003	国家认证认可监督管理委员会
69		SN/T 1454—2004	鸡马立克氏病病毒分离与鉴定方法	—	国家认证认可监督管理委员会
70		SN/T 1468—2004	鸡产蛋下降综合征血凝抑制试验操作规程	—	国家认证认可监督管理委员会
71		SN/T 1554—2016	鸡法氏囊病检疫技术规范	—	国家认证认可监督管理委员会
72		SN/T 1555—2020	鸡传染性喉气管炎检疫技术规范	—	海关总署
73		SN/T 1556—2020	鸡传染性鼻炎检疫技术规范	—	海关总署
74		SN/T 1575—2005	鸡包涵体肝炎酶联免疫吸附试验操作规程	—	国家认证认可监督管理委员会

续表 38

序号	标准类型	标准号	标准名称	替代标准	归口单位
75	病虫害疫情防控	SN/T 4053—2014	鸡传染性贫血检疫技术规范	—	国家认证认可监督管理委员会
76		SN/T 4881—2017	鸡球虫病检疫技术规范	—	海关总署
77		SN/T 5184—2020	禽副伤寒检疫技术规范	—	海关总署
78		SN/T 5191—2020	禽肾炎检疫技术规范	—	海关总署
79		SN/T 5199—2020	家畜家禽成分 DNA 条形码检测技术规范	—	海关总署
80		SN/T 5280—2020	禽偏肺病毒感染检疫技术规范	—	海关总署
81		SN/T 5281—2020	禽坦布苏病毒病检疫技术规范	—	海关总署
82	生产技术	GB/T 16569—1996	畜禽产品消毒规范	—	全国动物卫生标准化技术委员会
83		GB/T 19664—2005	商品肉鸡生产技术规程	—	农业农村部
84		GB/T 20014.6—2013	良好农业规范 第 6 部分：畜禽基础控制点与符合性规范	—	国家标准化管理委员会农业食品部
85		GB/T 20014.10—2013	良好农业规范 第 10 部分：家禽控制点与符合性规范	—	国家标准化管理委员会农业食品部
86		GB/T 32148—2015	家禽健康养殖规范	—	全国畜牧业标准化技术委员会
87		GB/T 40454—2021	家禽孵化良好生产规范	—	全国畜牧业标准化技术委员会
88		LY/T 1727—2008	花尾榛鸡饲养管理技术规范	—	国家林业局野生动植物保护司
89		LY/T 2690—2016	野生动物饲养管理技术规程 红腹锦鸡	—	全国野生动物保护管理与经营利用标准化技术委员会
90		NY/T 33—2004	鸡饲养标准	—	农业农村部
91		NY/T 551—2017	鸡产蛋下降综合征诊断技术	2002	农业农村部
92		NY/T 828—2004	肉鸡生产性能测定技术规范	—	农业农村部
93		NY/T 1338—2007	蛋鸡饲养 HACCP 管理技术规范	—	农业农村部

续表 38

序号	标准类型	标准号	标准名称	替代标准	归口单位
94	生产技术	NY/T 1871—2010	黄羽肉鸡饲养管理技术规程	—	农业农村部
95		NY/T 2123—2012	蛋鸡生产性能测定技术规范	—	农业农村部
96		NY/T 3645—2020	黄羽肉鸡营养需要量	—	农业农村部
97		DB44/T 169—2003	黄羽肉鸡生产性能测定方法	—	广东省农业厅
98		DB44/T 199—2004	杏花鸡肉鸡饲养管理技术规程	—	广东省农业厅
99		DB44/T 666—2009	江村黄鸡生产技术规范	—	广东省农业厅
100		DB44/T 1128—2013	清远麻鸡肉鸡饲养技术规程	—	广东省农业厅
101		DB44/T 1129—2013	岭南黄鸡Ⅱ号配套系肉鸡生产技术规范	—	广东省农业厅
102	加工技术	GB/T 19478—2018	畜禽屠宰操作规程　鸡	2004	全国屠宰加工标准化技术委员会
103		GB/T 24864—2010	鸡胴体分割	—	全国畜牧业标准化技术委员会
104		GB/T 31319—2014	风干禽肉制品	—	全国肉禽蛋制品标准化技术委员会
105		QB/T 5505—2020	肉类罐头中牛、羊、猪、鸡、鸭源性成分检测方法　PCR 法	—	工业和信息化部
106		NY/T 1174—2006	肉鸡屠宰质量管理规范	—	农业农村部
107		NY/T 3741—2020	畜禽屠宰操作规程　鸭	—	农业农村部
108		NY/T 3742—2020	畜禽屠宰操作规程　鹅	—	农业农村部
109		SB/T 10611—2011	扒鸡	—	工业和信息化部
110		SN/T 2978—2011	动物源性产品中鸡源性成分 PCR 检测方法	—	国家认证认可监督管理委员会
111		SN/T 3731.4—2017	食品及饲料中常见禽类品种的鉴定方法　第 4 部分：火鸡成分检测　实时荧光 PCR 法	—	国家认证认可监督管理委员会
112	产品质量	GB 14891.1—1997	辐照熟畜禽肉类卫生标准	—	国家卫生健康委员会

续表 38

序号	标准类型	标准号	标准名称	替代标准	归口单位
113	产品质量	GB 14891.7—1997	辐照冷冻包装畜禽肉类卫生标准	—	国家卫生健康委员会
114		GB 16869—2005	鲜、冻禽产品	—	国家标准化管理委员会
115		GB 18394—2020	畜禽肉水分限量	2001	农业农村部
116		GB/T 20443—2006	鸡组织中己烯雌酚残留的测定 高效液相色谱－电化学检测器法	—	农业农村部
117		GB/T 20558—2006	地理标志产品 符离集烧鸡	—	全国知识管理标准化技术委员会
118		GB/T 20752—2006	猪肉、牛肉、鸡肉、猪肝和水产品中硝基呋喃类代谢物残留量的测定 液相色谱－串联质谱法	—	国家标准委农业食品部
119		GB/T 21004—2007	地理标志产品 泰和乌鸡	—	全国知识管理标准化技术委员会
120		GB/T 23396—2009	地理标志产品 卢氏鸡	—	全国知识管理标准化技术委员会
121		GB/T 24702—2009	藏鸡	—	全国畜牧业标准化技术委员会
122		GB/T 24705—2009	狼山鸡	—	全国畜牧业标准化技术委员会
123		GB/T 32750—2016	茶花鸡	—	全国畜牧业标准化技术委员会
124		GB/T 32751—2016	林甸鸡	—	全国屠宰加工标准化技术委员会
125		GB/T 32761—2016	溧阳鸡	—	全国畜牧业标准化技术委员会
126		GB/T 32762—2016	鹿苑鸡	—	全国屠宰加工标准化技术委员会
127		GB/T 32764—2016	边鸡	—	全国畜牧业标准化技术委员会

续表 38

序号	标准类型	标准号	标准名称	替代标准	归口单位
128	产品质量	GB/T 36181—2018	萧山鸡	—	全国畜牧业标准化技术委员会
129		GB/T 36182—2018	灵昆鸡	—	全国畜牧业标准化技术委员会
130		GB/T 37117—2018	黄山黑鸡	—	全国畜牧业标准化技术委员会
131		GB/T 39438—2020	包装鸡蛋	—	全国畜牧业标准化技术委员会
132		NY/T 753—2021	绿色食品　禽肉	—	中国绿色食品发展中心
133		NY 813—2004	丝羽乌骨鸡	—	农业农村部
134		NY/T 1449—2007	北京油鸡	—	农业农村部
135		NY/T 2124—2012	文昌鸡	—	农业农村部
136		NY/T 2125—2012	清远麻鸡	—	农业农村部
137		NY/T 2832—2015	汶上芦花鸡	—	农业农村部
138		NY/T 3229—2018	苏禽绿壳蛋鸡	—	农业农村部
139		NY/T 3230—2018	京海黄鸡	—	农业农村部
140		NY/T 3873—2021	浦东鸡	—	全国畜牧业标准化技术委员会
141		DB44/T 745—2010	阳山鸡	—	广东省农业厅
142		DB44/T 1130.2—2013	信宜怀乡鸡　第 2 部分：肉鸡	—	广东省农业厅
143		DB44/T 1251—2013	地理标志产品　清远鸡	—	广东省质量技术监督局
144		DB44/T 2059—2017	地理标志产品　信宜怀乡鸡	—	广东省质量技术监督局

续表 38

序号	标准类型	标准号	标准名称	替代标准	归口单位
145	流通销售	GB/T 19441—2004	进出境禽鸟及其产品高致病性禽流感检疫规范	—	全国动物卫生标准化技术委员会
146		GB/Z 21701—2008	出口禽肉及制品质量安全控制规范	—	国家标准化管理委员会农业食品部
147		GB/T 28640—2012	畜禽肉冷链运输管理技术规范	—	商务部
148		NY/T 3383—2020	畜禽产品包装与标识	—	农业农村部
149		SN/T 5145.12—2019	出口食品及饲料中动物源成分快速检测方法 第 12 部分：火鸡成分检测 PCR- 试纸条法	—	海关总署
150		SN/T 5227.1—2019	出口食品中鸡源性成分快速检测 重组酶介导链替换核酸扩增法（RAA 法）	—	海关总署
151	产品追溯	GB/T 37108—2018	农产品基本信息描述 禽蛋类	—	中国标准化研究院
152		GB/T 40465—2021	畜禽肉追溯要求	—	全国屠宰加工标准化技术委员会
153	产品评价	GB/T 19676—2005	黄羽肉鸡产品质量分级	—	农业农村部
154		GB/T 37061—2018	畜禽肉质量分级导则	—	全国屠宰加工标准化技术委员会
155		GB/T 40467—2021	畜禽肉品质检测 近红外法通则	—	全国屠宰加工标准化技术委员会
156		GB/T 40945—2021	畜禽肉质量分级规程	—	全国屠宰加工标准化技术委员会
157		NY/T 631—2002	鸡肉质量分级	—	农业农村部
158		SB/T 10638—2011	鲜鸡蛋、鲜鸭蛋分级	—	农业农村部
159	设备装备	GB/T 26624—2011	畜禽养殖污水贮存设施设计要求	—	全国畜牧业标准化技术委员会
160		GB/T 27519—2011	畜禽屠宰加工设备通用要求	—	农业农村部
161		GB/T 27622—2011	畜禽粪便贮存设施设计要求	—	全国畜牧业标准化技术委员会

续表 38

序号	标准类型	标准号	标准名称	替代标准	归口单位
162	设备装备	GB/T 28740—2012	畜禽养殖粪便堆肥处理与利用设备	—	全国环保产业标准化技术委员会
163		JB/T 7718—2007	养鸡设备 杯式饮水器	1995	全国农业机械标准化技术委员会
164		JB/T 7719—2007	养鸡设备 电热育雏保温伞	1995	全国农业机械标准化技术委员会
165		JB/T 7720—2007	养鸡设备 乳头式饮水器	1995	全国农业机械标准化技术委员会
166		JB/T 7725—2007	养鸡设备 牵引式刮板清粪机	1995	全国农业机械标准化技术委员会
167		JB/T 7726—2007	养鸡设备 叠层式电热育雏器	1995	全国农业机械标准化技术委员会
168		JB/T 7727—1995	鸡用链式喂料机	—	全国农业机械标准化技术委员会
169		JB/T 7728—2007	养鸡设备 螺旋弹簧式喂料机	1995	全国农业机械标准化技术委员会
170		JB/T 7729—2007	养鸡设备 蛋鸡鸡笼和笼架	1995	全国农业机械标准化技术委员会
171		NY/T 649—2017	养鸡机械设备安装技术要求	2002	农业农村部
172		NY 819—2004	鸡用饲养隔离器	—	农业农村部
173		NY/T 3895—2021	规模化养鸡场机械装备配置规范	—	全国农业机械标准化技术委员会农业机械化分技术委员会

【案例 29】水产品养殖

鱼类和虾蟹类水产品是居民消费的重要副食品之一，因其富含优质蛋白和必需氨基酸、不饱和脂肪酸以及维生素、矿物质等微量营养素而广受青睐。日本、美国等发达国家和欧洲地区的水产品消费量位居全球前列。根据联合国粮食及农业组织（FAO）1961年的消费量数据可知，这三个国家或地区的消费量合计占全球水产品总消费量的 47%。随着发展中国家消费能力的提升，亚洲逐渐成为全球水产品消费的主要区域。依据联合国粮食及农业组织（FAO）2020 年的《世界渔业和水产养殖状况》报告可知，2017 年全球食用水产品消费总量为1.53亿吨，日本、美国和欧盟的消费量合计接近19%，中国的消费量占36%。

2020年我国内地的水产品产量为6549万吨（其中鱼类产量为3753万吨，占57%；虾蟹类产量为800万吨，占12%），进口量为568万吨，出口量为338万吨。全国水产品人均消费量为13.9千克。广东省的水产品产量为878.8万吨，占全国水产品产量的13.4%，广东省的水产品进口量为56.62万吨，出口量为53.8万吨；居民人均水产品消费量为30.0千克，高于全国人均消费量。香港2020年本地生产水产品11.6万吨（其中鱼类10.7万吨），进口水产品26.6万吨，为居民供应鱼类15.5万吨，人均供应鱼类产品20.7千克。澳门2020年进口水产品2.76万吨，人均水产品供应量为40.4千克。

由以上数据可知，粤港澳区域已经逐渐成为全球水产品消费的重要地区，2020年粤港澳的水产品进口量合计约为86万吨。水产品质量水平和安全水平是粤港澳区域打造国际湾区的重要指标。

水产品在粤港澳三地的贸易往来已较为成熟，但三地对水产品的安全监管机制、质量水平要求等均有差异（见表39至表45），这在一定程度上阻碍了三地共同建设水产品消费国际先进市场的步伐。

表39 香港水产品管理相关法律法规和标准

文件编号	文件名称	条款	要求
《香港法例》第132V章	食物掺杂（金属杂质含量）规例	第2部分	锑、砷、镉、铬、铅、汞限量
《香港法例》第132CM章	食物内除害剂残余规例	第4条 含有除害剂残余食物的进口、售卖等事宜	任何人不得进口、制造或售卖含有除害剂残余的食物以供人食用，违反该条款即属犯罪，可处第5级罚款及监禁6个月
		附表1 最高残留限量	360类残留限量项目
《香港法例》第171章	渔业保护条例	第4部 对捕鱼的管制	捕鱼船只需登记
《香港法例》第291章	海鱼（统营）条例	第I部 对海鱼的输入、输出和出售的管制	对海鱼在陆上的卸货、销售、输入、输出等进行了规定，海鱼经营须有牌照
《香港法例》第353章	海鱼养殖条例	第II部 对鱼类养殖的管制和保护	对鱼类养殖区的指定和保护进行了规定，海鱼养殖须有牌照

表 40　澳门水产品管理相关法律法规和标准

文件类型	编号	名称	相关指标
法律	第 9/2021 号	消费者权益保护法	—
	第 5/2013 号	食品安全法	—
	第 7/2003 号	对外贸易法	—
	第 40/99/M 号	商法典	—
行政法规	第 23/2018 号	食品中重金属污染物最高限量	共 3 种与水产品相关（mg/kg）： 砷（0.5） 镉（0.1/0.5） 铅（0.2/0.5）
	第 16/2014 号	食品中放射性核素最高限量	碘—131（100 Bq/kg） 铯—134，铯—137（1000 Bq/kg）
	第 6/2014 号 第 3/2016 号	食品中禁用物质清单	孔雀石绿、硝基呋喃类、己烯雌酚、氯霉素、三聚氰胺、苏丹红、硼砂或硼酸
	第 11/2020 号	食品中农药最高残留限量	215 种水产品相关限量农药

表 41　中国水产品相关法律法规和强制性标准

文件类型	文件名称
法律	农产品质量安全法
	渔业法
	食品安全法
	动物防疫法
部门规章	农产品质量安全监测管理办法
	远洋渔业管理规定
	渔业捕捞许可管理规定
	进出口水产品检验检疫监督管理办法

表 42　水产品中兽药残留限量对比

单位：μg/kg

序号	限量指标	标准中序号	国家标准	香港[①]	澳门	对比结论[②]
1	青霉素	国 12 澳 1 港 4	皮 + 肉：50	肌肉：50 肝：50 肾：50	无	国家标准和香港相同，澳门没有要求

续表 42

序号	限量指标	标准中序号	国家标准	香港①	澳门	对比结论②
2	金霉素	国 79 澳 3 港 7	皮 + 肉：200	肌肉：100 肝：300 肾：600	鱼肌肉：200 虾鸡肉：200	国家标准和澳门要求一致，与香港有差异
3	达氟沙星	国 27 澳 4 港 10	皮 + 肉：100	无	无	国家标准有要求，港澳没有
4	氟甲喹	国 52 澳 5 港 17	皮 + 肉：500	无	鳟鱼鸡肉：500	国家标准和澳门有要求，香港没有
5	林可霉素	国 64 澳 8 港 24	皮 + 肉：100	无	无	国家标准有要求，港澳没有
6	新霉素	国 72 澳 9 港 26	皮 + 肉：500	无	无	国家标准有要求，港澳没有
7	土霉素	国 79 澳 10 港 28	皮 + 肉：200	肌肉：100 肝：300 肾：600	鱼肌肉：200 虾鸡肉：200	国家标准和澳门要求一致，与香港有差异
8	四环素	国 79 澳 14 港 33	皮 + 肉：200	肌肉：100 肝：300 肾：600	鱼肌肉：200 虾鸡肉：200	国家标准和澳门要求一致，与香港有差异
9	阿莫西林	国 3 港 1	皮 + 肉：50	肌肉：200 肝：600 肾：1200	无	国家标准要求相对严格
10	氨唑西林	国 21 港 8	皮 + 肉：300	肌肉：300 肝：300 肾：300	无	国家标准和香港相同，澳门没有要求
11	多西环素	国 40 港 14	皮 + 肉：100	无	无	国家标准有要求，港澳没有
12	恩诺沙星	国 41 港 15	皮 + 肉：100	无	无	国家标准有要求，港澳没有

续表 42

序号	限量指标	标准中序号	国家标准	香港[1]	澳门	对比结论[2]
13	红霉素	国 43 港 16	皮 + 肉：100	无	无	国家标准有要求，港澳没有
14	恶喹酸	国 78 港 27	皮 + 肉：100	无	无	国家标准有要求，港澳没有
15	磺胺类	国 93 港 32	皮 + 肉：100	肌肉：100 肝：100 肾：100		国家标准和香港相同，澳门没有要求
16	甲氧苄啶	国 101 港 35	皮 + 肉：50	无	无	√
17	沙拉沙星	国 87 澳 11 港 29	皮 + 肉：30	无	无	国家标准有要求，港澳没有
18	氯氰菊酯	国 25	皮 + 肉：50	无	无	国家标准有要求，港澳没有
19	溴氰菊酯	国 29	皮 + 肉：30	无	无	国家标准有要求，港澳没有
20	二氟沙星	国 36	皮 + 肉：300	无	无	国家标准有要求，港澳没有
21	氟苯尼考	国 48	皮 + 肉：1000	无	无	国家标准有要求，港澳没有
22	苯揑西林	国 76	皮 + 肉：300	无	无	国家标准有要求，港澳没有
23	甲砜霉素	国 95	皮 + 肉：50	无	无	国家标准有要求，港澳没有

注：①香港指标没有指明水产品中兽药残留限量，将“所有食用动物”均应符合的指标要求，视为对水产品有同类要求；②“×”表示有差异，“√”表示差异小或无差异。

表 43　中国内地水产行业标准

序号	标准类别	标准号	标准名称	归口单位
1	基础标准	GB/T 22213—2008	水产养殖术语	全国水产标准化技术委员会
2		SC/T 1088—2007	水产养殖的量、单位和符号	农业农村部
3		SC/T 1116—2012	水产新品种审定技术规范	农业农村部
4		SC/T 1138—2020	水产新品种生长性能测试　虾类	农业农村部
5		SC/T 1142—2019	水产新品种生长性能测试　鱼类	农业农村部
6		SC/T 9433—2019	水产种质资源描述通用要求	农业农村部
7		DB21/T 1861.4—2010	水产生物种质检验技术规程　简单重复序列扩增法	辽宁省市场监督管理局
8		DB21/T 1958—2012	水产动物 DNA 鉴定　线粒体 COI 基因序列法	辽宁省市场监督管理局
9		DB21/T 3120—2019	水产动物物种分子鉴定 COI、16S rRNA 分子标记法	辽宁省市场监督管理局
10	生产加工隔离基地	GB/T 19838—2005	水产品危害分析与关键控制点（HACCP）体系及其应用指南	国家认证认可监督管理委员会
11		GB/T 22339—2008	农、畜、水产品产地环境监测的登记、统计、评价与检索规范	农业农村部
12		GB/T 27304—2008	食品安全管理体系　水产品加工企业要求	全国认证认可标准化技术委员会
13		HJ 1109—2020	排污许可证申请与核发技术规范　农副食品加工工业　水产品加工工业	生态环境部
14		NY/T 2170—2012	水产良种场建设标准	农业农村部
15		NY/T 3490—2019	农业机械化水平评价　第 3 部分：水产养殖	农业农村部
16		NY/T 3616—2020	水产养殖场建设规范	农业农村部
17		RB/T 165.3—2018	有机产品产地环境适宜性评价技术规范　第 3 部分：淡水水产养殖	国家认证认可监督管理委员会

续表 43

序号	标准类别	标准号	标准名称	归口单位
18	生产加工隔离基地	SC/T 9406—2012	盐碱地水产养殖用水水质	农业农村部
19		SC/T 9412—2014	水产养殖环境中扑草净的测定 气相色谱法	农业农村部
20		SC/T 9420—2015	水产养殖环境（水体、底泥）中多溴联苯醚的测定 气相色谱－质谱法	农业农村部
21		SC/T 9428—2016	水产种质资源保护区划定与评审规范	农业农村部
22		SC/T 9435—2019	水产养殖环境（水体、底泥）中孔雀石绿的测定 高效液相色谱法	农业农村部
23		SC/T 9436—2020	水产养殖环境（水体、底泥）中磺胺类药物的测定 液相色谱－串联质谱法	农业农村部
24		DB11/T 1322.70—2019	安全生产等级评定技术规范 第70部分：水产养殖企业	北京市农业农村局
25		DB13/T 1029—2009	盐碱地水产养殖技术规范	河北省质量技术监督局
26		DB13/T 1135—2009	河北省省级水产原种场和良种场建设规范	河北省质量技术监督局
27		DB22/T 2690—2017	水产养殖池塘底质改良技术规程	吉林省质量技术监督局
28		DB34/T 3033—2017	水产健康养殖示范场建设管理规范	安徽省农业标准化技术委员会
29		DB31/T 570—2011	规模化水产养殖场生产技术规范	上海市质量技术监督局
30		DB33/T 908—2013	水产养殖池塘建设技术规范	浙江省质量技术监督局
31		DB3302/T 059—2018	水产养殖池塘改造建设规范	宁波市水产标准化技术委员会
32		DB3302/T 079—2018	水产养殖场管理规范	宁波市水产标准化技术委员会
33		DB35/T 1074—2010	福建省水产苗种场建设规范	福建省海洋与渔业厅

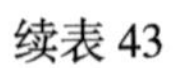

续表 43

序号	标准类别	标准号	标准名称	归口单位
34	生产加工隔离基地	DB35/T 1075—2010	福建省水产苗种场生产管理规范	福建省海洋与渔业厅
35		DB35/T 1499—2015	水产养殖环境中杆菌肽、粘菌素及维吉尼霉素残留量的测定	福建省海洋与渔业厅
36		DB37/T 2096—2012	水产原良种场建设管理规范	山东省市场监督管理局
37		DB44/T 656—2009	水产品加工厂消毒方法操作规范	中国水产科学研究院南海水产研究所质量与标准化技术研究所水产品质量与标准化技术研究中心
38		DB44/T 871—2011	水产品加工企业节水生产技术规范	广东省质量技术监督局
39		DB45/T 593—2009	水产养殖污染源监测技术规范	广西壮族自治区市场监督管理局
40		DB45/T 1585—2017	水产苗种场管理规范	广西壮族自治区市场监督管理局
41	种苗	DB11/T 191—2021	水产良种场生产管理规范	北京市农业农村局
42		DB14/T 708—2012	水产原良种场建设规范	山西省质量技术监督局
43		DB37/T 714—2018	水产苗种渔药残留检测抽样技术规范	山东省市场监督管理局
44		DB44/T 655—2009	水产苗种质量检验规范	中国水产科学研究院南海水产研究所质量与标准化技术研究所水产品质量与标准化技术研究中心
45	肥料与饲料	GB/T 22487—2008	水产饲料安全性评价 急性毒性试验规程	全国饲料工业标准化技术委员会
46		GB/T 22488—2008	水产饲料安全性评价 亚急性毒性试验规程	全国饲料工业标准化技术委员会
47		GB/T 22919.1—2008	水产配合饲料 第 1 部分：斑节对虾配合饲料	全国饲料工业标准化技术委员会

续表 43

序号	标准类别	标准号	标准名称	归口单位
48	肥料与饲料	GB/T 22919.2—2008	水产配合饲料　第 2 部分：军曹鱼配合饲料	全国饲料工业标准化技术委员会
49		GB/T 22919.3—2008	水产配合饲料　第 3 部分：鲈鱼配合饲料	全国饲料工业标准化技术委员会
50		GB/T 22919.4—2008	水产配合饲料　第 4 部分：美国红鱼配合饲料	全国饲料工业标准化技术委员会
51		GB/T 22919.5—2008	水产配合饲料　第 5 部分：南美白对虾配合饲料	全国饲料工业标准化技术委员会
52		GB/T 22919.6—2008	水产配合饲料　第 6 部分：石斑鱼配合饲料	全国饲料工业标准化技术委员会
53		GB/T 22919.7—2008	水产配合饲料　第 7 部分：刺参配合饲料	全国饲料工业标准化技术委员会
54		GB/T 23186—2009	水产饲料安全性评价　慢性毒性试验规程	全国饲料工业标准化技术委员会
55		GB/T 23388—2009	水产饲料安全性评价　残留和蓄积试验规程	全国饲料工业标准化技术委员会
56		GB/T 23389—2009	水产饲料安全性评价　繁殖试验规程	全国饲料工业标准化技术委员会
57		GB/T 23390—2009	水产配合饲料环境安全性评价规程	全国饲料工业标准化技术委员会
58		DB61/T 391—2007	畜禽水产用维生素预混合饲料	陕西省质量技术监督局
59	病虫害防疫防控	GB/T 37689—2019	农业社会化服务　水产养殖病害防治服务规范	全国农业社会化服务标准化工作组
60		SC/T 7020—2016	水产养殖动植物疾病测报规范	农业农村部
61		DB22/T 1638—2012	水产养殖动物病情测报工作规范	吉林省质量技术监督局
62		DB37/T 434—2017	水产养殖病害测报规程	山东省市场监督管理局
63		DB44/T 911—2011	广东省水产养殖病害测报采样技术规范	中国水产科学研究院南海水产研究所质量与标准化技术研究所水产品质量与标准化技术研究中心

续表 43

序号	标准类别	标准号	标准名称	归口单位
64		DB45/T 455—2007	水产养殖动物病情测报技术规程	广西壮族自治区市场监督管理局
65	生产技术	GB/T 20014.13—2013	良好农业规范 第 13 部分：水产养殖基础控制点与符合性规范	国家标准化管理委员会农业食品部
66		GB/T 20014.14—2013	良好农业规范 第 14 部分：水产池塘养殖基础控制点与符合性规范	国家标准化管理委员会农业食品部
67		GB/T 20014.15—2013	良好农业规范 第 15 部分：水产工厂化养殖基础控制点与符合性规范	国家标准化管理委员会农业食品部
68		GB/T 20014.16—2013	良好农业规范 第 16 部分：水产网箱养殖基础控制点与符合性规范	国家标准化管理委员会农业食品部
69		GB/T 20014.17—2013	良好农业规范 第 17 部分：水产围拦养殖基础控制点与符合性规范	国家标准化管理委员会农业食品部
70		GB/T 20014.18—2013	良好农业规范 第 18 部分：水产滩涂、吊养、底播养殖基础控制点与符合性规范	国家标准化管理委员会农业食品部
71		NY/T 1891—2010	绿色食品 海洋捕捞水产品生产管理规范	农业农村部
72		NY/T 2713—2015	水产动物表观消化率测定方法	农业农村部
73		NY/T 2798.13—2015	无公害农产品 生产质量安全控制技术规范 第 13 部分：养殖水产品	农业农村部
74		NY/T 5357—2007	无公害食品 海洋水产品捕捞生产管理规范	农业农村部
75		SC/T 0004—2006	水产养殖质量安全管理规范	农业农村部
76		SC/T 1083—2007	诺氟沙星、恩诺沙星水产养殖使用规范	农业农村部
77		SC/T 1084—2006	磺胺类药物水产养殖使用规范	农业农村部

续表 43

序号	标准类别	标准号	标准名称	归口单位
78	生产技术	SC/T 1085—2006	四环素类药物水产养殖使用规范	农业农村部
79		SC/T 1150—2020	陆基推水集装箱式水产养殖技术规范通则	农业农村部
80		SC/T 4045—2018	水产养殖网箱浮筒通用技术要求	农业农村部
81		SC/T 6040—2007	水产品工厂化养殖装备安全卫生要求	农业农村部
82		SC/T 7012—2008	水产养殖动物病害经济损失计算方法	农业农村部
83		DB11/T 192—2021	水产养殖场生产管理规范	北京市农业农村局
84		DB14/T 541—2009	淡水水产健康养殖管理规范	山西省质量技术监督局
85		DB22/T 1639—2012	无公害水产品 青鱼池塘养殖技术规程	吉林省质量技术监督局
86		DB22/T 1640—2012	氟苯尼考水产养殖使用规范	吉林省质量技术监督局
87		DB22/T 1641—2012	培氟沙星水产养殖使用规范	吉林省质量技术监督局
88		DB22/T 1642—2012	庆大霉素水产养殖使用规范	吉林省质量技术监督局
89		DB22/T 1647—2012	硫酸铜水产养殖使用技术规范	吉林省质量技术监督局
90		DB22/T 1648—2012	中草药水产养殖使用技术规范	吉林省质量技术监督局
91		DB22/T 1879—2013	水产养殖用微生物菌剂使用技术规范	吉林省质量技术监督局
92		DB22/T 1911—2013	非生物环境改良剂水产养殖使用规范	吉林省质量技术监督局
93		DB22/T 2706—2017	水产养殖中生石灰使用技术规范	吉林省质量技术监督局
94		DB31/T 348—2005	水产品池塘养殖技术规范	上海市质量技术监督局
95		DB33/T 721—2008	水产养殖消毒剂使用技术规范	浙江省质量技术监督局
96		DB44/T 951—2011	水产品加工过程臭氧及过氧化氢使用准则	中国水产科学研究院南海水产研究所质量与标准化技术研究所水产品质量与标准化技术研究中心

续表 43

序号	标准类别	标准号	标准名称	归口单位
97	生产技术	DB44/T 645—2009	多聚磷酸盐在水产品加工过程中的使用技术规范	中国水产科学研究院南海水产研究所质量与标准化技术研究所水产品质量与标准化技术研究中心
98		DB44/T 660—2009	水产养殖用水消毒规范	中国水产科学研究院南海水产研究所质量与标准化技术研究所水产品质量与标准化技术研究中心
99		DB44/T 1016—2012	水产品加工厂生产人员消毒操作规范	中国水产科学研究院南海水产研究所质量与标准化技术研究所水产品质量与标准化技术研究中心
100	加工技术	GB/T 36193—2018	水产品加工术语	全国水产标准化技术委员会
101		NY/T 1712—2018	绿色食品 干制水产品	农业农村部
102		NY/T 2976—2016	绿色食品 冷藏、速冻调制水产品	农业农村部
103		SC/T 3054—2020	冷冻水产品冰衣限量	农业农村部
104		NY/T 1256—2006	冷冻水产品辐照杀菌工艺	农业农村部
105	产品质量	GB/T 4789.20—2003	食品卫生微生物学检验 水产食品检验	国家卫生健康委员会
106		GB/T 19857—2005	水产品中孔雀石绿和结晶紫残留量的测定	全国水产标准化技术委员会
107		GB/T 20361—2006	水产品中孔雀石绿和结晶紫残留量的测定 高效液相色谱荧光检测法	全国水产标准化技术委员会
108		GB/T 20752—2006	猪肉、牛肉、鸡肉、猪肝和水产品中硝基呋喃类代谢物残留量的测定 液相色谱－串联质谱法	国家标准化管理委员会农业食品部

续表 43

序号	标准类别	标准号	标准名称	归口单位
109	产品质量	GB/T 20756—2006	可食动物肌肉、肝脏和水产品中氯霉素、甲砜霉素和氟苯尼考残留量的测定　液相色谱－串联质谱法	国家标准化管理委员会农业食品部
110		GB/T 30891—2014	水产品抽样规范	全国水产标准化技术委员会
111		NY/T 2975—2016	绿色食品　头足类水产品	农业农村部
112		NY/T 3410—2018	畜禽肉和水产品中呋喃唑酮的测定	农业农村部
113		NY 5073—2006	无公害食品　水产品中有毒有害物质限量	农业农村部
114		SC/T 3053—2019	水产品及其制品中虾青素含量的测定　高效液相色谱法	农业农村部
115		SN/T 2208—2008	水产品中钠、镁、铝、钙、铬、铁、镍、铜、锌、砷、锶、钼、镉、铅、汞、硒的测定　微波消解－电感耦合等离子体－质谱法	国家认证认可监督管理委员会
116		SC/T 3028—2006	水产品中噁喹酸残留量的测定　液相色谱法	农业农村部
117		SC/T 3029—2006	水产品中甲基睾酮残留量的测定　液相色谱法	农业农村部
118		SC/T 3031—2006	水产品中挥发酚残留量的测定　分光光度法	农业农村部
119		SC/T 3032—2007	水产品中挥发性盐基氮的测定	农业农村部
120		SC/T 3034—2006	水产品中三唑磷残留量的测定　气相色谱法	农业农村部
121		SC/T 3036—2006	水产品中硝基苯残留量的测定　气相色谱法	农业农村部
122		SC/T 3039—2008	水产品中硫丹残留量的测定　气相色谱法	农业农村部

续表 43

序号	标准类别	标准号	标准名称	归口单位
123	产品质量	SC/T 3040—2008	水产品中三氯杀螨醇残留量的测定 气相色谱法	农业农村部
124		SC/T 3041—2008	水产品中苯并（α）芘的测定 高效液相色谱法	农业农村部
125		SC/T 3042—2008	水产品中16种多环芳烃的测定 气相色谱－质谱法	农业农村部
126		SN/T 1768—2006	水产品中孔雀石绿和结晶紫及其代谢产物的快速测定方法	国家认证认可监督管理委员会
127		DB22/T 1649—2012	产地水产品质量安全检验技术规范	吉林省质量技术监督局
128		DB22/T 1970—2013	水产品中硒的测定 石墨炉原子吸收光谱法	吉林省质量技术监督局
129		DB22/T 2516—2016	水产品药物残留检测新方法验证规范	吉林省质量技术监督局
130		DB34/T 2252—2014	水产品中孔雀石绿残留的检测—胶体金免疫层析法	安徽省农业标准化技术委员会
131		DB34/T 3636—2020	水产品中洛美沙星、培氟沙星残留量的测定 胶体金免疫层析法	安徽省农业标准化技术委员会
132		DB34/T 3637—2020	水产品中氧氟沙星、诺氟沙星残留量的测定 胶体金免疫层析法	安徽省农业标准化技术委员会
133		DB34/T 3649—2020	水产品中磺胺类药物残留量的测定 酶联免疫吸附法	安徽省农业标准化技术委员会
134		DB34/T 3650—2020	水产品中硝基呋喃类代谢物残留量的测定 酶联免疫吸附法	安徽省农业标准化技术委员会
135		DB35/T 898—2009	水产品中喹诺酮类药物残留量的测定 高效液相色谱法	福建省海洋与渔业局
136		DB37/T 1778—2011	水产品中雌激素残留量的测定 气相色谱质谱法	山东省市场监督管理局

续表 43

序号	标准类别	标准号	标准名称	归口单位
137	产品质量	DB37/T 1779—2011	水产苗种中硝基呋喃类原药残留量的测定　液相色谱－串联质谱法	山东省市场监督管理局
138		DB37/T 1780—2011	水产苗种中孔雀石绿、结晶紫、亚甲基蓝及其代谢物残留量的测定　液相色谱法	山东省市场监督管理局
139		DB37/T 2094—2012	水产品中羟脯氨酸含量的测定　高效液相色谱法	山东省市场监督管理局
140		DB37/T 2095—2012	水产品中乙酰甲喹残留量的测定　液相色谱法	山东省市场监督管理局
141		DB37/T 3626—2019	水产品中石油烃的测定	山东省市场监督管理局
142		DB44/T 658—2009	水产品中明矾含量的测定	中国水产科学研究院南海水产研究所质量与标准化技术研究所水产品质量与标准化技术研究中心
143		DB44/T 1021—2012	水产品质量安全例行监测行为规范	广东省水产标准化技术委员会
144		DB44/T 1432—2014	水产品质量安全监督抽查技术规范	广东省水产标准化技术委员会
145	包装运输	GB/T 26544—2011	水产品航空运输包装通用要求	全国包装标准化技术委员会
146		GB/T 31080—2014	水产品冷链物流服务规范	全国物流标准化技术委员会
147		GB/T 34767—2017	水产品销售与配送良好操作规范	商务部
148		GB/T 36192—2018	活水产品运输技术规范	全国水产标准化技术委员会
149		GB/T 40745—2021	冷冻水产品包冰规范	全国水产标准化技术委员会
150		SC/T 3035—2018	水产品包装、标识通则	农业农村部

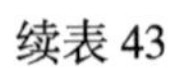

续表 43

序号	标准类别	标准号	标准名称	归口单位
151	包装运输	SC/T 6041—2007	水产品保鲜储运设备安全技术条件	农业农村部
152		SC/T 9020—2006	水产品低温冷藏设备和低温运输设备技术条件	农业农村部
153		SN/T 1885.1—2007	进出口水产品储运卫生规范 第1部分：水产品保藏	国家认证认可监督管理委员会
154		SN/T 1885.2—2007	进出口水产品储运卫生规范 第2部分：水产品运输	国家认证认可监督管理委员会
155		DB11/T 3015—2018	水产品冷链物流操作规程	北京市商务委员会
156		DB13/T 2232—2015	食用水产品标识规范	河北省质量技术监督局
157		DB13/T 3015—2018	水产品冷链物流操作规程	河北省质量技术监督局
158		DB32/T 2666—2014	水产品冷链物流服务规范	江苏省质量技术监督局
159		DB44/T 1430—2014	冷冻水产品流通冷链管理技术规范	广东省水产标准化技术委员会
160		DB45/T 1695—2018	水产品冷链专列运输操作规范	广西壮族自治区市场监督管理局
161	流通销售	GB/Z 21702—2008	出口水产品质量安全控制规范	国家标准化管理委员会农业食品部
162		GB/T 24861—2010	水产品流通管理技术规范	全国水产标准化技术委员会
163		GB/T 34770—2017	水产品批发市场交易技术规范	商务部
164		SB/T 10523—2009	水产品批发交易规程	商务部
165		SB/T 11022—2013	鲜活水产品专卖店设置要求和管理规范	全国农产品购销标准化技术委员会
166		SB/T 11032—2013	冷冻水产品购销技术规范	全国农产品购销标准化技术委员会
167		SN/T 0223—2011	出口冷冻水产品检验规程	国家认证认可监督管理委员会
168		SN/T 0393—2013	出口水产品中总汞含量检验方法	国家认证认可监督管理委员会
169		SN/T 0502—2013	出口水产品中毒杀芬残留量的测定 气相色谱法	国家认证认可监督管理委员会

续表 43

序号	标准类别	标准号	标准名称	归口单位
170	流通销售	SN/T 1927—2007	进出口水产品中喹赛多残留量的检测方法　液相色谱－质谱/质谱法	国家认证认可监督管理委员会
171		SN/T 1974—2007	进出口水产品中亚甲基蓝残留量检测方法　液相色谱－质谱/质谱法和高效液相色谱法	国家认证认可监督管理委员会
172		SN/T 2052—2008	进出口水产品中一氧化碳残留量检验方法　气相色谱法	国家认证认可监督管理委员会
173		SN/T 2209—2008	进出口水产品中有毒生物胺的检测方法　高效液相色谱法	国家认证认可监督管理委员会
174		SN/T 2564—2010	水产品中致病性弧菌检测 MPCR-DHPLC 法	国家认证认可监督管理委员会
175		SN/T 2920—2011	进出口水产品检验规程	国家认证认可监督管理委员会
176		SN/T 3034—2011	出口水产品中无机汞、甲基汞和乙基汞的测定　液相色谱－原子荧光光谱联用（LC-AFS）法	国家认证认可监督管理委员会
177		SN/T 3497—2013	水产品中颚口线虫检疫技术规范	国家认证认可监督管理委员会
178		SN/T 3504—2013	甲壳类水产品中并殖吸虫囊蚴检疫技术规范	国家认证认可监督管理委员会
179		SN/T 3641—2013	出口水产品中 4– 己基间苯二酚残留量检测方法	国家认证认可监督管理委员会
180		SN/T 3869—2014	出口水产品中雪卡毒素的测定	国家认证认可监督管理委员会
181		SN/T 4137—2015	出口水产品中二苯甲酮类和对羟基苯甲酸酯类残留量的测定　液相色谱－质谱/质谱法	国家认证认可监督管理委员会
182		SN/T 4319—2015	出口水产品中微囊藻毒素的检测　液相色谱－质谱/质谱法	国家认证认可监督管理委员会
183		SN/T 4526—2016	出口水产品中有机硒和无机硒的测定　氢化物发生原子荧光光谱法	国家认证认可监督管理委员会

续表 43

序号	标准类别	标准号	标准名称	归口单位
184	流通销售	SN/T 4590—2016	出口水产品中焦磷酸盐、三聚磷酸盐、三偏磷酸盐含量的测定 离子色谱法	国家认证认可监督管理委员会
185		SN/T 4851—2017	出口水产品中甲基汞和乙基汞的测定 液相色谱－电感耦合等离子体质谱法	国家认证认可监督管理委员会
186		SN/T 4963—2017	出口水产品中维氏气单胞菌检验方法	国家认证认可监督管理委员会
187		YZ/T 0175—2020	鲜活水产品快递服务要求	全国邮政业标准化技术委员会
188		DB44/T 1311—2014	水产品交易市场管理规范	广东省质量技术监督局
189		DB45/T 2469—2022	农贸市场畜禽水产品交易管理规范	广西壮族自治区市场监督管理局
190	产品追溯	GB/T 29568—2013	农产品追溯要求 水产品	中国标准化研究院
191		SC/T 3043—2014	养殖水产品可追溯标签规程	农业农村部
192		SC/T 3044—2014	养殖水产品可追溯编码规程	农业农村部
193		SC/T 3045—2014	养殖水产品可追溯信息采集规程	农业农村部
194		NY/T 3204—2018	农产品质量安全追溯操作规程 水产品	农业农村部
195		DB13/T 2332—2016	农产品质量安全追溯操作规程 水产品	河北省质量技术监督局
196		DB32/T 2878—2016	水产品质量追溯体系建设及管理规范	江苏省质量技术监督局
197		DB34/T 1898—2020	池塘养殖水产品质量安全可追溯管理规范	安徽省农业农村厅
198		DB36/T 1081—2018	养殖水产品可追溯数据接口规范	江西省质量技术监督局
199	产品评价	GB/T 5009.45—2003	水产品卫生标准的分析方法	全国水产标准化技术委员会

续表 43

序号	标准类别	标准号	标准名称	归口单位
200	产品评价	GB/T 34748—2017	水产种质资源基因组 DNA 的微卫星分析	全国水产标准化技术委员会
201		GB/T 37062—2018	水产品感官评价指南	全国水产标准化技术委员会

表 44　中国内地鱼类养殖标准（未包含地方标准）

序号	标准类型	标准号	标准名称	归口单位
1	基础标准	GB/T 18108—2019	鲜海水鱼通则	全国水产标准化技术委员会
2		GB/T 18654.1—2008	养殖鱼类种质检验 第 1 部分：检验规则	全国水产标准化技术委员会
3		GB/T 18654.2—2008	养殖鱼类种质检验 第 2 部分：抽样方法	全国水产标准化技术委员会
4		GB/T 18654.3—2008	养殖鱼类种质检验 第 3 部分：性状测定	全国水产标准化技术委员会
5		GB/T 18654.4—2008	养殖鱼类种质检验 第 4 部分：年龄与生长的测定	全国水产标准化技术委员会
6		GB/T 18654.5—2008	养殖鱼类种质检验 第 5 部分：食性分析	全国水产标准化技术委员会
7		GB/T 18654.6—2008	养殖鱼类种质检验 第 6 部分：繁殖性能的测定	全国水产标准化技术委员会
8		GB/T 18654.7—2008	养殖鱼类种质检验 第 7 部分：生态特性分析	全国水产标准化技术委员会
9		GB/T 18654.8—2008	养殖鱼类种质检验 第 8 部分：耗氧率与临界窒息点的测定	全国水产标准化技术委员会
10		GB/T 18654.9—2008	养殖鱼类种质检验 第 9 部分：含肉率测定	全国水产标准化技术委员会
11		GB/T 18654.10—2008	养殖鱼类种质检验 第 10 部分：肌肉营养成分的测定	全国水产标准化技术委员会
12		GB/T 18654.11—2008	养殖鱼类种质检验 第 11 部分：肌肉中主要氨基酸含量的测定	全国水产标准化技术委员会

续表 44

序号	标准类型	标准号	标准名称	归口单位
13	基础标准	GB/T 18654.12—2008	养殖鱼类种质检验 第12部分：染色体组型分析	全国水产标准化技术委员会
14		GB/T 18654.13—2008	养殖鱼类种质检验 第13部分：同工酶电泳分析	全国水产标准化技术委员会
15		GB/T 18654.14—2008	养殖鱼类种质检验 第14部分：DNA含量的测定	全国水产标准化技术委员会
16		GB/T 18654.15—2008	养殖鱼类种质检验 第15部分：RAPD分析	全国水产标准化技术委员会
17		GB/T 19528—2004	奥尼罗非鱼亲本保存技术规范	全国水产标准化技术委员会
18		SC 1065—2003	养殖鱼类品种命名规则	农业农村部
19		SC/T 1142—2019	水产新品种生长性能测试 鱼类	农业农村部
20		SC/T 7016.1—2012	鱼类细胞系 第1部分：胖头鲅肌肉细胞系（FHM）	农业农村部
21		SC/T 7016.2—2012	鱼类细胞系 第2部分：草鱼肾细胞系（CIK）	农业农村部
22		SC/T 7016.3—2012	鱼类细胞系 第3部分：草鱼卵巢细胞系（CO）	农业农村部
23		SC/T 7016.4—2012	鱼类细胞系 第4部分：虹鳟性腺细胞系（RTG-2）	农业农村部
24		SC/T 7016.5—2012	鱼类细胞系 第5部分：鲤上皮瘤细胞系（EPC）	农业农村部
25		SC/T 7016.6—2012	鱼类细胞系 第6部分：大鳞大麻哈鱼胚胎细胞系（CHSE）	农业农村部
26		SC/T 7016.7—2012	鱼类细胞系 第7部分：棕鮰细胞系（BB）	农业农村部
27		SC/T 7016.8—2012	鱼类细胞系 第8部分：斑点叉尾鮰卵巢细胞系（CCO）	农业农村部
28		SC/T 7016.9—2012	鱼类细胞系 第9部分：蓝鳃太阳鱼细胞系（BF-2）	农业农村部
29		SC/T 7016.10—2012	鱼类细胞系 第10部分：狗鱼性腺细胞系（PG）	农业农村部

续表 44

序号	标准类型	标准号	标准名称	归口单位
30	基础标准	SC/T 7016.11—2012	鱼类细胞系 第 11 部分：虹鳟肝细胞系（R1）	农业农村部
31		SC/T 7016.12—2012	鱼类细胞系 第 12 部分：鲤白血球细胞系（CLC）	农业农村部
32		SC/T 7016.13—2019	鱼类细胞系 第 13 部分：鲫细胞系（CAR）	农业农村部
33		SC/T 7016.14—2019	鱼类细胞系 第 14 部分：锦鲤吻端细胞系（KS）	农业农村部
34		SC/T 9426.1—2016	重要渔业资源品种可捕规格 第 1 部分：海洋经济鱼类	农业农村部
35		SN/T 3483—2013	松江鲈鱼的物种鉴定方法 PCR 方法	海关总署
36		SN/T 5203—2020	鱼类物种鉴定 基因条形码的检测技术规范	海关总署
37	生产加工隔离基地	NB/T 35037—2014	水电工程鱼类增殖放流站设计规范	能源行业水电规划水库环保标准化技术委员会
38		NY/T 2165—2012	鱼、虾遗传育种中心建设标准	农业农村部
39		SN/T 2699—2010	出境淡水鱼养殖场建设要求	国家认证认可监督管理委员会
40	种苗	GB/T 9956—2011	青鱼鱼苗、鱼种	全国水产标准化技术委员会
41		GB/T 10030—2006	团头鲂鱼苗、鱼种	全国水产标准化技术委员会
42		GB/T 11776—2006	草鱼鱼苗、鱼种	全国水产标准化技术委员会
43		GB/T 11777—2006	鲢鱼苗、鱼种	全国水产标准化技术委员会
44		GB/T 11778—2006	鳙鱼苗、鱼种	全国水产标准化技术委员会
45		GB/T 15806—2006	青鱼、草鱼、鲢、鳙鱼卵受精率计算方法	全国水产标准化技术委员会

续表 44

序号	标准类型	标准号	标准名称	归口单位
46	种苗	GB/T 32758—2016	海水鱼类鱼卵、苗种计数方法	全国水产标准化技术委员会
47		GB/T 33109—2016	花鲈 亲鱼和苗种	全国水产标准化技术委员会
48		GB/T 35903—2018	牙鲆 亲鱼和苗种	全国水产标准化技术委员会
49		GB/T 39175—2020	松江鲈 亲鱼和苗种	全国水产标准化技术委员会
50		SC/T 1008—2012	淡水鱼苗种池塘常规培育技术规范	农业农村部
51		SC/T 1029.1—1999	革胡子鲇养殖技术规范 亲鱼	农业农村部
52		SC/T 1029.3—1999	革胡子鲇养殖技术规范 鱼苗鱼种培育技术	农业农村部
53		SC/T 1029.4—1999	革胡子鲇养殖技术规范 鱼苗鱼种质量要求	农业农村部
54		SC/T 1030.1—1999	虹鳟养殖技术规范 亲鱼	农业农村部
55		SC/T 1030.2—1999	虹鳟养殖技术规范 亲鱼培育技术	农业农村部
56		SC/T 1032.1—1999	鳜养殖技术规范 亲鱼	农业农村部
57		SC/T 1032.2—1999	鳜养殖技术规范 亲鱼培育技术	农业农村部
58		SC/T 1044.3—2001	尼罗罗非鱼养殖技术规范 鱼苗、鱼种	农业农村部
59		SC/T 1045—2001	奥利亚罗非鱼 亲鱼	农业农村部
60		SC/T 1046—2001	奥尼罗非鱼制种技术要求	农业农村部
61		SC/T 1048.1—2001	颖鲤养殖技术规范 亲鱼	农业农村部
62		SC/T 1055—2006	日本鳗鲡鱼苗、鱼种	农业农村部
63		SC/T 1060—2002	长吻鮠养殖技术规范 亲鱼	农业农村部
64		SC/T 1069.1—2004	暗纹东方鲀养殖技术规范 第1部分：亲鱼	农业农村部

续表 44

序号	标准类型	标准号	标准名称	归口单位
65	种苗	SC/T 1069.3—2004	暗纹东方鲀养殖技术规范 第 3 部分：鱼苗鱼种培育技术	农业农村部
66		SC/T 1075—2006	鱼苗、鱼种运输通用技术要求	农业农村部
67		SC/T 1080.1—2006	建鲤养殖技术规范 第 1 部分：亲鱼	农业农村部
68		SC/T 1080.3—2006	建鲤养殖技术规范 第 3 部分：鱼苗、鱼种	农业农村部
69		SC/T 1080.4—2006	建鲤养殖技术规范 第 4 部分：鱼苗、鱼种培育技术	农业农村部
70		SC/T 1094—2007	德国镜鲤选育系（F4）亲鱼、苗种	农业农村部
71		SC/T 1095—2007	怀头鲇亲鱼、苗种	农业农村部
72		SC/T 1096—2007	短盖巨脂鲤 亲鱼	农业农村部
73		SC/T 1097—2007	短盖巨脂鲤 鱼苗、鱼种	农业农村部
74		SC/T 1098—2007	大口黑鲈 亲鱼、鱼苗和鱼种	农业农村部
75		SC/T 1112—2012	斑点叉尾鮰 亲鱼和苗种	农业农村部
76		SC/T 1119—2014	乌鳢 亲鱼和苗种	农业农村部
77		SC/T 1120—2014	奥利亚罗非鱼 苗种	农业农村部
78		SC/T 1121—2016	尼罗罗非鱼 亲鱼	农业农村部
79		SC/T 1122—2016	黄鳝 亲鱼和苗种	农业农村部
80		SC/T 1124—2015	黄颡鱼 亲鱼和苗种	农业农村部
81		SC/T 1125—2016	泥鳅 亲鱼和苗种	农业农村部
82		SC/T 1134—2016	广东鲂 亲鱼和苗种	农业农村部
83		SC/T 1148—2020	哲罗鱼 亲本和苗种	农业农村部
84		SC/T 2009—2012	半滑舌鳎 亲鱼和苗种	农业农村部
85		SC/T 2025—2012	眼斑拟石首鱼 亲鱼和苗种	农业农村部
86		SC/T 2039—2007	海水鱼类鱼卵 苗种计数方法	农业农村部
87		SC/T 2044—2014	卵形鲳鲹 亲鱼和苗种	农业农村部

续表 44

序号	标准类型	标准号	标准名称	归口单位
88	种苗	SC/T 2045—2014	许氏平鲉 亲鱼和苗种	农业农村部
89		SC/T 2046—2014	石鲽 亲鱼和苗种	农业农村部
90		SC/T 2048—2016	大菱鲆 亲鱼和苗种	农业农村部
91		SC/T 2060—2014	花鲈 亲鱼和苗种	农业农村部
92		SC/T 2073—2016	真鲷 亲鱼和苗种	农业农村部
93		SC/T 2076—2017	钝吻黄盖鲽 亲鱼和苗种	农业农村部
94		SC/T 2086—2018	圆斑星鲽 亲鱼和苗种	农业农村部
95		SC/T 2089—2018	大黄鱼繁育技术规范	农业农村部
96		SC/T 2091—2020	棘头梅童鱼 亲鱼和苗种	农业农村部
97		SC/T 2093—2019	大泷六线鱼 亲鱼和苗种	农业农村部
98		SC/T 9407—2012	河流漂流性鱼卵、仔鱼采样技术规范	农业农村部
99		SC/T 9427—2016	河流漂流性鱼卵和仔鱼资源评估方法	农业农村部
100		SL/T 216—1998	胭脂鱼人工繁殖技术规程	水利部水利管理局
101	肥料或饲料	GB/T 22919.4—2008	水产配合饲料 第 4 部分：美国红鱼配合饲料	全国饲料工业标准化技术委员会
102		GB/T 36205—2018	草鱼配合饲料	全国饲料工业标准化技术委员会
103		GB/T 36206—2018	大黄鱼配合饲料	全国饲料工业标准化技术委员会
104		GB/T 36782—2018	鲤鱼配合饲料	全国饲料工业标准化技术委员会
105		GB/T 36862—2018	青鱼配合饲料	全国饲料工业标准化技术委员会
106		NY/T 3000—2016	黄颡鱼配合饲料	农业农村部
107		NY/T 3654—2020	鲟鱼配合饲料	农业农村部
108		SC/T 1025—2004	罗非鱼配合饲料	农业农村部
109		SC/T 1026—2002	鲤鱼配合饲料	农业农村部

续表 44

序号	标准类型	标准号	标准名称	归口单位
110	肥料或饲料	SC/T 1073—2004	青鱼配合饲料	农业农村部
111		SC/T 1076—2004	鲫鱼配合饲料	农业农村部
112		SC/T 2012—2002	大黄鱼配合饲料	农业农村部
113		SC/T 2029—2008	鲈鱼配合饲料	农业农村部
114	病虫害疫情防控	GB/T 15805.1—2008	鱼类检疫方法 第 1 部分：传染性胰脏坏死病毒（IPNV）	全国水产标准化技术委员
115		GB/T 18654.3—2008	养殖鱼类种质检验 第 3 部分：性状测定	全国水产标准化技术委员会
116		GB/T 15805.6—2008	鱼类检疫方法 第 6 部分：杀鲑气单胞菌	全国水产标准化技术委员会
117		GB/T 15805.7—2008	鱼类检疫方法 第 7 部分：脑粘体虫	全国水产标准化技术委员会
118		GB/T 36190—2018	草鱼出血病诊断规程	全国水产标准化技术委员会
119		GB/T 36194—2018	金鱼造血器官坏死病毒检测方法	全国水产标准化技术委员会
120		GB/T 37746—2019	草鱼呼肠孤病毒三重 RT-PCR 检测方法	全国水产标准化技术委员会
121		SC/T 7021—2020	鱼类免疫接种技术规程	农业农村部
122		SC/T 7201.1—2006	鱼类细菌病检疫技术规程 第 1 部分：通用技术	农业农村部
123		SC/T 7201.2—2006	鱼类细菌病检疫技术规程 第 2 部分：柱状嗜纤维菌烂鳃病诊断方法	农业农村部
124		SC/T 7201.3—2006	鱼类细菌病检疫技术规程 第 3 部分：嗜水气单胞菌及豚鼠气单胞菌肠炎病诊断方法	农业农村部
125		SC/T 7201.4—2006	鱼类细菌病检疫技术规程 第 4 部分：荧光假单胞菌赤皮病诊断方法	农业农村部

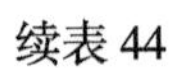

续表 44

序号	标准类型	标准号	标准名称	归口单位
126	病虫害疫情防控	SC/T 7201.5—2006	鱼类细菌病检疫技术规程 第 5 部分：白皮假单胞菌白皮病诊断方法	农业农村部
127		SC/T 7210—2011	鱼类简单异尖线虫幼虫检测方法	农业农村部
128		SC/T 7214.1—2011	鱼类爱德华氏菌检测方法 第 1 部分：迟缓爱德华氏菌	农业农村部
129		SC/T 7216—2012	鱼类病毒性神经坏死病（VNN）诊断技术规程	农业农村部
130		SC/T 7235—2020	罗非鱼链球菌病诊断规程	农业农村部
131		SN/T 2439—2010	鱼鳃霉病检疫技术规范	农业农村部
132		SN/T 2503—2010	淡水鱼中寄生虫检疫技术规范	农业农村部
133		SN/T 2706—2010	鱼淋巴囊肿病检疫技术规范	农业农村部
134		SN/T 2734—2020	传染性鲑鱼贫血病检疫技术规范	海关总署
135		SN/T 2973—2011	鲍鱼立克次氏体病检疫技术规范	国家认证认可监督管理委员会
136		SN/T 3498—2013	温泉鱼类志贺邻单胞菌病检疫技术规范	国家认证认可监督管理委员会
137		SN/T 3584—2013	草鱼出血病检疫技术规范	国家认证认可监督管理委员会
138		SN/T 4050—2014	鲍鱼疱疹病毒感染检疫技术规范	国家认证认可监督管理委员会
139		SN/T 4914—2017	鲑鱼甲病毒病检疫技术规范	国家认证认可监督管理委员会
140	生产技术	NY/T 1351—2007	黄颡鱼养殖技术规程	农业农村部
141		NY/T 5054—2002	无公害食品 尼罗罗非鱼养殖技术规范	农业农村部
142		NY/T 5055—2001	无公害食品 稻田养鱼技术规范	农业农村部
143		NY/T 5061—2002	无公害食品 大黄鱼养殖技术规范	农业农村部
144		NY/T 5273—2004	无公害食品 鲈鱼养殖技术规范	农业农村部

续表 44

序号	标准类型	标准号	标准名称	归口单位
145	生产技术	NY/T 5281—2004	无公害食品 鲤鱼养殖技术规范	农业农村部
146		NY/T 5293—2004	无公害食品 鲫鱼养殖技术规程	农业农村部
147		SC/T 1009—2006	稻田养鱼技术规范	农业农村部
148		SC/T 1029.5—1999	革胡子鲇养殖技术规范 食用商品鱼饲养技术	农业农村部
149		SC/T 1030.5—1999	虹鳟养殖技术规范 池塘饲养食用鱼技术	农业农村部
150		SC/T 1030.6—1999	虹鳟养殖技术规范 网箱饲养食用鱼技术	农业农村部
151		SC/T 1032.7—1999	鳜养殖技术规范 网箱饲养食用鱼技术	农业农村部
152		SC/T 1048.5—2001	颖鲤养殖技术规范 食用鱼饲养技术	农业农村部
153		SC/T 1050—2002	南方鲇养殖技术规范 亲鱼	农业农村部
154		SC/T 1057—2002	银鱼移植、增殖技术规范 大银鱼移植、增殖技术	农业农村部
155		SC/T 1080.5—2006	建鲤养殖技术规范 第5部分：食用鱼池塘饲养技术	农业农村部
156		SC/T 1091.1—2006	草型湖泊网围养殖技术规范 第1部分：养鱼	农业农村部
157		SC/T 1091.3—2006	草型湖泊网围养殖技术规范 第3部分：鱼蟹混养	农业农村部
158		SC/T 1143—2019	淡水珍珠蚌鱼混养技术规范	农业农村部
159		SC/T 2013—2003	浮动式海水网箱养鱼技术规范	农业农村部
160		SC/T 4026—2016	刺网最小网目尺寸 小黄鱼	农业农村部
161		SC/T 9413—2014	水生生物增殖放流技术规范 大黄鱼	农业农村部
162		SC/T 9418—2015	水生生物增殖放流技术规范 鲷科鱼类	农业农村部
163		SC/T 9438—2020	淡水鱼类增殖放流效果评估技术规范	农业农村部

续表 44

序号	标准类型	标准号	标准名称	归口单位
164	加工技术	GB/T 27636—2011	冻罗非鱼片加工技术规范	全国水产标准化技术委员会
165		GB/T 27988—2011	咸鱼加工技术规范	全国水产标准化技术委员会
166		GB/T 36395—2018	冷冻鱼糜加工技术规范	全国水产标准化技术委员会
167		SC/T 3037—2006	冻罗非鱼片加工技术规范	农业农村部
168		SC/T 3038—2006	咸鱼加工技术规范	农业农村部
169	产品质量	GB/T 5055—2008	青鱼、草鱼、鲢、鳙 亲鱼	全国水产标准化技术委员会
170		GB/T 17715—1999	草鱼	全国水产标准化技术委员会
171		GB/T 17716—1999	青鱼	全国水产标准化技术委员会
172		GB/T 18109—2011	冻鱼	全国水产标准化技术委员会
173		GB/T 19162—2011	梭鱼	全国水产标准化技术委员会
174		GB/T 19853—2008	地理标志产品 抚远鲟鱼子、鳇鱼子、大麻（马）哈鱼子	全国知识管理标准化技术委员会
175		GB/T 20710—2006	地理标志产品 大连鲍鱼	全国知识管理标准化技术委员会
176		GB/T 20751—2006	鳗鱼及制品中十五种喹诺酮类药物残留量的测定 液相色谱－串联质谱法	全国水产标准化技术委员会
177		GB/T 21047—2007	眼斑拟石首鱼	全国水产标准化技术委员会
178		GB/T 21290—2018	冻罗非鱼片	全国水产标准化技术委员会
179		GB/T 22180—2014	冻裹面包屑鱼	全国水产标准化技术委员会

续表 44

序号	标准类型	标准号	标准名称	归口单位
180	产品质量	GB/T 22950—2008	河豚鱼、鳗鱼和烤鳗中 12 种 β-兴奋剂残留量的测定 液相色谱-串联质谱法	全国水产标准化技术委员会
181		GB/T 22954—2008	河豚鱼和鳗鱼中链霉素、双氢链霉素和卡那霉素残留量的测定 液相色谱-串联质谱法	全国水产标准化技术委员会
182		GB/T 22955—2008	河豚鱼、鳗鱼和烤鳗中苯并咪唑类药物残留量的测定 液相色谱-串联质谱法	全国水产标准化技术委员会
183		GB/T 22957—2008	河豚鱼、鳗鱼及烤鳗中九种糖皮质激素残留量的测定 液相色谱-串联质谱法	全国水产标准化技术委员会
184		GB/T 22958—2008	河豚鱼、鳗鱼和烤鳗中角黄素残留量的测定 液相色谱-紫外检测法	全国水产标准化技术委员会
185		GB/T 22959—2008	河豚鱼、鳗鱼和烤鳗中氯霉素、甲砜霉素和氟苯尼考残留量的测定 液相色谱-串联质谱法	全国水产标准化技术委员会
186		GB/T 22960—2008	河豚鱼和鳗鱼中头孢唑啉、头孢匹林、头孢氨苄、头孢洛宁、头孢喹肟残留量的测定 液相色谱-串联质谱法	全国水产标准化技术委员会
187		GB/T 23207—2008	河豚鱼、鳗鱼和对虾中 485 种农药及相关化学品残留量的测定 气相色谱-质谱法	全国水产标准化技术委员会
188		GB/T 30894—2014	咸鱼	全国水产标准化技术委员会
189		GB/T 32755—2016	大黄鱼	全国水产标准化技术委员会
190		GB/T 32780—2016	哲罗鱼	全国水产标准化技术委员会
191		GB/T 35375—2017	冻银鱼	全国水产标准化技术委员会

续表 44

序号	标准类型	标准号	标准名称	归口单位
192	产品质量	GB/T 40962—2021	干鲍鱼	全国水产标准化技术委员会
193		GB/T 41233—2022	冻鱼糜制品	全国水产标准化技术委员会
194		NY/T 842—2021	绿色食品 鱼	中国绿色食品发展中心
195		NY/T 3899—2021	绿色食品 可食用鱼副产品及其制品	中国绿色食品发展中心
196		NY 5070—2002	无公害食品 水产品中鱼药残留限量	农业农村部
197		SC/T 1027—2016	尼罗罗非鱼	农业农村部
198		SC/T 1041—2000	瓦氏黄颡鱼	农业农村部
199		SC/T 1042—2016	奥利亚罗非鱼	农业农村部
200		SC 1064—2003	大口牛胭脂鱼	农业农村部
201		SC 1067—2004	大银鱼	农业农村部
202		SC 1070—2004	黄颡鱼	农业农村部
203		SC/T 1110—2011	罗非鱼养殖质量安全管理技术规范	农业农村部
204		SC/T 1115—2012	剑尾鱼 RR-B 系	农业农村部
205		SC/T 1133—2016	细鳞鱼	农业农村部
206		SC/T 1140—2019	莫桑比克罗非鱼	农业农村部
207		SC/T 2054—2012	鮸状黄菇鱼	农业农村部
208		SC/T 2070—2017	大泷六线鱼	农业农村部
209		SC/T 2090—2020	棘头梅童鱼	农业农村部
210		SC/T 3048—2014	鱼类鲜度指标 K 值的测定 高效液相色谱法	农业农村部
211		SC/T 3101—2010	鲜大黄鱼、冻大黄鱼、鲜小黄鱼、冻小黄鱼	农业农村部
212		SC/T 3102—2010	鲜、冻带鱼	农业农村部

续表 44

序号	标准类型	标准号	标准名称	归口单位
213	产品质量	SC/T 3103—2010	鲜、冻鲳鱼	农业农村部
214		SC/T 3105—2009	鲜鳓鱼	农业农村部
215		SC/T 3108—2011	鲜活青鱼、草鱼、鲢、鳙、鲤	农业农村部
216		SC/T 3115—2006	冻章鱼	农业农村部
217		SC/T 3116—2006	冻淡水鱼片	农业农村部
218		SC/T 3122—2014	冻鱿鱼	农业农村部
219		SC/T 3124—2019	鲜、冻养殖河豚鱼	农业农村部
220		SC/T 3214—2006	干鲨鱼翅	农业农村部
221		SC/T 3219—2015	干鲍鱼	农业农村部
222		SC/T 3701—2003	冻鱼糜制品	农业农村部
223		SC/T 3702—2014	冷冻鱼糜	农业农村部
224		SC/T 5062—2017	金龙鱼	农业农村部
225		SN/T 1965—2007	鳗鱼及其制品中磺胺类药物残留量测定方法 高效液相色谱法	农业农村部
226	包装运输	GB/T 27638—2011	活鱼运输技术规范	全国水产标准化技术委员会
227	流通销售	SN/T 1569.2—2013	出口河豚鱼中河豚毒素检测方法 第 2 部分：小鼠生物法	国家认证认可监督管理委员会
228		SN/T 2548—2010	出口冻章鱼检验规程	国家认证认可监督管理委员会
229		SN/T 3264—2012	出口食品中鱼藤酮和印楝素残留量的检测方法 液相色谱－质谱/质谱法	国家认证认可监督管理委员会
230		SN/T 3585—2013	出口活鱼克林霉素检测技术规范	国家认证认可监督管理委员会
231		SN/T 4483—2016	出口活鱼泰妙菌素检测技术规范	国家认证认可监督管理委员会
232		SN/T 4593—2016	出口冻斑点叉尾鮰鱼片检验规程	国家认证认可监督管理委员会

表 45　中国内地虾类养殖标准

序号	标准类别	标准号	标准名称	归口单位
1	基础标准	SC/T 1138—2020	水产新品种生长性能测试 虾类	农业农村部
2	生产加工隔离基地	NY/T 2165—2012	鱼、虾遗传育种中心建设标准	农业农村部
3		DB44/T 1273—2013	对虾种苗场基本要求	广东省市场监督管理局
4		DB45/T 99—2003	海水对虾工厂化养殖技术规范	广西壮族自治区市场监督管理局
5		DB45/T 237—2005	广西无公害对虾养殖基地生产管理规范	广西壮族自治区市场监督管理局
6		DB45/T 609—2009	南美白对虾良好池塘养殖规范	广西壮族自治区市场监督管理局
7	种苗	GB/T 15101.1—2008	中国对虾 亲虾	全国水产标准化技术委员会
8		GB/T 15101.2—2008	中国对虾 苗种	全国水产标准化技术委员会
9		GB/T 30890—2014	凡纳滨对虾育苗技术规范	全国水产标准化技术委员会
10		GB/T 33110—2016	斑节对虾 亲虾和苗种	全国水产标准化技术委员会
11		GB/T 35376—2017	日本对虾 亲虾和苗种	全国水产标准化技术委员会
12		SC/T 2068—2015	凡纳滨对虾 亲虾和苗种	农业农村部
13		SC/T 2092—2019	脊尾白虾 亲虾	农业农村部
14		SN/T 1550—2005	出口种用虾检验检疫规程	农业农村部
15		DB12/T 741—2017	凡纳滨对虾亲虾培育技术规范	天津市市场监督管理委员会
16		DB12/T 742—2017	凡纳滨对虾苗种淡化技术规范	天津市市场监督管理委员会
17		DB13/T 1338—2010	中国对虾“黄海 1 号”苗种繁育技术规程	河北省市场监督管理局
18		DB13/T 2120—2014	青虾亲本选择与培育技术规范	河北省市场监督管理局
19		DB13/T 2237—2015	凡纳滨对虾仔虾淡化标粗技术规范	河北省市场监督管理局
20		DB31/T 704—2013	南美白对虾亲虾培育技术规范	上海市市场监督管理局
21		DB32/T 330—2007	青虾 抱卵亲虾	江苏省市场监督管理局

续表 45

序号	标准类别	标准号	标准名称	归口单位
22	种苗	DB32/T 331—2007	青虾 虾苗	江苏省市场监督管理局
23		DB32/T 1190—2008	南美蓝对虾人工育苗技术规程	江苏省市场监督管理局
24		DB32/T 1229—2009	罗氏沼虾苗人工繁殖技术规程	江苏省市场监督管理局
25		DB32/T 1323—2009	脊尾白虾 种质	江苏省市场监督管理局
26		DB32/T 1685—2010	克氏原螯虾苗种 工厂化繁育生产技术规程	江苏省市场监督管理局
27		DB32/T 2303—2013	克氏原螯虾苗种土池繁育技术操作规程	江苏省市场监督管理局
28		DB32/T 2787—2015	杂交青虾“太湖 1 号”苗种池塘繁育技术规范	江苏省渔业标准化技术委员会
29		DB32/T 3511—2019	克氏原螯虾苗种捕捞与运输技术规程	江苏省海洋与渔业局
30		DB33/T 385.3—2008	无公害青虾 第 3 部分：苗种	浙江省市场监督管理局
31		DB33/T 397.1—2003	无公害罗氏沼虾 第 1 部分：虾苗繁育	浙江省市场监督管理局
32		DB33/T 464—2004	无公害南美白对虾苗种	广东省市场监督管理局
33		DB33/T 465—2004	无公害罗氏沼虾苗种	广东省市场监督管理局
34		DB35/T 1242—2012	南美白对虾工厂化人工繁育技术规范	福建省海洋与渔业厅
35		DB42/T 613—2010	克氏原螯虾人工繁育技术规程	湖北省质量技术监督局
36		DB42/T 1166—2016	克氏原螯虾稻田生态繁育技术规程	湖北省质量技术监督局
37		DB44/T 138—2003	斑节对虾养殖技术规范 幼体培育技术	广东省市场监督管理局
38		DB44/T 226—2005	凡纳对虾养殖技术规范 亲虾	广东省市场监督管理局
39		DB44/T 227—2005	凡纳对虾养殖技术规范 亲本培育技术	广东省市场监督管理局
40		DB44/T 228—2005	凡纳对虾养殖技术规范 幼体培育技术	广东省市场监督管理局

续表 45

序号	标准类别	标准号	标准名称	归口单位
41	种苗	DB44/T 229—2005	凡纳对虾养殖技术规范 人工繁殖技术	广东省市场监督管理局
42		DB45/T 250—2005	无公害食品 SPF 南美白对虾繁育技术规范	广西壮族自治区市场监督管理局
43		DB45/T 331—2006	南美白对虾苗种	广西壮族自治区市场监督管理局
44		DB45/T 515—2008	罗氏沼虾苗种	广西壮族自治区市场监督管理局
45		DB45/T 1224—2015	凡纳滨对虾“桂海 1 号”亲虾	广西壮族自治区市场监督管理局
46		DB45/T 1582—2017	凡纳滨对虾“桂海 1 号”苗种繁育技术规范	广西壮族自治区市场监督管理局
47		DB45/T 1583—2017	凡纳滨对虾“桂海 1 号”制种技术规范	广西壮族自治区市场监督管理局
48		DB45/T 2461—2022	克氏原螯虾苗种繁育技术规范	广西壮族自治区市场监督管理局
49		DB45/T 2462—2022	罗氏沼虾亲虾越冬管理技术规范	广西壮族自治区市场监督管理局
50		DB46/T 129—2008	南美白对虾苗种繁育技术规程	海南省质量技术监督局
51		DB51/T 1586—2013	克氏螯虾养殖技术规范 人工繁殖	四川省质量技术监督局
52		DB51/T 1816—2014	克氏原螯虾养殖技术规范 苗种	四川省水产局
53	肥料或饲料	SC/T 1066—2003	罗氏沼虾配合饲料	农业农村部
54		SC/T 2002—2002	对虾配合饲料	农业农村部
55		DB32/T 334—2007	青虾配合饲料	江苏省市场监督管理局
56		DB32/T 1046—2007	罗氏沼虾配合饲料技术要求	江苏省市场监督管理局
57		DB32/T 1047—2007	南美白对虾配合饲料技术要求	江苏省市场监督管理局
58		DB32/T 1273—2008	克氏螯虾配合饲料	江苏省市场监督管理局
59		DB42/T 1572—2020	克氏原螯虾配合饲料	湖北省市场监督管理局

续表 45

序号	标准类别	标准号	标准名称	归口单位
60	病虫害防疫防控	GB/T 40249—2021	斑节对虾杆状病毒病诊断规程 PCR 检测法	全国水产标准化技术委员会
61		GB/T 40255—2021	对虾肝胰腺细小病毒病诊断规程 PCR 检测法	全国水产标准化技术委员会
62		SC/T 7022—2020	对虾体内的病毒扩增和保存方法	农业农村部
63		SC/T 7202.1—2007	斑节对虾杆状病毒诊断规程 第1部分：压片显微镜检测法	农业农村部
64		SC/T 7202.2—2007	斑节对虾杆状病毒诊断规程 第2部分：PCR 检测法	农业农村部
65		SC/T 7202.3—2007	斑节对虾杆状病毒诊断规程 第3部分：组织病理学诊断法	农业农村部
66		SC/T 7203.1—2007	对虾肝胰腺细小病毒病诊断规程 第1部分：PCR 检测法	农业农村部
67		SC/T 7203.2—2007	对虾肝胰腺细小病毒病诊断规程 第2部分：组织病理学诊断法	农业农村部
68		SC/T 7203.3—2007	对虾肝胰腺细小病毒病诊断规程 第3部分：新鲜组织的 T-E 染色法	农业农村部
69		SC/T 7204.1—2007	对虾桃拉综合征诊断规程 第1部分：外观症状诊断法	农业农村部
70		SC/T 7204.2—2007	对虾桃拉综合征诊断规程 第2部分：组织病理学诊断法	农业农村部
71		SC/T 7204.3—2007	对虾桃拉综合征诊断规程 第3部分：RT-PCR 检测法	农业农村部
72		SC/T 7204.4—2007	对虾桃拉综合征诊断规程 第4部分：指示生物检测法	农业农村部
73		SC/T 7204.5—2020	对虾桃拉综合征诊断规程 第5部分：逆转录环介导核酸等温扩增检测法	农业农村部

续表 45

序号	标准类别	标准号	标准名称	归口单位
74	病虫害防疫防控	SC/T 7232—2020	虾肝肠胞虫病诊断规程	农业农村部
75		SC/T 7236—2020	对虾黄头病诊断规程	农业农村部
76		SC/T 7237—2020	虾虹彩病毒病诊断规程	农业农村部
77		SC/T 7238—2020	对虾偷死野田村病毒（CMNV）检测方法	农业农村部
78		SN/T 0944—2016	出口虾及虾干中吲哚含量的测定	农业农村部
79		SN/T 1151.3—2013	斑节对虾杆状病毒（MBV）检疫技术规范	国家认证认可监督管理委员会
80		SN/T 1151.5—2014	对虾杆状病毒病检疫技术规范	农业农村部
81		SN/T 1673—2005	对虾传染性皮下和造血器官坏死病毒聚合酶链反应操作规程	农业农村部
82		SN/T 3486—2013	虾细菌性肝胰腺坏死病检疫技术规范	农业农村部
83		SN/T 4348—2015	螯虾瘟检疫技术规范	农业农村部
84		SN/T 5195—2020	对虾急性肝胰腺坏死病检疫技术规范	海关总署
85		SN/T 5282—2020	虾偷死野田村病毒病检疫技术规范	海关总署
86		DB12/T 178—2003	对虾弧菌病（vibriosis）的检疫规程	天津市水产局
87		DB12/T 180—2003	对虾类杆状病毒病检疫规程	天津市水产局
88		DB13/T 1253—2010	虾蟹固着类纤毛虫病防治技术规范	河北省市场监督管理局
89		DB13/T 1254—2010	对虾养殖病毒病防治技术规范	河北省市场监督管理局
90		DB32/T 756—2004	南美白对虾养殖 疾病预防	江苏省市场监督管理局
91		DB32/T 1053—2007	对虾白斑杆状病毒病检测	江苏省市场监督管理局
92		DB32/T 2956—2016	养殖脊尾白虾防疫技术规程	江苏省市场监督管理局
93		DB32/T 3802—2020	南美白对虾肝肠胞虫巢式聚合酶链式反应（PCR）检测方法	江苏省农业农村厅

续表 45

序号	标准类别	标准号	标准名称	归口单位
94	病虫害防疫防控	DB3210/T 1059—2020	稻虾共作水稻病虫害绿色防控技术规程	扬州市农业农村局
95		DB33/T 2287—2020	罗氏沼虾双顺反子病毒 -1 检测规程	浙江省市场监督管理局
96		DB42/T 1574—2020	虾稻共作模式下稻田养分管理及水稻主要病虫害防治技术规程	湖北省市场监督管理局
97		DB45/T 236—2005	聚合酶链反应检测对虾白斑综合征病毒的技术操作规程	广西壮族自治区市场监督管理局
98		DB45/T 468—2007	对虾白斑病毒和桃拉病毒二重PCR 检测技术操作规程	广西壮族自治区市场监督管理局
99		DB45/T 942—2013	罗氏沼虾诺达病毒检测 RT-PCR 法	广西壮族自治区市场监督管理局
100	生产技术	GB/T 20014.21—2008	良好农业规范　第 21 部分：对虾池塘养殖控制点与符合性规范	国家标准化管理委员会农业食品部
101		SC/T 0005—2007	对虾养殖质量安全管理技术规程	农业农村部
102		SC/T 1135.4—2020	稻渔综合种养技术规范　第 4 部分：稻虾（克氏原螯虾）	农业农村部
103		SC/T 2005.1—2000	对虾池塘养殖产量验收方法	农业农村部
104		SC/T 2075—2017	中国对虾繁育技术规范	农业农村部
105		SC/T 4029—2016	东海区虾拖网网囊最小网目尺寸	农业农村部
106		SC/T 9419—2015	水生生物增殖放流技术规范　中国对虾	农业农村部
107		SC/T 9421—2015	水生生物增殖放流技术规范　日本对虾	农业农村部
108		NY/T 5059—2001	无公害食品　对虾养殖技术规范	农业农村部
109		NY/T 5159—2002	无公害食品　罗氏沼虾养殖技术规范	农业农村部

续表 45

序号	标准类别	标准号	标准名称	归口单位
110	生产技术	NY/T 5285—2004	无公害食品 青虾养殖技术规范	农业农村部
111		DB12/T 365—2008	鱼虾类放流技术规范	天津市市场监督管理委员会
112		DB12/T 1021—2020	中国对虾增殖放流效果评估技术规程	天津市市场监督管理委员会
113		DB12/T 1038—2021	缢蛏与南美白对虾池塘生态混养技术规范	天津市市场监督管理委员会
114		DB13/T 929—2008	对虾与河豚鱼混养技术规程	河北省市场监督管理局
115		DB13/T 930—2008	沿海苇田湿地鱼虾蟹生态养殖技术规程	河北省市场监督管理局
116		DB13/T 1125—2015	对虾养殖生态防病技术规范	河北省市场监督管理局
117		DB13/T 1412—2011	中国对虾增殖放流效果评估技术规程	河北省市场监督管理局
118		DB13/T 2239—2015	池塘养殖草鱼、鲤鱼与凡纳滨对虾套养技术规范	河北省市场监督管理局
119		DB13/T 2409—2016	盐碱水对虾养殖水质调控技术规范	河北省市场监督管理局
120		DB13/T 2455—2017	青虾 草鱼 鲫鱼增殖放流技术规程	河北省市场监督管理局
121		DB13/T 2848—2018	虾蜇贝混养技术规范	河北省市场监督管理局
122		DB13/T 2851—2018	对虾养殖气象服务规范	河北省市场监督管理局
123		DB13/T 2988—2019	中国对虾亲虾越冬技术规范	河北省市场监督管理局
124		DB1304/T 363—2021	稻虾共养技术规范	邯郸市市场监督管理局
125		DB31/T 1260—2020	淡水池塘对虾和鱼混养技术规范	上海市市场监督管理局
126		DB32/T 231—2007	池塘混养青虾操作规程	江苏省市场监督管理局
127		DB32/T 528—2009	南美白对虾循环海水养殖技术规范	江苏省市场监督管理局
128		DB32/T 581—2013	河蟹、青虾池塘混养技术规范	江苏省市场监督管理局

续表45

序号	标准类别	标准号	标准名称	归口单位
129	生产技术	DB32/T 592—2003	对虾、梭子蟹混养技术规程	江苏省市场监督管理局
130		DB32/T 398—2000	稻田养殖青虾操作规程	江苏省市场监督管理局
131		DB32/T 766—2005	对虾、缢蛏混养技术规范	江苏省市场监督管理局
132		DB32/T 870—2005	稻渔共作 青虾生产技术规程	江苏省市场监督管理局
133		DB32/T 883—2006	有机对虾养殖技术规范	江苏省市场监督管理局
134		DB32/T 896—2006	日本对虾池塘养殖技术规范	江苏省市场监督管理局
135		DB32/T 897—2006	梭鱼、对虾池塘混养技术规范	江苏省市场监督管理局
136		DB32/T 926—2016	罗氏沼虾幼虾增温培育和成虾养殖技术规程	江苏省水产标准化技术委员会
137		DB32/T 1140—2007	南美白对虾淡水养殖技术规范	江苏省市场监督管理局
138		DB32/T 1564—2009	脊尾白虾养殖技术规程	江苏省市场监督管理局
139		DB32/T 1687—2010	茭白－克氏原螯虾共作技术规程	江苏省市场监督管理局
140		DB32/T 1688—2010	克氏原螯虾冬季暂养技术规程	江苏省市场监督管理局
141		DB32/T 1706—2011	梭鱼和脊尾白虾混养技术规范	江苏省市场监督管理局
142		DB32/T 1723—2011	克氏原螯虾与中华绒螯蟹混养技术操作规程	江苏省市场监督管理局
143		DB32/T 1724—2011	克氏原螯虾池塘养殖技术操作规程	江苏省市场监督管理局
144		DB32/T 2194—2012	虾、蟹、鳅混养技术规程	江苏省市场监督管理局
145		DB32/T 2302—2013	克氏原螯虾池塘微孔增氧高效养殖技术操作规程	江苏省市场监督管理局
146		DB32/T 2304—2013	克氏原螯虾稻田养殖技术操作规程	江苏省市场监督管理局
147		DB32/T 2314—2013	杂交青虾“太湖1号”池塘生态养殖技术规范	江苏省市场监督管理局
148		DB32/T 2337—2013	克氏原螯虾－鲢鳙混养技术规程	江苏省市场监督管理局

续表 45

序号	标准类别	标准号	标准名称	归口单位
149	生产技术	DB32/T 2338—2013	克氏原螯虾－芡实共作技术规程	江苏省市场监督管理局
150		DB32/T 2339—2013	克氏原螯虾－水芹共作技术规程	江苏省市场监督管理局
151		DB32/T 2340—2013	克氏原螯虾－荷藕共作技术规程	江苏省市场监督管理局
152		DB32/T 2346—2013	克氏原螯虾、水稻共作技术规程	江苏省市场监督管理局
153		DB32/T 2347—2013	罗氏沼虾与青虾混轮养技术操作规程	江苏省市场监督管理局
154		DB32/T 2348—2013	罗氏沼虾与水蕹菜立体种养技术操作规程	江苏省市场监督管理局
155		DB32/T 2684—2014	南美白对虾、罗氏沼虾淡水混养技术规程	江苏省市场监督管理局
156		DB32/T 2955—2016	池塘蟹虾“金坛模式”养殖技术规程	江苏省市场监督管理局
157		DB32/T 3121—2016	罗氏沼虾与河蟹混养技术规程	江苏省水产标准化技术委员会
158		DB32/T 3122—2016	罗氏沼虾池塘套养黄颡鱼技术规程	江苏省水产标准化技术委员会
159		DB32/T 3123—2016	罗氏沼虾与青虾接茬养殖技术规程	江苏省水产标准化技术委员会
160		DB32/T 3235—2017	南美白对虾与双齿围沙蚕混养技术规程	江苏省海洋与渔业局
161		DB32/T 3294—2017	暗纹东方鲀池塘混养南美白对虾 技术规范	江苏省市场监督管理局
162		DB32/T 3742—2020	鲜食玉米－牧草与奶牛－蚯蚓－龙虾种养循环操作规程	江苏省市场监督管理局
163		DB32/T 3772—2020	河蟹与南美白对虾池塘双主养技术规范	江苏省水产标准化技术委员会
164		DB32/T 3932—2020	“一稻三虾”生态种养技术规程	江苏省市场监督管理局

续表 45

序号	标准类别	标准号	标准名称	归口单位
165	生产技术	DB32/T 4233—2022	克氏原螯虾大棚养殖技术规程	江苏省渔业标准化技术委员会
166		DB32/T 4238—2022	河蟹套养青虾生态养殖技术规范	江苏省渔业标准化技术委员会
167		DB3210/T 1004—2018	“一稻两虾”生产技术规程	扬州市农业农村局
168		DB3210/T 1031—2019	“一藕两虾”生产技术规程	扬州市农业农村局
169		DB3210/T 1065—2020	稻－虾－鸭生态种养技术规程	扬州市农业农村局
170		DB3210/T 1066—2020	“一茭三虾”生态种养技术规程	扬州市农业农村局
171		DB33/T 385.1—2016	青虾　第 1 部分：池塘养殖技术规范	浙江省市场监督管理局
172		DB33/T 385.2—2016	青虾　第 2 部分：苗种繁育技术规范	浙江省市场监督管理局
173		DB33/T 397.2—2003	无公害罗氏沼虾　第 2 部分：养殖技术规范	浙江省市场监督管理局
174		DB33/T 710—2018	南美白对虾大棚多茬养殖技术规范	浙江省市场监督管理局
175		DB33/T 820—2011	克氏原螯虾池塘养殖技术规范	浙江省市场监督管理局
176		DB33/T 2101—2018	海洋生物增殖放流技术规范　日本囊对虾	浙江省市场监督管理局
177		DB33/T 2119—2018	南美白对虾淡水养殖池塘套养技术规范	浙江省市场监督管理局
178		DB33/T 2282—2020	南美白对虾与罗氏沼虾混（轮）养技术规范	浙江省市场监督管理局
179		DB33/T 2423—2021	稻虾共生技术规范	浙江省市场监督管理局
180		DB35/T 924—2009	日本对虾养殖技术规范	福建省海洋与渔业厅
181		DB35/T 1243—2012	南美白对虾人工养成技术规范	福建省海洋与渔业厅

续表 45

序号	标准类别	标准号	标准名称	归口单位
182	生产技术	DB35/T 1820—2019	对虾海水池塘生态混养技术规范	福建省海洋与渔业厅
183		DB4113/T 018—2021	稻虾共作种养技术规程	南阳市市场监督管理局
184		DB4115/T 055—2018	“稻虾共作”技术规程	信阳市市场监督管理局
185		DB42/T 496—2008	虾稻轮作 克氏原螯虾稻田养殖技术规程	湖北省质量技术监督局
186		DB42/T 804—2012	虾稻连作中稻种植技术规程	湖北省质量技术监督局
187		DB42/T 1008—2014	鳖虾鱼稻生态种养技术规程	湖北省质量技术监督局
188		DB42/T 1192—2016	虾稻共作 中稻绿色种植技术规程	湖北省农业厅
189		DB42/T 1606—2020	稻虾共作模式下优质稻机插栽培技术规程	湖北省市场监督管理局
190		DB42/T 1800—2022	小龙虾稻田网箱冬季囤养技术规范	湖北省市场监督管理局
191		DB43/T 182—2003	青虾养殖技术规范	湖南省质量技术监督局
192		DB43/T 710—2012	克氏原螯虾健康养殖技术规程	湖南省质量技术监督局
193		DB43/T 785—2013	青虾健康养殖技术规程	湖南省质量技术监督局
194		DB43/T 1021—2015	日本沼虾室内养殖技术规程	湖南省质量技术监督局
195		DB43/T 1832—2020	稻虾蟹综合种养技术规程	湖南省质量技术监督局
196		DB44/T 137—2003	斑节对虾养殖技术规范 人工繁殖技术	广东省市场监督管理局
197		DB44/T 139—2003	斑节对虾养殖技术规范 食用虾饲养技术	广东省市场监督管理局
198		DB44/T 230—2005	凡纳对虾养殖技术规范 食用虾饲养技术	广东省市场监督管理局
199		DB44/T 240—2005	罗氏沼虾冬季饲养技术规范	广东省市场监督管理局
200		DB45/T 251—2005	无公害食品 南美白对虾养殖技术规范	广西壮族自治区市场监督管理局

续表 45

序号	标准类别	标准号	标准名称	归口单位
201	生产技术	DB45/T 356—2006	绿色食品 对虾生产技术规程	广西壮族自治区市场监督管理局
202		DB45/T 592—2009	对虾养殖测产技术规范	广西壮族自治区市场监督管理局
203		DB45/T 2102—2019	淡水小龙虾养殖技术规范	广西壮族自治区市场监督管理局
204		DB45/T 2460—2022	克氏原螯虾稻田生态种养技术规程	广西壮族自治区市场监督管理局
205		DB51/T 1817—2014	克氏原螯虾养殖技术规范 育成虾	四川省水产局
206		DB51/T 2754—2021	稻渔种养技术规范 稻虾	四川省农业农村厅
207	加工技术	GB/T 30889—2014	冻虾	全国水产标准化技术委员会
208		GB/T 40963—2021	冻虾仁	全国水产标准化技术委员会
209		GB/T 21672—2014	冻裹面包屑虾	全国水产标准化技术委员会
210		QB/T 5499—2020	即食虾	工业和信息化部
211		SB/T 10878—2012	速冻龙虾	商务部
212		SC/T 3026—2006	冻虾仁加工技术规范	农业农村部
213		SC/T 3110—2019	冻虾仁	农业农村部
214		SC/T 3113—2002	冻虾	农业农村部
215		SC/T 3114—2017	冻螯虾	农业农村部
216		SC/T 3118—2006	冻裹面包屑虾	农业农村部
217		SC/T 3120—2012	冻熟对虾	农业农村部
218		SC/T 3204—2012	虾米	农业农村部
219		SC/T 3205—2016	虾皮	农业农村部
220		SC/T 3220—2016	干制对虾	农业农村部
221		SC/T 3305—2003	烤虾	农业农村部
222		SC/T 3602—2016	虾酱	农业农村部
223		DB13/T 2612—2017	对辊式对虾分级机通用技术规范	河北省市场监督管理局

续表 45

序号	标准类别	标准号	标准名称	归口单位
224	加工技术	DB32/T 2267—2012	南美白对虾速冻技术规程	江苏省市场监督管理局
225		DB3309/T 42—2018	水晶虾仁	舟山市市场监督管理局
226		DB3309/T 85—2021	桁杆拖虾船液氮冻结技术规范	舟山市市场监督管理局
227		DB44/T 643—2009	冻蝴蝶虾加工技术规范	广东省市场监督管理局
228		DB44/T 648—2009	冻面包屑虾加工技术规范	广东省市场监督管理局
229		DB44/T 947—2011	虾酱加工技术规范	广东省市场监督管理局
230		DB44/T 1014—2012	冻熟虾加工技术规范	广东省市场监督管理局
231		DB44/T 1275—2013	冻去头虾加工技术规范	广东省市场监督管理局
232		DB44/T 1276—2013	海捕虾保鲜操作技术规范	广东省市场监督管理局
233		DB44/T 1742—2015	虾米加工技术规范	广东省市场监督管理局
234		DB46/T 223—2012	面包虾加工技术规程	广东省市场监督管理局
235		DB46/T 226—2012	冻熟虾仁生产技术规程	海南省农业标准化技术委员会
236	产品质量	GB/T 19782—2005	中国对虾	全国水产标准化技术委员会
237		GB/T 20555—2006	日本沼虾	全国水产标准化技术委员会
238		GB/T 26621—2011	日本对虾	全国水产标准化技术委员会
239		GB/T 35896—2018	脊尾白虾	全国水产标准化技术委员会
240		SC/T 1054—2002	罗氏沼虾	农业农村部
241		SC/T 1102—2008	虾类性状测定	农业农村部
242		SC/T 1144—2020	克氏原螯虾	农业农村部
243		SC 2055—2006	凡纳滨对虾	农业农村部
244		SC/T 3506—2020	磷虾油	农业农村部
245		NY/T 840—2020	绿色食品 虾	农业农村部
246		DB32/T 332—2007	青虾 商品虾	江苏省市场监督管理局
247		DB32/T 595—2009	青虾产品	江苏省市场监督管理局
248		DB32/T 596—2009	克氏原螯虾产品	江苏省市场监督管理局

续表 45

序号	标准类别	标准号	标准名称	归口单位
249	产品质量	DB32/T 601—2003	罗氏沼虾	江苏省市场监督管理局
250		DB32/T 931—2006	盱眙龙虾	江苏省市场监督管理局
251		DB32/T 1578—2010	地理标志产品　盱眙龙虾	江苏省市场监督管理局
252		DB42/T 1039—2015	地理标志产品　丹江口青虾	湖北省质量技术监督局
253		DB43/T 165—2002	青虾	湖南省质量技术监督局
254	包装运输	DB32/T 333—2007	青虾　抱卵亲虾、虾苗、商品虾标志、包装和运输	江苏省市场监督管理局
255		DB42/T 1490—2018	小龙虾冷链物流服务标准	湖北省市场监督管理局
256		DB42/T 1602—2020	红螯螯虾繁育、包装、配送服务规范	湖北省市场监督管理局
257		DB44/T 2299—2021	海捕虾装卸操作技术规范	广东省市场监督管理局
258	流通销售	SB/T 10876—2012	淡水小龙虾购销规范	商务部
259		SB/T 10877—2012	冷冻对虾购销规范	商务部
260		SN/T 1108—2002	出口盐渍小虾检验规程	国家认证认可监督管理委员会
261	产品追溯	DB44/T 910—2011	养殖对虾产品可追溯规范	广东省市场监督管理局
262		DB44/T 1267—2013	捕捞对虾产品可追溯技术规范	广东省市场监督管理局
263	产品评价	DB32/T 1236—2008	商品青虾分级	江苏省市场监督管理局
264		DB44/T 1743—2015	冻南美白对虾规格划分	广东省市场监督管理局
265		DB44/T 2340.1—2021	诸氏鲻虾虎鱼　毒理学评价　第 1 部分：急性毒性	广东省市场监督管理局
266		DB44/T 2340.2—2021	诸氏鲻虾虎鱼　毒理学评价　第 2 部分：摄食抑制	广东省市场监督管理局
267		DB44/T 2340.3—2021	诸氏鲻虾虎鱼　毒理学评价　第 3 部分：生长抑制	广东省市场监督管理局
268		DB44/T 2340.4—2021	诸氏鲻虾虎鱼　毒理学评价　第 4 部分：生殖毒性	广东省市场监督管理局

【案例 30】蔬菜种植

蔬菜是城乡居民生活必不可少的重要农产品，保障蔬菜供给是重大的民生实事。蔬菜市场的供应分为新鲜蔬菜、鲜冷冻蔬菜和加工保藏蔬菜三类。新鲜蔬菜市场有销售半径的限制。当前生鲜运输能力已经有了翻天覆地的变化，鲜冷冻蔬菜和加工保藏蔬菜也在一定程度上扩展了生鲜产品的销售半径，国内市场以及海关通货便利的区域均在新鲜蔬菜和鲜冷冻蔬菜的销售半径内，加工保藏类蔬菜的销售半径可达全球。因此，当前蔬菜产品市场可以分为不需要海关通关（或通关便利）的市场和需要海关通关流程的市场。香港和澳门的生鲜流通，需要海关检验检疫，但流程相对简化，属于通关便利的蔬菜产品市场。

中国是蔬菜生产大国，2020 年全国的蔬菜产量为 74912.9 万吨，广东省的产量为 3706.85 万吨。而 2020 年印度的主要蔬菜产量为 18140 万吨，美国为 3399 万吨（联合国粮食及农业组织 2020 年度统计数据）。

中国也是蔬菜消费大国，人均蔬菜消费量排世界第一，消费总量远远高于其他国家和地区。2020 年度我国的人均蔬菜消费量为 103.7 kg，合计全年蔬菜消费量为 14644 万吨；广东省的人均蔬菜消费量为 113.0 kg，合计全年蔬菜消费量为 1427 万吨，约占全国蔬菜消费量的 1/10；香港 2020 年的蔬菜消费量为 94.5 万吨，人均消费量为 126.5 kg；澳门 2020 年的进口蔬菜水果合计为 15.0 万吨，人均蔬菜水果供应量为 219.7 kg。

粤港澳三地的人均蔬菜消费量居全国前列。澳门和香港的蔬菜供应以从内地输入为主。香港 2020 年度进口蔬菜 112.2 万吨，其中由内地输入的蔬菜约占 50%（按香港蔬菜市场每日供应量和内地蔬菜日均通关量估算）。2020 年澳门进口蔬菜和水果共花费 13.35 亿澳门元，其中由内地输入的蔬菜和水果共计 6.64 亿澳门元，占蔬菜和水果进口额的 49.7%。

在粤港澳区域，蔬菜消费包括本地产蔬菜、三地之间的流通蔬菜和来自其他地区的蔬菜输入，蔬菜流通密度平均约每日每万人 3 吨。所有内地输往香港的蔬菜均需要附有识别标签及供港澳蔬菜出货清单。蔬菜样本从运载的货车收集后，会在文锦渡食品管制办事处进行农药残留检验。

三地蔬菜流通的检验检疫与肉类相比要求相对简单，主要是需要符合农药残留限量要求。《香港法例》第 132CM 章《食物内除害剂残余规例》规定了 254 种农药残留和 76 种再残留限量，澳门第 11/2020 号《食品中农药最高残留限量》规定了 215 种农药残留限量。内地 2021 年新修订的 GB 2763—2021 规定了 548 种农药残留限量，包含了香港和澳门农药残留限量要求中的所有农药残留项目。在指标水平方面，三地共同限制的项目居多，但内地和港澳有各自独立要求的指标项目。对于共同限制的项目，内地要求较高的指标居多，香港有个别指标要求更高，澳门共同限制的指标要求基本与内地一致（见表 46 至表 48）。

作为生鲜产业，蔬菜产品质量评估和流通标准的一致性，对于行业质量水平的提升和可持续发展具有至关重要的意义，特别是以“打造粤港澳大湾区蔬菜行业全球质量品牌”为目标时，代表区域水平的、高质量标准的意义更加重要。

表 46　香港蔬菜管理相关法律法规和标准

文件编号	文件名称	条款	要求
《香港法例》第 132V 章	食物掺杂（金属杂质含量）规例	第 2 部分	锑、砷、镉、铬、铅、汞限量
《香港法例》第 132CM 章	食物内除害剂残余规例	第 4 条　含有除害剂残余食物的进口、售卖等事宜	任何人不得进口、制造或售卖含有除害剂残余的食物以供人食用，违反该条款即属犯罪，可处第 5 级罚款及监禁 6 个月
		附表 1　最高残留限量	360 类残留限量项目

表 47　澳门蔬菜管理相关法律法规和标准

文件类型	编号	文件名称	相关指标
法律	第 9/2021 号	消费者权益保护法	—
	第 5/2013 号	食品安全法	—
	第 7/2003 号	对外贸易法	—
	第 40/99/M 号	商法典	—
行政法规	第 23/2018 号	食品中重金属污染物最高限量	共 3 种与猪肉相关（mg/kg）： 砷（0.5） 镉（0.1/0.5） 铅（0.2/0.5）
	第 16/2014 号	食品中放射性核素最高限量	碘—131（100 Bq/kg） 铯—134，铯—137（1000 Bq/kg）
	第 6/2014 号 第 3/2016 号	食品中禁用物质清单	孔雀石绿、硝基呋喃类、己烯雌酚、氯霉素、三聚氰胺、苏丹红、硼砂或硼酸
	第 11/2020 号	食品中农药最高残留限量	215 种蔬菜相关限量农药

表 48　中国内地蔬菜管理相关标准

序号	标准类别	标准号	标准名称	以往版本	归口单位
1	基础标准	GB/T 8854—1988	蔬菜名称	—	中国商业联合会

续表48

序号	标准类别	标准号	标准名称	以往版本	归口单位
2	基础标准	GB/T 19557.5—2017	植物品种特异性、一致性和稳定性测试指南 大白菜	—	全国植物新品种测试标准化技术委员会
3		GB/T 19557.9—2017	植物品种特异性、一致性和稳定性测试指南 芥菜	—	全国植物新品种测试标准化技术委员会
4		GB/T 19557.14—2017	植物品种特异性、一致性和稳定性测试指南 甘蓝型油菜	—	全国植物新品种测试标准化技术委员会
5		GB/T 19557.33—2018	植物品种特异性、一致性和稳定性测试指南 花椰菜	—	全国植物新品种测试标准化技术委员会
6		GB/T 23351—2009	新鲜水果和蔬菜 词汇	—	中华全国供销合作总社
7		GB/T 26430—2010	水果和蔬菜 形态学和结构学术语	—	中国商业联合会
8		GB/T 27959—2011	南方水稻、油菜和柑桔低温灾害	—	全国农业气象标准化技术委员会
9		GB/T 35535—2017	大豆、油菜中外源基因成分的测定 膜芯片法	—	全国生化检测标准化技术委员会
10		NY/T 1741—2009	蔬菜名称及计算机编码	—	农业农村部
11		NY/T 2427—2013	植物新品种特异性、一致性和稳定性测试指南 菜豆	—	农业农村部
12		NY/T 2430—2013	植物新品种特异性、一致性和稳定性测试指南 花椰菜	—	农业农村部
13		NY/T 2432—2013	植物新品种特异性、一致性和稳定性测试指南 芹菜	—	农业农村部
14		NY/T 2439—2013	植物新品种特异性、一致性和稳定性测试指南 芥菜型油菜	—	农业农村部
15		NY/T 2479—2013	植物新品种特异性、一致性和稳定性测试指南 白菜型油菜	—	农业农村部
16		NY/T 2482—2013	植物新品种特异性、一致性和稳定性测试指南 糖用甜菜	—	农业农村部
17		NY/T 2497—2013	植物新品种特异性、一致性和稳定性测试指南 荠菜	—	农业农村部

续表 48

序号	标准类别	标准号	标准名称	以往版本	归口单位
18	基础标准	NY/T 2574—2014	植物新品种特异性、一致性和稳定性测试指南 菜薹	—	农业农村部
19		NY/T 2757—2015	植物新品种特异性、一致性和稳定性测试指南 青花菜	—	农业农村部
20		NY/T 2780—2015	蔬菜加工名词术语	—	农业农村部
21		NY/T 3727—2020	植物品种特异性、一致性和稳定性测试指南 线纹香茶菜	—	农业农村部
22		QB/T 2398—1998	糖用甜菜术语	—	国家轻工业局
23		QB/T 5018—2016	糖料甜菜术语	—	工业和信息化部
24		QX/T 107—2009	冬小麦、油菜涝渍等级	—	全国气象防灾减灾标准化技术委员会
25		QX/T 448—2018	农业气象观测规范 油菜	—	全国农业气象标准化技术委员会
26		SB/T 10029—2012	新鲜蔬菜分类与代码	—	商务部
27	生产加工隔离场所	GB/T 19537—2004	蔬菜加工企业 HACCP 体系审核指南	—	国家认证认可监督管理委员会
28		GB/T 27305—2008	食品安全管理体系 果汁和蔬菜汁类生产企业要求	—	全国认证认可标准化技术委员会
29		GB/T 36783—2018	种植根茎类蔬菜的旱地土壤镉、铅、铬、汞、砷安全阈值	—	全国土壤质量标准化技术委员会
30		GB/T 41249—2021	产业帮扶“猪－沼－果（粮、菜）”循环农业项目运营管理指南	—	中国标准化研究院
31		HJ 333—2006	温室蔬菜产地环境质量评价标准	—	生态环境部
32		NY/T 2171—2012	蔬菜标准园建设规范	—	农业农村部
33		NY/T 2442—2013	蔬菜集约化育苗场建设标准	—	农业农村部
34		DB44/T 2277—2021	重金属污染菜地土壤安全利用技术指南	—	广东省市场监督管理局

续表 48

序号	标准类别	标准号	标准名称	以往版本	归口单位
35	种苗	GB 16715.1—2010	瓜菜作物种子 第1部分：瓜类	1999	全国农作物种子标准化技术委员会
36		GB 16715.2—2010	瓜菜作物种子 第2部分：白菜类	1999	全国农作物种子标准化技术委员会
37		GB 16715.3—2010	瓜菜作物种子 第3部分：茄果类	1999	全国农作物种子标准化技术委员会
38		GB 16715.4—2010	瓜菜作物种子 第4部分：甘蓝类	1999	全国农作物种子标准化技术委员会
39		GB 16715.5—2010	瓜菜作物种子 第5部分：绿叶菜类	1999	全国农作物种子标准化技术委员会
40		GB 19176—2010	糖用甜菜种子	—	全国农作物种子标准化技术委员会
41		GB/T 22303—2008	芹菜籽	—	中华全国供销合作总社
42		GB/T 32712—2016	条斑紫菜 种藻	—	全国水产标准化技术委员会
43		NY/T 414—2000	低芥酸低硫苷油菜种子	—	农业农村部
44		NY/T 972—2006	大白菜种子繁育技术规程	—	农业农村部
45		NY/T 978—2006	甜菜种子生产技术规程	—	农业农村部
46		NY/T 1213—2006	豆类蔬菜种子繁育技术规程	—	农业农村部
47		NY/T 1287—2007	油菜籽中叶绿素含量的测定 光度法	—	农业农村部
48		NY/T 1288—2007	甘蓝型黄籽油菜种子颜色的鉴定	—	农业农村部
49		NY/T 2118—2012	蔬菜育苗基质	—	农业农村部
50		NY/T 2119—2012	蔬菜穴盘育苗 通则	—	农业农村部
51		NY/T 2312—2013	茄果类蔬菜穴盘育苗技术规程	—	农业农村部
52		NY 2620—2014	瓜菜作物种子 萝卜和胡萝卜	—	农业农村部
53		QB/T 1008—1998	糖用甜菜种子	—	农业农村部

续表 48

序号	标准类别	标准号	标准名称	以往版本	归口单位
54	种苗	SN/T 3070—2011	蔬菜类种子溴甲烷熏蒸处理技术标准	—	农业农村部
55		NY/T 3171—2017	甜菜包衣种子	—	农业农村部
56		SC/T 2061—2014	裙带菜　种藻和苗种	—	农业农村部
57		SC/T 2063—2014	条斑紫菜　种藻和苗种	—	农业农村部
58		SC/T 2064—2014	坛紫菜　种藻和苗种	—	农业农村部
59		SN/T 2555—2010	出口蔬菜种子检验检疫操作规程	—	农业农村部
60	肥料或饲料	NY/T 1464.6—2007	农药田间药效试验准则　第 6 部分：杀虫剂防治蔬菜蓟马	—	农业农村部
61		NY/T 1464.27—2010	农药田间药效试验准则　第 27 部分：杀虫剂防治十字花科蔬菜蚜虫	—	农业农村部
62		NY/T 1464.35—2010	农药田间药效试验准则　第 35 部分：除草剂防治直播蔬菜田杂草	—	农业农村部
63		NY/T 1464.41—2011	农药田间药效试验准则　第 41 部分：除草剂防治免耕油菜田杂草	—	农业农村部
64		NY/T 1464.43—2012	农药田间药效试验准则　第 43 部分：杀虫剂防治蔬菜烟粉虱	—	农业农村部
65		NY/T 1464.53—2014	农药田间药效试验准则　第 53 部分：杀菌剂防治十字花科蔬菜根肿病	—	农业农村部
66		NY/T 1859.5—2014	农药抗性风险评估　第 5 部分：十字花科蔬菜小菜蛾抗药性风险评估	—	农业农村部
67		NY/T 3244—2018	设施蔬菜灌溉施肥技术通则	—	农业农村部
68		NY/T 3832—2021	设施蔬菜施肥量控制技术指南	—	全国农业技术推广服务中心
69		NY/T 3850—2021	设施果菜秸秆原位还田技术规程	—	全国农业技术推广服务中心

续表 48

序号	标准类别	标准号	标准名称	以往版本	归口单位
70	病虫害疫情控制	GB/T 17980.13—2000	农药 田间药效试验准则（一）杀虫剂防治十字花科蔬菜的鳞翅目幼虫	—	农业农村部
71		GB/T 17980.14—2000	农药 田间药效试验准则（一）杀虫剂防治菜螟	—	农业农村部
72		GB/T 17980.17—2000	农药 田间药效试验准则（一）杀螨剂防治豆类、蔬菜叶螨	—	农业农村部
73		GB/T 17980.18—2000	农药 田间药效试验准则（一）杀虫剂防治十子花科蔬菜黄条跳甲	—	农业农村部
74		GB/T 17980.27—2000	农药 田间药效试验准则（一）杀菌剂防治蔬菜叶斑病	—	农业农村部
75		GB/T 17980.28—2000	农药 田间药效试验准则（一）杀菌剂防治蔬菜灰霉病	—	农业农村部
76		GB/T 17980.29—2000	农药 田间药效试验准则（一）杀菌剂防治蔬菜锈病	—	农业农村部
77		GB/T 17980.35—2000	农药 田间药效试验准则（一）杀菌剂防治油菜菌核病	—	农业农村部
78		GB/T 17980.43—2000	农药 田间药效试验准则（一）除草剂防治叶菜类作物地杂草	—	农业农村部
79		GB/T 17980.45—2000	农药 田间药效试验准则（一）除草剂防治油菜类作物杂草	—	农业农村部
80		GB/T 17980.46—2000	农药 田间药效试验准则（一）除草剂防治露地果菜类作物地杂草	—	农业农村部
81		GB/T 17980.47—2000	农药 田间药效试验准则（一）除草剂防治根菜类蔬菜田杂草	—	农业农村部
82		GB/T 17980.50—2000	农药 田间药效试验准则（一）除草剂防治甜菜地杂草	—	农业农村部
83		GB/T 17980.66—2004	农药 田间药效试验准则（二）第 66 部分：杀虫剂防治蔬菜潜叶蝇	—	农业农村部

续表 48

序号	标准类别	标准号	标准名称	以往版本	归口单位
84	病虫害疫情控制	GB/T 17980.67—2004	农药　田间药效试验准则（二）第 67 部分：杀虫剂防治韭菜韭蛆、根蛆	—	农业农村部
85		GB/T 17980.86—2004	农药　田间药效试验准则（二）第 86 部分：杀菌剂防治甜菜褐斑病	—	农业农村部
86		GB/T 17980.87—2004	农药　田间药效试验准则（二）第 87 部分：杀菌剂防治甜菜根腐病	—	农业农村部
87		GB/T 17980.114—2004	农药　田间药效试验准则（二）第 114 部分：杀菌剂防治大白菜软腐病	—	农业农村部
88		GB/T 17980.115—2004	农药　田间药效试验准则（二）第 115 部分：杀菌剂防治大白菜霜霉病	—	农业农村部
89		GB/T 23392.1—2009	十字花科蔬菜病虫害测报技术规范　第 1 部分：霜霉病	—	农业农村部
90		GB/T 23392.2—2009	十字花科蔬菜病虫害测报技术规范　第 2 部分：软腐病	—	农业农村部
91		GB/T 23392.3—2009	十字花科蔬菜病虫害测报技术规范　第 3 部分：小菜蛾	—	农业农村部
92		GB/T 23392.4—2009	十字花科蔬菜病虫害测报技术规范　第 4 部分：甜菜夜蛾	—	农业农村部
93		GB/T 23416.1—2009	蔬菜病虫害安全防治技术规范　第 1 部分：总则	—	全国植物检疫标准化技术委员会
94		GB/T 23416.2—2009	蔬菜病虫害安全防治技术规范　第 2 部分：茄果类	—	全国植物检疫标准化技术委员会
95		GB/T 23416.3—2009	蔬菜病虫害安全防治技术规范　第 3 部分：瓜类	—	全国植物检疫标准化技术委员会
96		GB/T 23416.4—2009	蔬菜病虫害安全防治技术规范　第 4 部分：甘蓝类	—	全国植物检疫标准化技术委员会

续表 48

序号	标准类别	标准号	标准名称	以往版本	归口单位
97	病虫害疫情控制	GB/T 23416.5—2009	蔬菜病虫害安全防治技术规范 第 5 部分：白菜类	—	全国植物检疫标准化技术委员会
98		GB/T 23416.6—2009	蔬菜病虫害安全防治技术规范 第 6 部分：绿叶菜类	—	全国植物检疫标准化技术委员会
99		GB/T 23416.7—2009	蔬菜病虫害安全防治技术规范 第 7 部分：豆类	—	全国植物检疫标准化技术委员会
100		GB/T 23416.8—2009	蔬菜病虫害安全防治技术规范 第 8 部分：根菜类	—	全国植物检疫标准化技术委员会
101		GB/T 28063—2011	菜豆荚斑驳病毒检疫鉴定方法	—	全国植物检疫标准化技术委员会
102		GB/T 28073—2011	南芥菜花叶病毒检疫鉴定方法	—	全国植物检疫标准化技术委员会
103		GB/T 28075—2011	萨氏假单胞杆菌菜豆生致病型检疫鉴定方法	—	全国植物检疫标准化技术委员会
104		GB/T 29589—2013	香菜腐烂病菌检疫鉴定方法	—	全国植物检疫标准化技术委员会
105		GB/T 31793—2015	油菜茎基溃疡病菌检疫鉴定方法	—	全国植物检疫标准化技术委员会
106		GB/T 31798—2015	油菜黑胫病菌检疫鉴定方法	—	全国植物检疫标准化技术委员会
107		GB/T 36779—2018	芹菜枯萎病菌检疫鉴定方法	—	全国植物检疫标准化技术委员会
108		GB/T 40138—2021	南方菜豆花叶病毒检疫鉴定方法	—	全国植物检疫标准化技术委员会
109		GB/T 40627—2021	油菜茎基溃疡病菌活性检测方法	—	全国植物检疫标准化技术委员会
110		NY/T 1750—2009	甜菜丛根病的检验 酶联免疫法	—	农业农村部
111		NY/T 2038—2011	油菜菌核病测报技术规范	—	农业农村部
112		NY/T 2052—2011	菜豆象检疫检测与鉴定方法	—	农业农村部
113		NY/T 2360—2013	十字花科小菜蛾抗药性监测技术规程	—	农业农村部

续表 48

序号	标准类别	标准号	标准名称	以往版本	归口单位
114	病虫害疫情控制	NY/T 2361—2013	蔬菜夜蛾类害虫抗药性监测技术规程	—	农业农村部
115		NY/T 2382—2013	小菜蛾防治技术规范	—	农业农村部
116		NY/T 3080—2017	大白菜抗黑腐病鉴定技术规程	—	农业农村部
117		NY/T 3621—2020	油菜根肿病抗性鉴定技术规程	—	农业农村部
118		NY/T 3637—2020	蔬菜蓟马类害虫综合防治技术规程	—	农业农村部
119		NY/T 3857—2021	十字花科蔬菜抗根肿病鉴定技术规程	—	全国农业技术推广服务中心
120		NY/T 3860—2021	芹菜抗根结线虫鉴定技术规程	—	全国农业技术推广服务中心
121	生产标准	GB/T 20014.5—2013	良好农业规范 第 5 部分：水果和蔬菜控制点与符合性规范	2008	国家认证认可监督管理委员会
122		GB/Z 26573—2011	菠菜生产技术规范	—	中国标准化研究院
123		GB/Z 26588—2011	小菘菜生产技术规范	—	中国标准化研究院
124		GB/T 35897—2018	条斑紫菜 半浮动筏式栽培技术规范	—	全国水产标准化技术委员会
125		GB/T 35898—2018	条斑紫菜 全浮动筏式栽培技术规范	—	全国水产标准化技术委员会
126		GB/T 35899—2018	条斑紫菜 海上出苗培育技术规范	—	全国水产标准化技术委员会
127		GB/T 35938—2018	条斑紫菜 丝状体培育技术规范	—	全国水产标准化技术委员会
128		LY/T 2821—2017	甜菜树培育技术规程	—	全国营造林标准化技术委员会
129		NY/T 1289—2007	长江上游地区低芥酸低硫苷油菜生产技术规程	—	农业农村部
130		NY/T 1290—2007	长江中游地区低芥酸低硫苷油菜生产技术规程	—	农业农村部

续表 48

序号	标准类别	标准号	标准名称	以往版本	归口单位
131	生产标准	NY/T 1291—2007	长江下游地区低芥酸低硫苷油菜生产技术规程	—	农业农村部
132		NY/T 1747—2017	甜菜栽培技术规程	—	农业农村部
133		NY/T 1996—2011	双低油菜良好农业规范	—	农业农村部
134		NY/T 2208—2012	油菜全程机械化生产技术规范	—	农业农村部
135		NY/T 2409—2013	有机茄果类蔬菜生产质量控制技术规范	—	农业农村部
136		NY/T 2546—2014	油稻稻三熟制油菜全程机械化生产技术规程	—	农业农村部
137		NY/T 2727—2015	蔬菜烟粉虱抗药性监测技术规程	—	农业农村部
138		NY/T 2798.3—2015	无公害农产品 生产质量安全控制技术规范 第3部分：蔬菜	—	农业农村部
139		NY/T 3027—2016	甜菜纸筒育苗生产技术规程	—	农业农村部
140		NY/T 3254—2018	菜豆象监测规范	—	农业农村部
141		NY/T 3258—2018	油菜品种菌核病抗性离体鉴定技术规程	—	农业农村部
142		NY/T 3265.1—2018	丽蚜小蜂使用规范 第1部分：防控蔬菜温室粉虱	—	农业农村部
143		NY/T 3632—2020	油菜农机农艺结合生产技术规程	—	农业农村部
144		NY/T 3633—2020	双低油菜轻简化高效生产技术规程	—	农业农村部
145		NY/T 3638—2020	直播油菜生产技术规程	—	农业农村部
146		NY/T 3844—2021	高山蔬菜越夏生产技术规程	—	全国农业技术推广服务中心
147		NY/T 5002—2001	无公害食品 韭菜生产技术规程	—	农业农村部
148		NY/T 5081—2002	无公害食品 菜豆生产技术规程	—	农业农村部
149		NY/T 5092—2002	无公害食品 芹菜生产技术规程	—	农业农村部
150		NY/T 5094—2002	无公害食品 蕹菜生产技术规程	—	农业农村部

续表 48

序号	标准类别	标准号	标准名称	以往版本	归口单位
151	生产标准	NY/T 5212—2004	无公害食品 绿化型芽苗菜生产技术规程	—	农业农村部
152		NY/T 5214—2004	无公害食品 普通白菜生产技术规程	—	农业农村部
153		NY/T 5283—2004	无公害食品 裙带菜养殖技术规范	—	农业农村部
154		NY/T 5363—2010	无公害食品 蔬菜生产管理规范	—	农业农村部
155	加工技术	GB/T 1536—2021	菜籽油	2004	全国粮油标准化技术委员会
156		GB/T 5009.54—2003	酱腌菜卫生标准的分析方法	—	国家卫生健康委员会
157		GB/T 10470—2008	速冻水果和蔬菜 矿物杂质测定方法	—	商务部
158		GB/T 18526.3—2001	脱水蔬菜辐照杀菌工艺	—	农业农村部
159		GB/T 22514—2008	菜籽粕	—	全国粮油标准化技术委员会
160		GB/T 23597—2009	干紫菜	—	全国食品工业标准化技术委员会
161		GB/T 23890—2009	油菜籽中芥酸及硫苷的测定 分光光度法	—	农业农村部
162		GB/T 23787—2009	非油炸水果、蔬菜脆片	—	全国休闲食品标准化技术委员会
163		GB/T 31273—2014	速冻水果和速冻蔬菜生产管理规范	—	中国商业联合会
164		GH/T 1011—2007	榨菜	1998	中华全国供销合作总社
165		GH/T 1012—2007	方便榨菜	1998	中华全国供销合作总社
166		GH/T 1326—2021	冻干水果、蔬菜	—	中华全国供销合作总社

续表 48

序号	标准类别	标准号	标准名称	以往版本	归口单位
167	加工技术	LY/T 1577—2009	食用菌、山野菜干制品压缩块	—	国家林业局
168		LY/T 1779—2008	蕨菜采集与加工技术规程	—	国家林业局
169		LY/T 2134—2013	森林食品 薇菜干	—	国家林业局
170		NY/T 435—2021	绿色食品 水果、蔬菜脆片	—	中国绿色食品发展中心
171		NY/T 437—2012	绿色食品 酱腌菜	—	农业农村部
172		NY/T 714—2003	脱水蔬菜通用技术条件	—	农业部乡镇企业局
173		NY/T 952—2006	速冻菠菜	—	农业农村部
174		NY/T 959—2006	脱水蔬菜 根菜类	—	农业农村部
175		NY/T 960—2006	脱水蔬菜 叶菜类	—	农业农村部
176		NY/T 1045—2014	绿色食品 脱水蔬菜	—	中国绿色食品发展中心
177		NY/T 1047—2021	绿色食品 水果、蔬菜罐头	—	中国绿色食品发展中心
178		NY/T 1087—2006	油菜籽干燥与储藏技术规程	—	农业农村部
179		NY/T 1393—2007	脱水蔬菜 茄果类	—	农业农村部
180		NY/T 1406—2018	绿色食品 速冻蔬菜	2007	农业农村部
181		NY/T 1529—2007	鲜切蔬菜加工技术规范	—	农业农村部
182		NY/T 1987—2011	鲜切蔬菜	—	农业农村部
183		NY/T 2320—2013	干制蔬菜贮藏导则	—	农业农村部
184		NY/T 3217—2018	发酵菜籽粕加工技术规程	—	农业农村部
185		NY/T 3269—2018	脱水蔬菜 甘蓝类	—	农业农村部
186		QB/T 1395—2014	什锦蔬菜罐头	1991	全国食品发酵标准化中心
187		QB/T 1401—2017	雪菜罐头	1991	工业和信息化部

续表 48

序号	标准类别	标准号	标准名称	以往版本	归口单位
188	加工技术	QB/T 1402—2017	榨菜类罐头	QB/T 1402—1991；QB/T 1403—1991；QB/T 1404—1991	工业和信息化部
189		QB/T 1612—1992	红焖大头菜罐头	—	中国轻工总会
190		QB 2076—1995	水果、蔬菜脆片	—	中国轻工总会
191		QB/T 4626—2014	香菜心罐头	—	全国食品发酵标准化中心
192		QB/T 5005—2016	甜菜糖蜜	—	工业和信息化部
193		SB/T 10439—2007	酱腌菜	SB/T 7 项标准	工业和信息化部
194		SB/T 10756—2012	泡菜	—	全国调味品标准化技术委员会
195		SC/T 3014—2002	干紫菜加工技术规程	—	农业农村部
196		SC/T 3213—2002	干裙带菜叶	—	农业农村部
197		SN/T 1908—2007	泡菜等植物源性食品中寄生虫卵的分离及鉴定规程	—	国家认证认可监督管理委员会
198		SN/T 2303—2009	进出口泡菜检验规程	—	国家认证认可监督管理委员会
199		SN/T 3063.2—2015	航空食品 第 2 部分：生食（切）水果蔬菜制品微生物污染控制规范	—	国家认证认可监督管理委员会
200	产品质量	GB/T 5009.21—2003	粮、油、菜中甲萘威残留量的测定	—	国家卫生健康委员会
201		GB/T 5009.38—2003	蔬菜、水果卫生标准的分析方法	—	国家卫生健康委员会

续表 48

序号	标准类别	标准号	标准名称	以往版本	归口单位
202	产品质量	GB/T 5009.143—2003	蔬菜、水果、食用油中双甲脒残留量的测定	—	国家卫生健康委员会
203		GB/T 5009.175—2003	粮食和蔬菜中 2，4– 滴残留量的测定	—	国家卫生健康委员会
204		GB/T 5009.184—2003	粮食、蔬菜中噻嗪酮残留量的测定	—	国家卫生健康委员会
205		GB/T 5009.188—2003	蔬菜、水果中甲基托布津、多菌灵的测定	—	国家卫生健康委员会
206		GB/T 5009.199—2003	蔬菜中有机磷和氨基甲酸酯类农药残留量的快速检测	—	国家卫生健康委员会
207		GB/T 5009.218—2008	水果和蔬菜中多种农药残留量的测定	—	国家卫生健康委员会
208		GB/T 6195—1986	水果、蔬菜维生素 C 含量测定法（2，6– 二氯靛酚滴定法）	—	农业农村部
209		GB/T 10467—1989	水果和蔬菜产品中挥发性酸度的测定方法	—	全国食品工业标准化技术委员会
210		GB/T 10468—1989	水果和蔬菜产品 pH 值的测定方法	—	全国食品工业标准化技术委员会
211		GB/T 10496—2018	糖料甜菜	2002	全国制糖标准化技术委员会
212		GB/T 14553—2003	粮食、水果和蔬菜中有机磷农药测定的气相色谱法	—	农业农村部
213		GB 14891.5—1997	辐照新鲜水果、蔬菜类卫生标准	—	国家卫生健康委员会
214		GB/T 15401—1994	水果、蔬菜及其制品 亚硝酸盐和硝酸盐含量的测定	—	全国食品工业标准化技术委员会
215		GB/T 18630—2002	蔬菜中有机磷及氨基甲酸酯农药残留量的简易检验方法（酶抑制法）	—	农业农村部
216		GB/T 20769—2008	水果和蔬菜中 450 种农药及相关化学品残留量的测定 液相色谱 – 串联质谱法	2006	国家标准化管理委员会农业食品部

续表 48

序号	标准类别	标准号	标准名称	以往版本	归口单位
217	产品质量	GB/T 21046—2007	条斑紫菜	—	全国水产标准化技术委员会
218		GB/T 22243—2008	大米、蔬菜、水果中氯氟吡氧乙酸残留量的测定	—	国家卫生健康委员会
219		GB/T 23379—2009	水果、蔬菜及茶叶中吡虫啉残留的测定　高效液相色谱法	—	中国标准化研究院
220		GB/T 23380—2009	水果、蔬菜中多菌灵残留的测定　高效液相色谱法	—	中国标准化研究院
221		GB/T 23584—2009	水果、蔬菜中啶虫脒残留量的测定　液相色谱－串联质谱法	—	中国标准化研究院
222		GB/T 25166—2010	裙带菜	—	全国水产标准化技术委员会
223		LY/T 1120—1993	保鲜山野菜	—	林业部
224		LY/T 1673—2006	山野菜	—	国家林业局科技司
225		NY/T 447—2001	韭菜中甲胺磷等七种农药残留检测方法	—	农业农村部
226		NY/T 448—2001	蔬菜上有机磷和氨基甲酸酯类农药残毒快速检测方法	—	农业农村部
227		NY/T 579—2002	韭菜	—	农业农村部
228		NY/T 580—2002	芹菜	—	农业农村部
229		NY/T 654—2020	绿色食品　白菜类蔬菜	—	农业农村部
230		NY/T 655—2020	绿色食品　茄果类蔬菜	—	农业农村部
231		NY/T 701—2018	莼菜	2003	农业农村部
232		NY/T 706—2003	加工用芥菜	—	农业农村部
233		NY/T 721—2003	转基因油菜环境安全检测技术规范	—	农业农村部
234		NY/T 743—2020	绿色食品　绿叶类蔬菜	2003	农业农村部
235		NY/T 744—2020	绿色食品　葱蒜类蔬菜	2003	农业农村部
236		NY/T 745—2020	绿色食品　根菜类蔬菜	2003	农业农村部

续表 48

序号	标准类别	标准号	标准名称	以往版本	归口单位
237	产品质量	NY/T 746—2020	绿色食品 甘蓝类蔬菜	2003	农业农村部
238		NY/T 747—2020	绿色食品 瓜类蔬菜	2003	农业农村部
239		NY/T 748—2020	绿色食品 豆类蔬菜	2003	农业农村部
240		NY/T 761—2008	蔬菜和水果中有机磷、有机氯、拟除虫菊酯和氨基甲酸酯类农药多残留的测定	—	农业农村部
241		NY/T 762—2004	蔬菜农药残留检测抽样规范	—	农业农村部
242		NY/T 962—2006	花椰菜	—	农业农村部
243		NY/T 964—2006	菠菜	—	农业农村部
244		NY/T 1049—2015	绿色食品 薯芋类蔬菜	2006	农业农村部
245		NY/T 1275—2007	蔬菜、水果中吡虫啉残留量的测定	—	农业农村部
246		NY/T 1277—2007	蔬菜中异菌脲残留量的测定 高效液相色谱法	—	农业农村部
247		NY/T 1278—2007	蔬菜及其制品中可溶性糖的测定 铜还原碘量法	—	农业农村部
248		NY/T 1379—2007	蔬菜中 334 种农药多残留的测定 气相色谱质谱法和液相色谱质谱法	—	农业农村部
249		NY/T 1380—2007	蔬菜、水果中 51 种农药多残留的测定 气相色谱 - 质谱法	—	农业农村部
250		NY/T 1390—2007	辐照新鲜水果、蔬菜热释光鉴定方法	—	农业农村部
251		NY/T 1405—2015	绿色食品 水生蔬菜	2007	农业农村部
252		NY/T 1434—2007	蔬菜中 2，4-D 等 13 种除草剂多残留的测定 液相色谱质谱法	—	农业农村部
253		NY/T 1435—2007	水果、蔬菜及其制品中二氧化硫总量的测定	—	农业农村部
254		NY/T 1453—2007	蔬菜及水果中多菌灵等 16 种农药残留测定 液相色谱 - 质谱 - 质谱联用法	—	农业农村部

续表 48

序号	标准类别	标准号	标准名称	以往版本	归口单位
255	产品质量	NY/T 1600—2008	水果、蔬菜及其制品中单宁含量的测定　分光光度法	—	农业农村部
256		NY/T 1603—2008	蔬菜中溴氰菊酯残留量的测定　气相色谱法	—	农业农村部
257		NY/T 1680—2009	蔬菜水果中多菌灵等 4 种苯并咪唑类农药残留量的测定　高效液相色谱法	—	农业农村部
258		NY/T 1720—2009	水果、蔬菜中杀铃脲等七种苯甲酰脲类农药残留量的测定　高效液相色谱法	—	农业农村部
259		NY/T 1722—2009	蔬菜中敌菌灵残留量的测定　高效液相色谱法	—	农业农村部
260		NY/T 1725—2009	蔬菜中灭蝇胺残留量的测定　高效液相色谱法	—	农业农村部
261		NY/T 1726—2009	蔬菜中非草隆等 15 种取代脲类除草剂残留量的测定　液相色谱法	—	农业农村部
262		NY/T 1746—2009	甜菜中甜菜碱的测定　比色法	—	农业农村部
263		NY/T 1748—2009	饲用甜菜	—	农业农村部
264		NY/T 1751—2009	甜菜还原糖的测定	—	农业农村部
265		NY/T 1754—2009	甜菜中钾、钠、α－氮的测定	—	农业农村部
266		NY/T 2103—2011	蔬菜抽样技术规范	—	农业农村部
267		NY/T 2277—2012	水果蔬菜中有机酸和阴离子的测定　离子色谱法	—	农业农村部
268		NY/T 2468—2013	甘蓝型油菜品种鉴定技术规程　SSR 分子标记法	—	农业农村部
269		NY/T 2476—2013	大白菜品种鉴定技术规程　SSR 分子标记法	—	农业农村部
270		NY/T 2637—2014	水果和蔬菜可溶性固形物含量的测定　折射仪法	—	农业农村部
271		NY/T 3058—2016	油菜抗旱性鉴定技术规程	—	农业农村部

续表 48

序号	标准类别	标准号	标准名称	以往版本	归口单位
272	产品质量	NY/T 3066—2016	油菜抗裂角性鉴定技术规程	—	农业农村部
273		NY/T 3067—2016	油菜耐渍性鉴定技术规程	—	农业农村部
274		NY/T 3068—2016	油菜品种菌核病抗性鉴定技术规程	—	农业农村部
275		NY/T 3082—2017	水果、蔬菜及其制品中叶绿素含量的测定 分光光度法	—	农业农村部
276		NY/T 3290—2018	水果、蔬菜及其制品中酚酸含量的测定 液质联用法	—	农业农村部
277		NY/T 3292—2018	蔬菜中甲醛含量的测定 高效液相色谱法	—	农业农村部
278		NY/T 3674—2020	油菜薹中莱菔硫烷含量的测定 液相色谱串联质谱法	—	农业农村部
279		NY/T 3902—2021	水果、蔬菜及其制品中阿拉伯糖、半乳糖、葡萄糖、果糖、麦芽糖和蔗糖的测定 离子色谱法	—	农业农村部农产品加工标准化技术委员会
280		QB/T 5014—2016	糖料甜菜试验方法	—	工业和信息化部
281		QB/T 5015—2016	甜菜中 α－氨基氮的测定	—	工业和信息化部
282		QB/T 5016—2016	甜菜中糖度的测定	—	工业和信息化部
283		SB/T 10025—1992	菜豆	—	商业部
284		SB/T 10332—2000	大白菜	—	中国蔬菜流通协会
285	流通销售	GB/T 9829—2008	水果和蔬菜 冷库中物理条件 定义和测量	—	商务部
286		GB/T 20372—2006	花椰菜 冷藏和冷藏运输指南	—	中国商业联合会
287		GB/Z 21724—2008	出口蔬菜质量安全控制规范	—	国家标准化管理委员会农业食品部
288		GB/T 23244—2009	水果和蔬菜 气调贮藏技术规范	—	中华全国供销合作总社
289		GB/T 25867—2010	根菜类 冷藏和冷藏运输	—	中国商业联合会

续表 48

序号	标准类别	标准号	标准名称	以往版本	归口单位
290	流通销售	GB/T 25871—2010	结球生菜　预冷和冷藏运输指南	—	中国商业联合会
291		GB/T 26432—2010	新鲜蔬菜贮藏与运输准则	—	商务部
292		GB/T 33129—2016	新鲜水果、蔬菜包装和冷链运输通用操作规程	—	中国标准化研究院
293		GH/T 1131—2017	油菜冷链物流保鲜技术规程	—	中华全国供销合作总社
294		GH/T 1191—2020	叶用莴苣（生菜）预冷与冷藏运输技术	—	全国果品标准化技术委员会贮藏加工分技术委员会
295		NY/T 1202—2020	豆类蔬菜贮藏保鲜技术规程	—	农业农村部
296		NY/T 1203—2020	茄果类蔬菜贮藏保鲜技术规程	—	农业农村部
297		NY/T 2776—2015	蔬菜产地批发市场建设标准	—	农业农村部
298		NY/T 2790—2015	瓜类蔬菜采后处理与产地贮藏技术规范	—	农业农村部
299		NY/T 2868—2015	大白菜贮运技术规范	—	农业农村部
300		SB/T 10158—2012	新鲜蔬菜包装与标识	—	商务部
301		SB/T 10285—1997	花椰菜冷藏技术	—	商务部
302		SB/T 10447—2007	水果和蔬菜　气调贮藏原则与技术	—	商务部
303		SB/T 10448—2007	热带水果和蔬菜包装与运输操作规程	—	商务部
304		SB/T 10583—2011	净菜加工配送技术要求	—	商务部
305		SB/T 10714—2012	芹菜流通规范	—	商务部
306		SB/T 10879—2012	大白菜流通规范	—	商务部
307		SB/T 10889—2012	预包装蔬菜流通规范	—	商务部
308		SB/T 11023—2013	社区菜店设置要求和管理规范	—	全国农产品购销标准化技术委员会

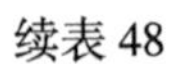

续表 48

序号	标准类别	标准号	标准名称	以往版本	归口单位
309	流通销售	SB/T 11029—2013	瓜类蔬菜流通规范	—	全国农产品购销标准化技术委员会
310		SB/T 11031—2013	块茎类蔬菜流通规范	—	全国农产品购销标准化技术委员会
311		SC/T 3306—2012	即食裙带菜	—	农业农村部
312		SC/T 3209—2012	淡菜	2001	农业农村部
313		SC/T 3217—2012	干石花菜	—	农业农村部
314		SN/T 0148—2011	进出口水果蔬菜中有机磷农药残留量检测方法 气相色谱和气相色谱-质谱法	SN/T 15 项标准	国家认证认可监督管理委员会
315		SN/T 0190—2012	出口水果和蔬菜中乙撑硫脲残留量测定方法 气相色谱质谱法	1993	国家认证认可监督管理委员会
316		SN/T 0230.1—2016	进出口脱水蔬菜检验规程	1993	国家认证认可监督管理委员会
317		SN/T 0604—2014	出口蔬菜中杜烯残留量的检测 气相色谱-质谱法	1996	国家认证认可监督管理委员会
318		SN/T 0626—2011	进出口速冻蔬菜检验规程	1997	国家认证认可监督管理委员会
319		SN/T 0626.4—2015	出口速冻蔬菜检验规程 第 4 部分：叶菜类	1997	国家认证认可监督管理委员会
320		SN/T 0626.7—2016	进出口速冻蔬菜检验规程 第 7 部分：食用菌	1997	国家认证认可监督管理委员会
321		SN/T 0626.8—2017	出口速冻蔬菜检验规程 第 8 部分：瓜类	1997	国家认证认可监督管理委员会
322		SN/T 0626.9—2015	出口速冻蔬菜检验规程 第 9 部分：荸荠	1997	国家认证认可监督管理委员会
323		SN/T 0626.10—2016	出口速冻蔬菜检验规程 第 10 部分：块茎类	1999	国家认证认可监督管理委员会
324		SN/T 0627—2014	出口莼菜检验规程	1997	国家认证认可监督管理委员会
325		SN/T 0877—2012	出口发菜检验鉴定方法	2000	国家认证认可监督管理委员会

续表 48

序号	标准类别	标准号	标准名称	以往版本	归口单位
326	流通销售	SN/T 0976—2012	进出口油炸水果蔬菜脆片检验规程	2000	国家认证认可监督管理委员会
327		SN/T 0978—2011	出口新鲜蔬菜检验规程	2000	国家认证认可监督管理委员会
328		SN/T 1006—2001	进出口薇菜干检验规程	—	国家认证认可监督管理委员会
329		SN/T 1104—2002	进出境新鲜蔬菜检疫操作规程	—	国家认证认可监督管理委员会
330		SN/T 1122—2017	进出境加工蔬菜检疫规程	—	国家认证认可监督管理委员会
331		SN/T 1140—2002	甜菜胞囊线虫检疫鉴定方法	—	国家认证认可监督管理委员会
332		SN/T 1150—2015	南芥菜花叶病毒检疫鉴定方法	—	国家认证认可监督管理委员会
333		SN/T 1197—2016	油菜中转基因成分检测 普通 PCR 和实时荧光 PCR 方法	—	国家认证认可监督管理委员会
334		SN/T 1274—2020	菜豆象检疫鉴定方法	—	海关总署
335		SN/T 1586.1—2005	菜豆细菌性萎蔫病菌检测方法	—	国家认证认可监督管理委员会
336		SN/T 1586.2—2008	菜豆晕疫病菌检疫鉴定方法	—	国家认证认可监督管理委员会
337		SN/T 1586.3—2011	菜豆的多重 PCR 鉴定方法	—	国家认证认可监督管理委员会
338		SN/T 1611—2013	南方菜豆花叶病毒血清学检测方法	—	国家认证认可监督管理委员会
339		SN/T 1745—2006	进出口大豆、油菜籽和食用植物油中玉米赤霉烯酮的检验方法	—	国家认证认可监督管理委员会
340		SN/T 1902—2007	水果蔬菜中吡虫啉、吡虫清残留量的测定 高效液相色谱法	—	国家认证认可监督管理委员会

续表 48

序号	标准类别	标准号	标准名称	以往版本	归口单位
341	流通销售	SN/T 1953—2007	进出口腌制蔬菜检验规程	—	国家认证认可监督管理委员会
342		SN/T 1961.15—2013	出口食品过敏原成分检测 第15部分：实时荧光PCR方法检测芹菜成分	—	国家认证认可监督管理委员会
343		SN/T 1976—2007	进出口水果和蔬菜中嘧菌酯残留量检测方法 气相色谱法	—	国家认证认可监督管理委员会
344		SN/T 1977—2007	进出口水果和蔬菜中唑螨酯残留量检测方法 高效液相色谱法	—	国家认证认可监督管理委员会
345		SN/T 2035—2007	甜菜霜霉病菌检疫鉴定方法	—	国家认证认可监督管理委员会
346		SN/T 2095—2008	进出口蔬菜中氟啶脲残留量检测方法 高效液相色谱法	—	国家认证认可监督管理委员会
347		SN/T 2114—2008	进出口水果和蔬菜中阿维菌素残留量检测方法 液相色谱法	—	国家认证认可监督管理委员会
348		SN/T 2343—2009	菜豆荚斑驳病毒检疫鉴定方法	—	国家认证认可监督管理委员会
349		SN/T 2534—2010	进出口水果和蔬菜制品中展青霉素含量检测方法 液相色谱-质谱/质谱法与高效液相色谱法	—	国家认证认可监督管理委员会
350		SN/T 2806—2011	进出口蔬菜、水果、粮谷中氟草烟残留量检测方法	—	国家认证认可监督管理委员会
351		SN/T 2960—2011	水果蔬菜和繁殖材料处理技术指标	—	国家认证认可监督管理委员会
352		SN/T 3403—2012	菜豆疫霉检疫鉴定方法	—	国家认证认可监督管理委员会
353		SN/T 3438—2012	南方菜豆花叶病毒检疫鉴定方法	—	国家认证认可监督管理委员会
354		SN/T 3684—2013	香菜茎瘿病菌检疫鉴定方法	—	国家认证认可监督管理委员会
355		SN/T 3685—2013	油菜茎基溃疡病菌检疫鉴定方法	—	国家认证认可监督管理委员会

续表 48

序号	标准类别	标准号	标准名称	以往版本	归口单位
356	流通销售	SN/T 3767.29—2014	出口食品中转基因成分环介导等温扩增（LAMP）检测方法　第29部分：甜菜H7-1品系	—	国家认证认可监督管理委员会
357		SN/T 3767.30—2014	出口食品中转基因成分环介导等温扩增（LAMP）检测方法　第30部分：油菜RT-73品系	—	国家认证认可监督管理委员会
358		SN/T 3959—2014	甜菜中转基因成分检测　普通PCR方法和实时荧光PCR方法	—	国家认证认可监督管理委员会
359		SN/T 4139—2015	出口水果蔬菜中乙萘酚残留量的测定	—	国家认证认可监督管理委员会
360		SN/T 4181—2015	甜菜叶斑病菌检疫鉴定方法	—	国家认证认可监督管理委员会
361		SN/T 4259—2015	出口水果蔬菜中链格孢菌毒素的测定　液相色谱－质谱/质谱法	—	国家认证认可监督管理委员会
362		SN/T 4404—2015	菜豆金色花叶病毒属病毒PCR筛查方法	—	国家认证认可监督管理委员会
363		SN/T 4419.20—2016	出口食品常见过敏原LAMP系列检测方法　第20部分：芹菜	—	国家认证认可监督管理委员会
364		SN/T 4591—2016	出口水果蔬菜中脱落酸等60种农药残留量的测定　液相色谱－质谱/质谱法	—	国家认证认可监督管理委员会
365		SN/T 4588—2016	出口蔬菜、水果中多种全氟烷基化合物测定　液相色谱－串联质谱法	—	国家认证认可监督管理委员会
366		SN/T 4721—2016	甜菜霜霉病菌监测技术指南	—	国家认证认可监督管理委员会
367		SN/T 5334.4—2020	转基因植物产品的数字PCR检测方法　第4部分：转基因油菜	—	海关总署
368		SN/T 5334.8—2020	转基因植物产品的数字PCR检测方法　第8部分：转基因甜菜	—	海关总署

续表48

序号	标准类别	标准号	标准名称	以往版本	归口单位
369	产品追溯	QX/T 382—2017	设施蔬菜小气候数据应用存储规范	—	全国农业气象标准化技术委员会
370		NY/T 1993—2011	农产品质量安全追溯操作规程 蔬菜	—	农业农村部
371		SB/T 10680—2012	肉类蔬菜流通追溯体系编码规则	—	商务部
372		SB/T 10681—2012	肉类蔬菜流通追溯体系信息传输技术要求	—	商务部
373		SB/T 10682—2012	肉类蔬菜流通追溯体系信息感知技术要求	—	商务部
374		SB/T 10683—2012	肉类蔬菜流通追溯体系管理平台技术要求	—	商务部
375		SB/T 10684—2012	肉类蔬菜流通追溯体系信息处理技术要求	—	商务部
376		SB/T 11059—2013	肉类蔬菜流通追溯体系城市管理平台技术要求	—	商务部
377		SN/T 4529.2—2016	供港食品全程RFID溯源规程 第2部分：蔬菜	—	国家认证认可监督管理委员会
378	产品评价	NY/T 943—2006	大白菜等级规格	—	农业农村部
379		NY/T 1062—2006	菜豆等级规格	—	农业农村部
380		NY/T 1840—2010	露地蔬菜产品认证申报审核规范	—	农业农村部
381		NY/T 1729—2009	芹菜等级规格	—	农业农村部
382		NY/T 1985—2011	菠菜等级规格	—	农业农村部
383	人才培养	NY/T 2804—2015	蔬菜园艺工	—	农业农村部
384	设备装备	GB 10395.17—2010	农林机械 安全 第17部分：甜菜收获机	—	工业和信息化部
385		GB/T 35907—2018	条斑紫菜 冷藏网操作技术规范	—	全国水产标准化技术委员会
386		JB/T 6276—2007	甜菜收获机械 试验方法	1992	全国农业机械标准化技术委员会

续表 48

序号	标准类别	标准号	标准名称	以往版本	归口单位
387	设备装备	JB/T 12827—2016	甜菜割叶切顶机	—	工业和信息化部/国家能源局
388		JB/T 13186—2017	蔬菜脱水机	—	工业和信息化部/国家能源局
389		JB/T 13260—2017	净菜加工设备	—	工业和信息化部/国家能源局
390		JB/T 13265—2017	鲜切蔬菜加工机械 技术规范	—	工业和信息化部/国家能源局
391		NY/T 1231—2006	油菜联合收获机质量评价技术规范	—	农业农村部
392		NY/T 1412—2018	甜菜收获机械 作业质量	—	农业农村部
393		NY/T 1823—2009	温室蔬菜穴盘精密播种机技术条件	—	农业农村部
394		NY/T 1924—2010	油菜移栽机质量评价技术规范	—	农业农村部
395		NY/T 2062.4—2016	天敌防治靶标生物田间药效试验准则 第4部分：七星瓢虫防治保护地蔬菜蚜虫	—	农业农村部
396		NY/T 2089—2011	油菜直播机 质量评价技术规范	—	农业农村部
397		NY/T 3244—2018	设施蔬菜灌溉施肥技术通则	—	农业农村部
398		NY/T 3635—2020	释放捕食螨防治害虫（螨）技术规程 设施蔬菜	—	农业农村部
399		NY/T 3696—2020	设施蔬菜水肥一体化技术规范	—	农业农村部
400		NY/T 3664—2020	手扶式茎叶类蔬菜收获机 质量评价技术规范	—	农业农村部
401		NY/T 3887—2021	油菜毯状苗移栽机 作业质量	—	全国农业机械标准化技术委员会农业机械化分技术委员会
402		SB/T 10065—1992	豆芽菜生长机技术条件	—	全国商业机械标准化技术委员会

参考文献

[1] 仇建磊，孙凌志，李庆祥，等. 粤港澳规范高层建筑结构抗风计算对比分析［J］. 建筑结构，2022，52（8）：27–35.

[2] 孙凌志，仇建磊，马扬，等. 粤港澳规范建筑风荷载体型相关系数对比分析［J］. 广东土木与建筑，2021，28（5）：16–21.

[3] 陈学伟，辛展文，杨易，等 . 粤港荷载规范关于风荷载计算的对比研究［J］. 建筑结构，2021，51（7）：133–138.

[4] 陈永明，田恒德. 公共空间更新中的地志方法与程序方法——以香港“妙想毡开”西营盘计划为例［J］. 新建筑，2021（4）：24–29.

[5] 魏娜. 作为社会介质的城市公共空间设计研究［D］. 无锡：江南大学，2018.

[6] 陈怡. 以城市公共空间界面为切入点的自适应建筑设计方法研究［D］. 广州：华南理工大学，2018.

[7] 黄越. 城市公共空间的特色铺装设计研究——以澳门议事亭前地为例［J］. 设计，2018（2）：144–145.

[8] 余承君，刘希林. 广东省崩塌、滑坡及泥石流灾害危险性评价与分析［J］. 热带地理，2012，32（4）：344–351.

[9] 黄斌，吴新旺，史春宝. 深港两地桥梁设计标准的比较［J］. 城市道桥与防洪，2004（4）：51–53，152.